農機具屋が教える

機械修理メンテ術

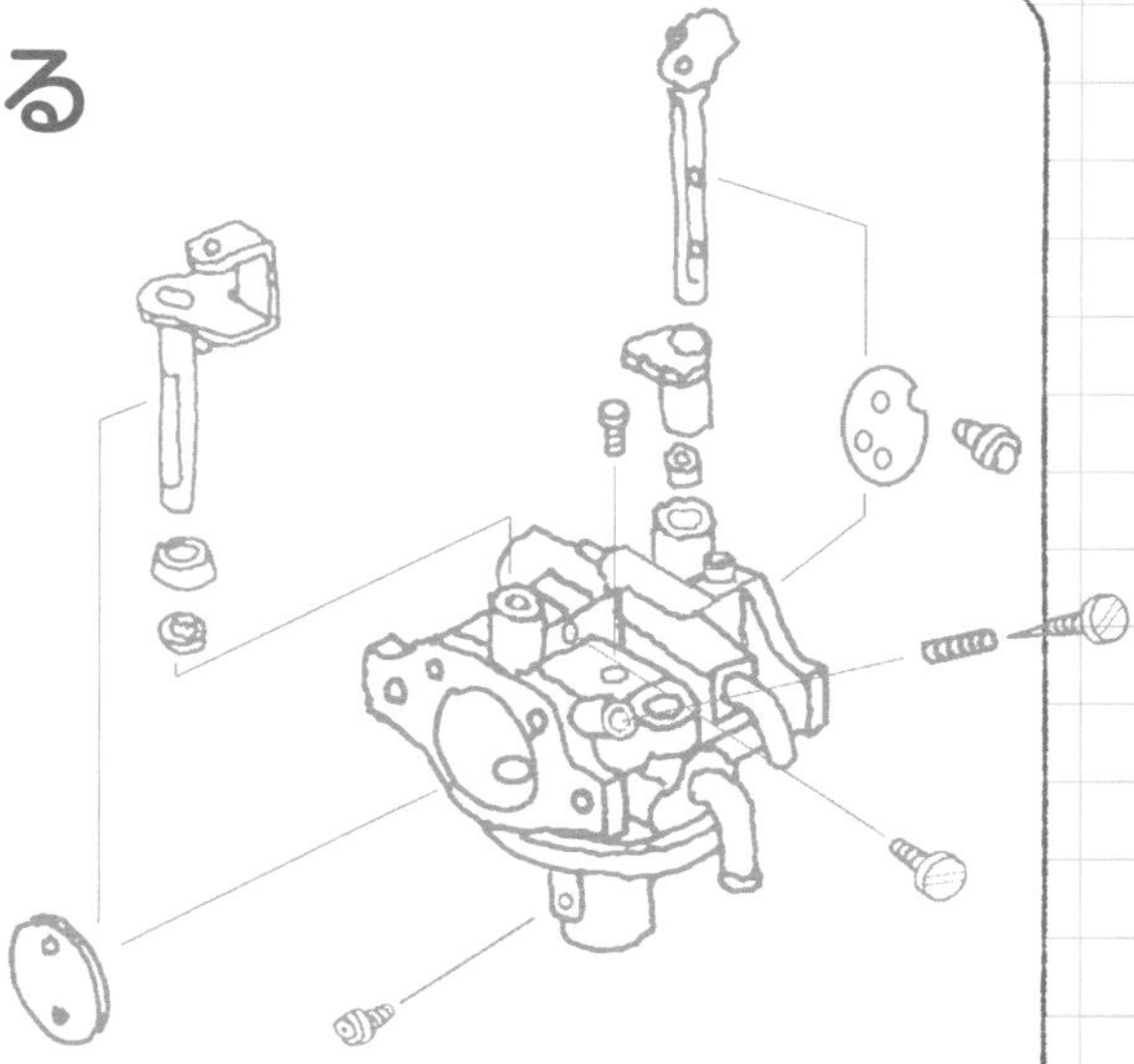

松澤 努 著

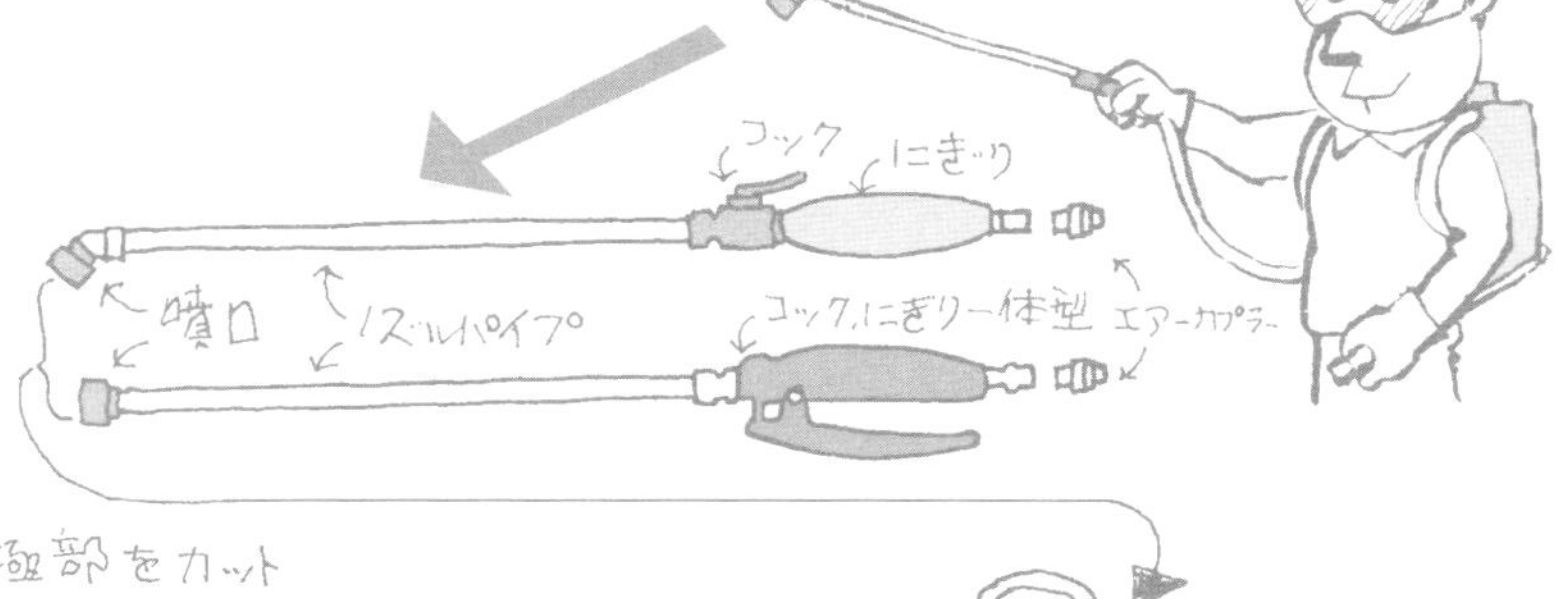

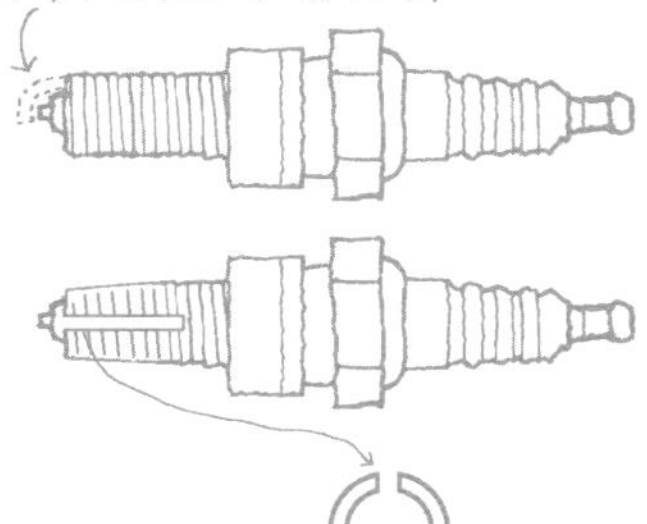

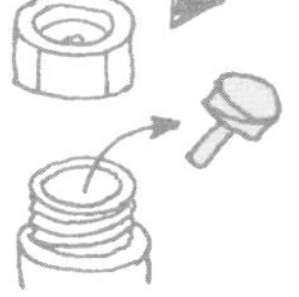

農文協

はじめに

最近は農機具修理の技術者が減っています。農家相手の仕事なので九時五時というわけにいかないし、農繁期になれば休みなしの働き詰め、修理技術を覚えるにも時間がかかり……、というわけで若手がなかなか育たない。そのため、修理を頼んでも「ちょっとすぐに行けない」と断られる。そんな経験をおもちの方もきっと多いと思います。背景にあるのが農機具修理業界の人手不足、これがあります（それだけではないですが）。

とはいえ、「待って」といわれて待てないのも農機具の故障、修理ですよね。さぁ、使おうとして動かない、使っている最中に動かなくなる、作動不良になるという場合がほとんどですから、なかなか待てるものではない。作業できない、段取りが乱れる。ジリジリする農家の気持ちもよくわかるんです。でも、人がいないし、駆けつけられない。これも事実です。

そこでお願いしたいのが、皆さんがやる使用前使用後の点検、整備です。また、ちょっとした不調なら自分で何とかしてしまおうということです。もちろん、今日の農機具は電子部品が多くなっている。メカニカル（機械的）な対応が難しくなっている現実はあります。でもまだやれるところも実はいっぱいある。その何とか自分でやれるところをご紹介して、チャレンジしていただこうというのが本書の狙いです。

本書では、よくあるトラブルを農機別に取り上げ、修理・調整の基本を書いてみました。壊れる前の点検、整備、部品交換の勘どころと実際、安く早く直すための工夫や応用、また自作できる工具なども紹介しました。これらを参考に、できると思ったものからチャレンジしてみて下さい。そしてそれをきっかけに、農機メンテナンスの習慣を身につけていただければ幸いです。

今回この本を出すにあたっては詳細なイラストで言葉だけでは伝えにくい機械修理の細部を表現して下さったトミタ・イチローさん、また取説などの各種資料を提供してくれた農機具の各メーカーさん、著者の思いをわかりやすくなるよう務めてくれた農文協の編集部、皆さんに感謝申し上げます。

二〇二三年十一月

松澤　努

目次

4章 農機別 トラブル前の部品交換編

5章 農機別 このやり方で、安く早く直せます！ 応用編

6章 こんな工具、自作しました！

イラスト トミタ・イチロー

1章

まだまだできる農機修理、メンテナンス

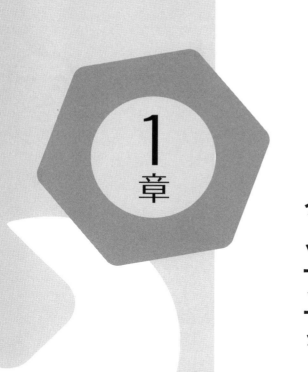

最近の農業機械は多くが電子化し、また多々ある安全装置の義務化などでとても複雑です。今までなら簡単に見られたプラグすら簡単には取れなくなりましたし、取れたとしても今度は取り付けるのにひと苦労。もはや農家自ら直す出番はないものと思いがちですが、どっこい、アナログな箇所もまだまだ少なくありません。

「そっくり交換」より「修理して長持ち」させることができれば、これに越したことはありません。それも自分でやれれば、安上がりです！

大丈夫です、順を追って見ていけばトラブルの原因はわかります。

まずはエンジンを例に農機修理のポイントの探し方と、具体的対処の仕方を見ていきましょう。

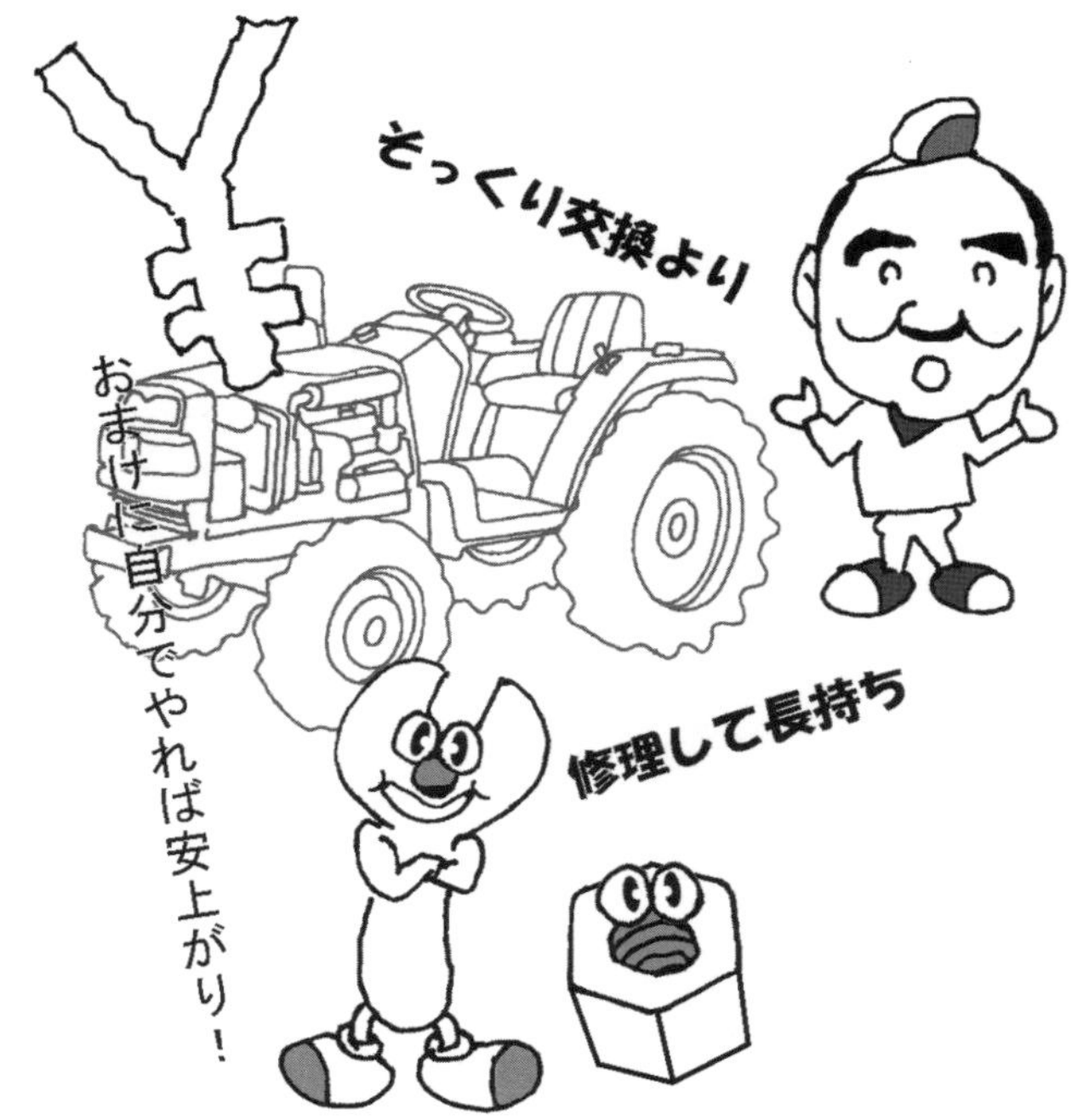

1 エンジンチェックのイロハ

「エンジンかかんないよ～」。そんなときはまず、自分で見られる簡単なところから見ていきます。

最初は燃料です。タンクにその機械に適した燃料が入っているかどうか？　例えばディーゼルエンジンには軽油、ガソリンエンジン4サイクルにはガソリン、刈払い機、チェンソーなどの2サイクルエンジンには混合燃料です。また、燃料が空になってないか？　燃料コックはＯＮになっているか（写真1-1）　スイッチもＯＮ（始動）になっているか？　このへんは目視で確認できます。

次に見るのは安全装置ですね。最近の機械にやたら付いているのがこれです。エンジンがかかった瞬間に機械が動き出すのを防ぐための装置です。

主クラッチ、作業クラッチ、主変速レバー、ブレーキなどのテンションやレバーの元にスイッチが付いていて、主クラッチ（写真1-2①）は「切」、作業クラッチも「切」、主変速（同②）は「ニュートラル（中立）」、ブレーキ（同③）は「ＯＮ」に戻します。機種によって安全装置は違うので取り扱い説明書や農機具屋などで確認。

写真1-1　燃料コックがONになっているかどうかを確認するのは、イロハのイ

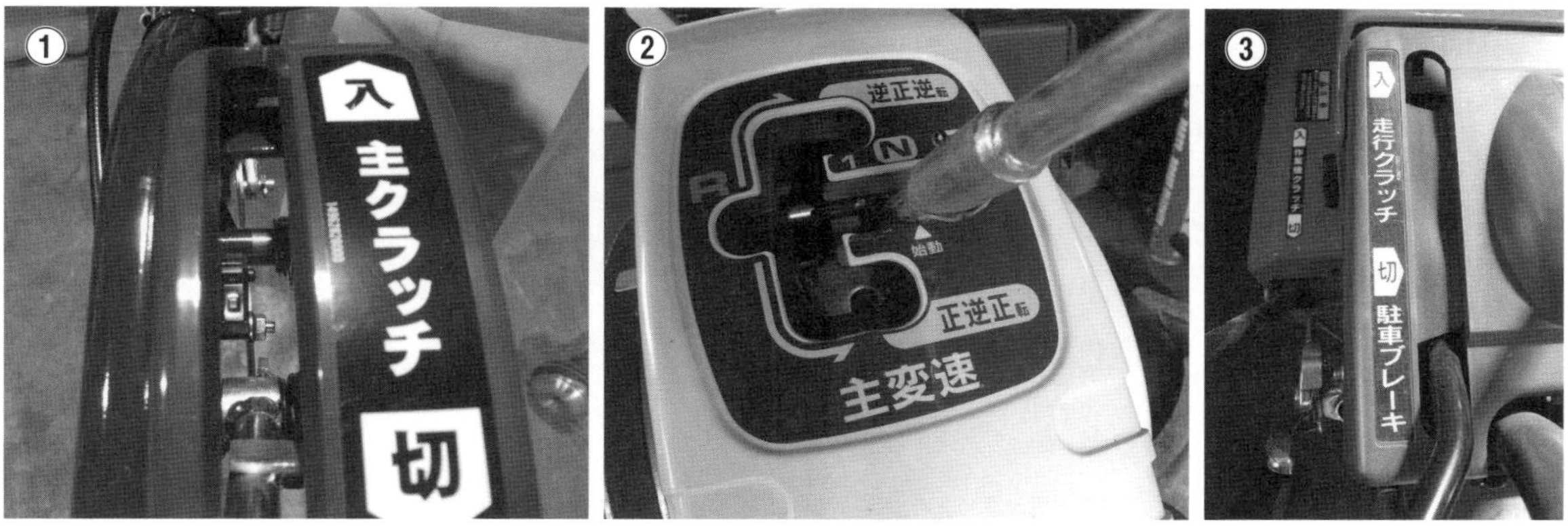

写真1-2　安全装置の確認
主クラッチ（①）は「切」、作業クラッチも「切」、主変速（②）は「N：ニュートラル（中立）」に、ブレーキ（③）は「ON」

2 きほんのき、以外の原因

ここまでやって間違いはない、だけどやっぱりエンジンがかからないという場合、その原因を見付けます。

以下、草刈機、チェンソーなどに使われている2サイクルエンジン、一般的農機の4サイクルエンジン、トラクタなどに搭載されているディーゼルエンジンの順に見ていきます。

〈2サイクルエンジン編（刈払い機）〉

2サイクルエンジンは小型かつ軽量で、排気量は、下は二〇ccから上は三五ccくらいまでが一般的。刈払い機、チェンソー、背負い動噴など、農機具の中でも幅広く使われています。最近ではこんな小さなエンジンまで排気ガス規制がかかり、マフラーに触媒装置が付いたり、キャブレターはアイドリング調整のみで燃料の調整は不可能だったり。しまいにはキャブレターの交換で大金がかってしまう始末。

そうならないようにする仕方と、なってしまったときの修理の仕方です。例は刈払い機。

「農機具屋さん！　草刈りをやろうと思って小屋から刈払い機を出してきたンだが、エンジンかかんないンだ」。

前回使ったのは去年の秋口とか。イネ刈り前に田んぼの土手を刈ってからだから、もう五ヵ月くらいは使ってないとのこと。ホコリをかぶり、燃料からは嫌な臭いが……。リコイルスターターを軽く引っ張るとプスプスプス、音も何だか変です。こんな状態でしたが、何が原因か順に見ていきました。

○まず燃料の確認

今もいった通り、燃料は入っているがとても臭い。「混合燃料は鮮度が命！」はいい過ぎですが、古い燃料（保管場所にもよるけど二ヵ月以上）はエンジンのかかりが悪く、力もなく、始動してもすぐに止まって、いいことは何一つなし。無条件で交換です。

燃料は、ガソリンで購入して混合用容器で2サイクルオイルと混合。使うぶんだけつくり、なるべく使い切ります。混合燃料をスタンドで購入する場合も買い溜めはやめ、面倒くさいけど少量ずつの購入を勧めます。

さて、取りあえず燃料を交換。これ

で一度エンジンをかけてみます。基本手順は次の通り。

①スイッチをONに。

②プライミングポンプを五～六回押し、燃料をキャブレター内へ送る。

③チョークを閉じる。

④リコイルスターターを引く。最近のリコイルスターターは軽く引くタイプが多い。

⑤初爆（ブルルン）したらチョークを開く。初爆してエンジンが止まったら、チョークは開いたままリコイルスターターを再度引く。

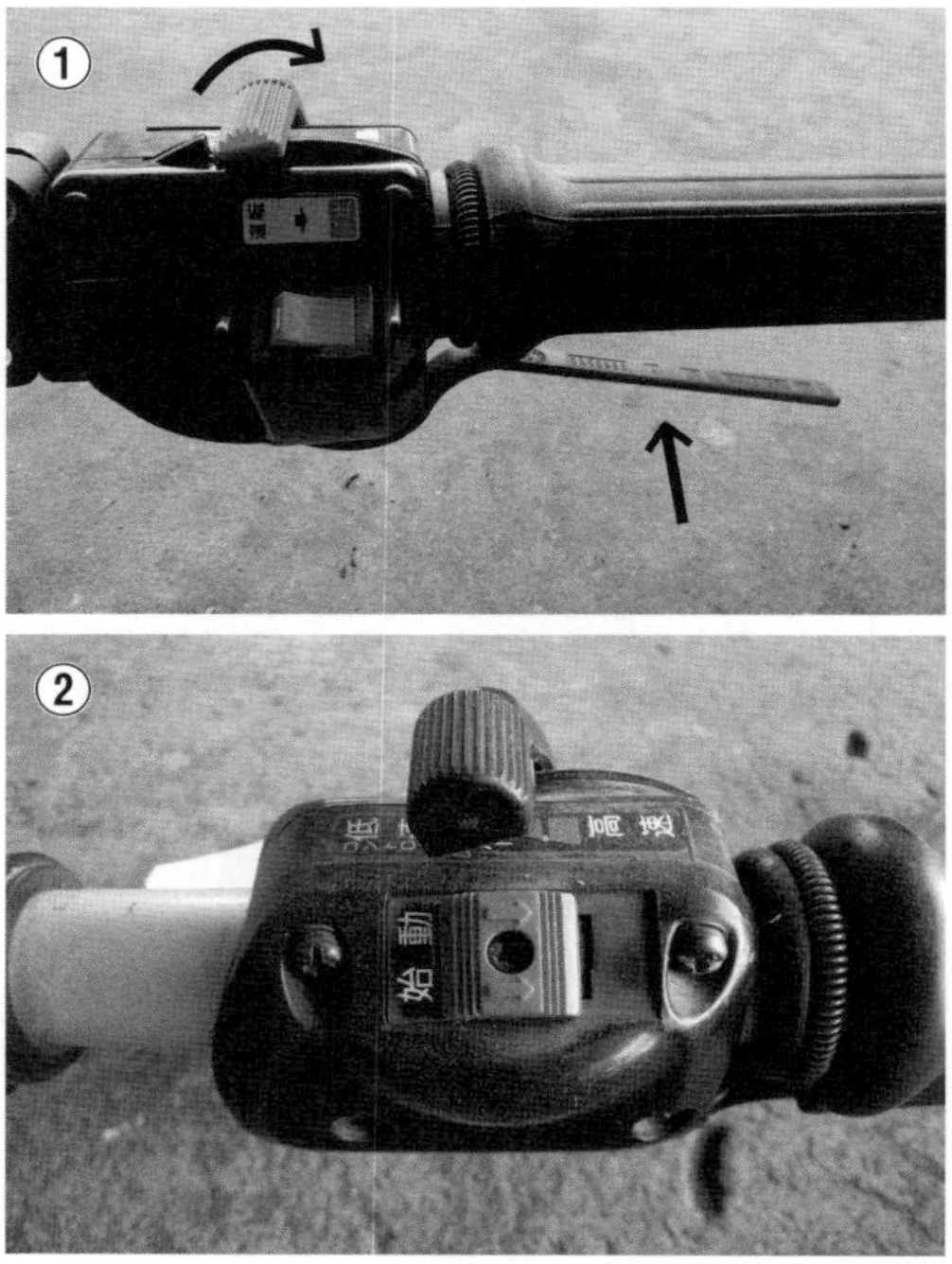

写真1-3　アクセル調節レバーをエンジン側に3～4割開いたうえで（上矢印）、アクセルレバー（下矢印）を握りながらリコイルスターターを引くタイプ（①）と、昔ながらの固定式タイプ（②）

エンジンが正常ならこれでかかるはずです。しかしこれでもエンジンに火が入らない場合は次へ。

（注）最近の刈払い機は安全スロットル（アクセル）式なので、始動時にアクセルレバー（写真1-3①）を握りながらリコイルスターターを引かないと始動しにくくなっています。昔ながらの固定アクセルなら力が入れやすく、始動しやすいのですが……（同②）。

○プラグを外して状態を確認

次はプラグを外して点検します（写真1-4はプラグ種類）。

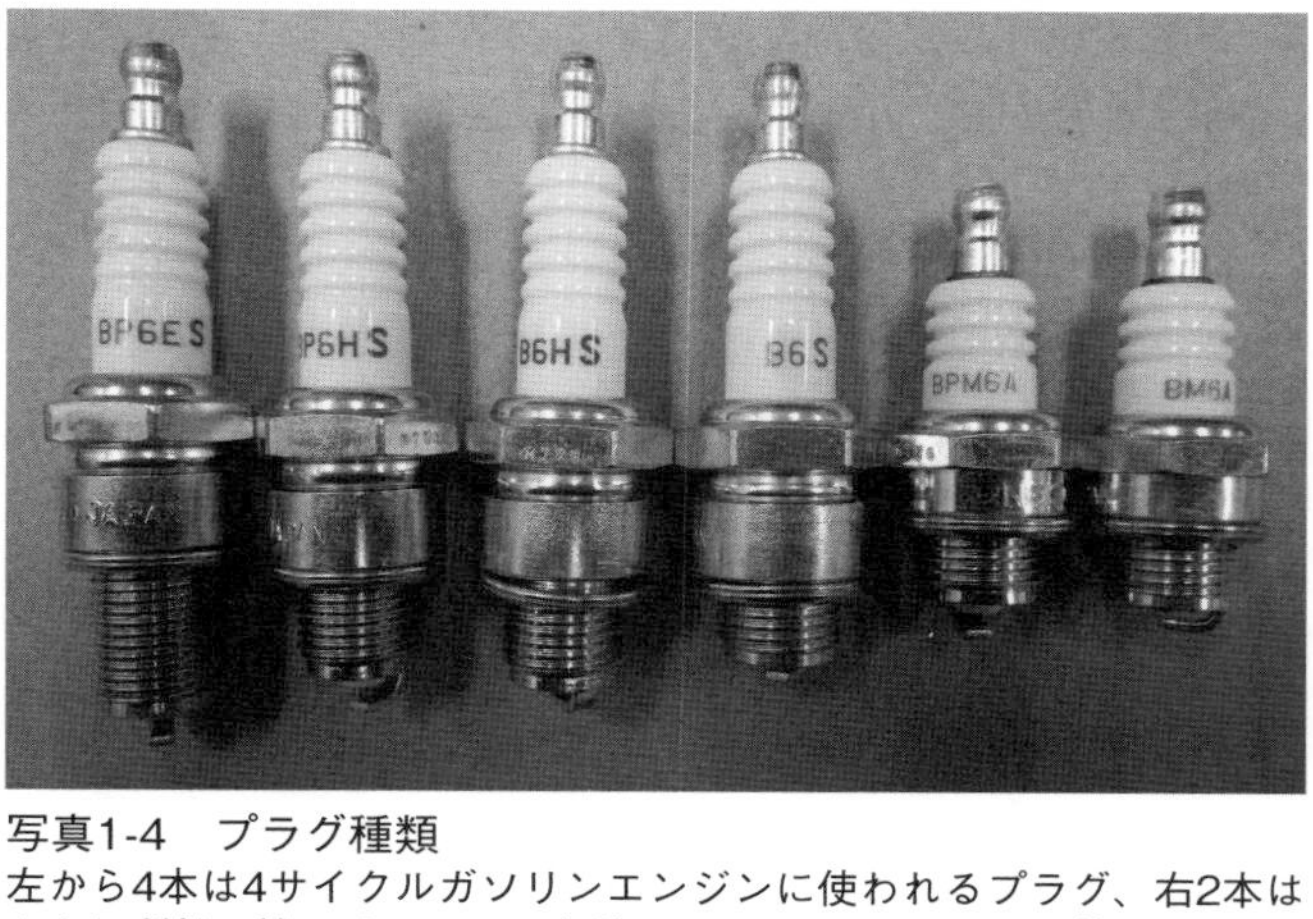

写真1-4　プラグ種類
左から4本は4サイクルガソリンエンジンに使われるプラグ、右2本はおもに刈払い機、チェンソーなどの2サイクルエンジンに使われる

プラグは先端（電極部）が湿っていれば燃料はきている証拠。乾いていればきてないので燃料系統を点検しますが、その前にプラグそのものをチェックします。

外したプラグをプラグキャップに付け直してエンジンシリンダーブロックなどの金属部に接触させて（写真1-5）、リコイルスターターを引きます。プラグが強くスパーク（火花）すればOK。しなかったらワイヤーブラシで清掃して、やり直し。それでもダメなら交換です。また火花の調子が青く太くなく、赤く細い場合もプラグが弱っているので、これも交換になります。

○簡単に「アースをとる」方法

リコイルを引くときプラグは金属部に接着していないと電気が流れず、火花が飛ばない、といいました。そこで「アースをとる」といって、写真1－5のようにプラグ先端をエンジンのフィンなど金属部に接触させたりしますが、エンジンカバーがあったりで、接触が安定しないことがあります（写真1－5はエンジンカバーが外れている例）。そんなときは、大小の金属クリップを不要になった配線でつなぎ（写真1－6）、大きいほうをプラグに、小さなほうをエンジンの金属部に噛ませてやれば、プラグを押さえておくことなくリコイルを引っ張ってチェックできます（141ページ写真6－2、図6－6のようなプラグテスターをつくってもよい）。プラグそのものを接触させる必要がありません。

さて、これで火花の飛びを確認し、次いでストップスイッチのオンオフ、配線が切れてないかを見て、これらも

写真1-5　外したプラグを金属部に接触させてリコイルスターターを引いてみる。スパークすればOKだ

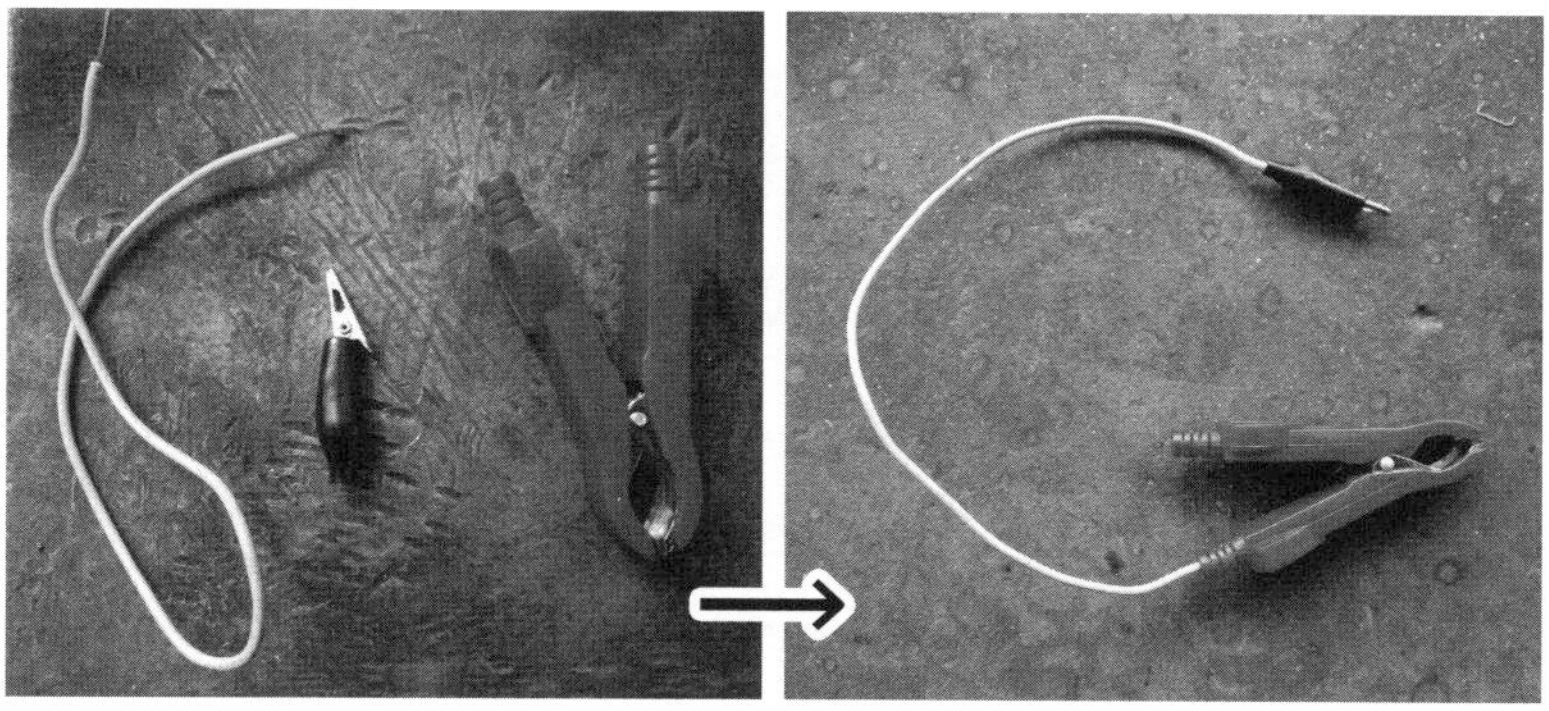

写真1-6　大小のクリップを配線でつなぎ、プラグとエンジンなど金具に噛ませてやると、楽にリコイルが引けてチェックしやすい（6章141ページのプラグテスターも参照）

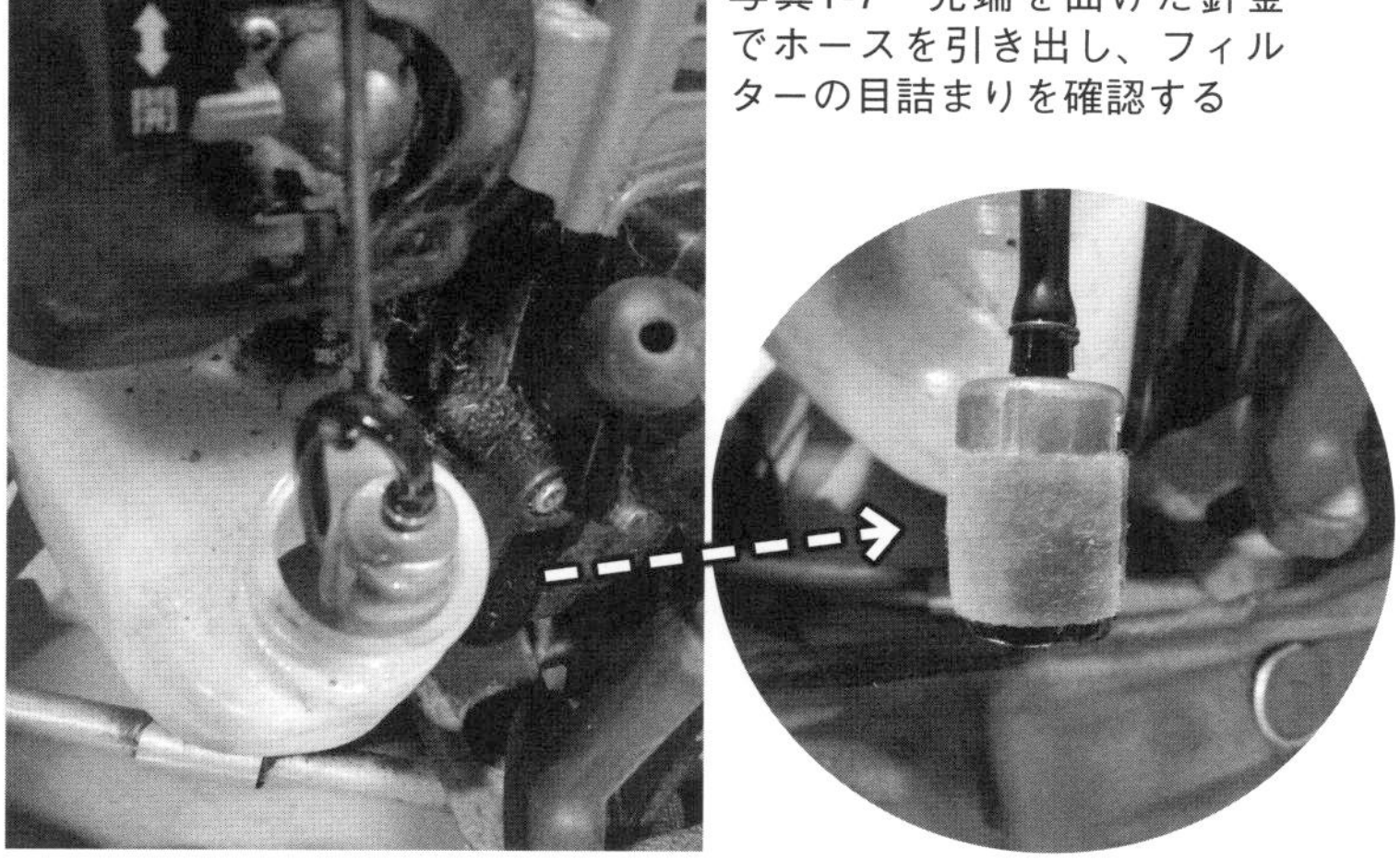

写真1-7　先端を曲げた針金でホースを引き出し、フィルターの目詰まりを確認する

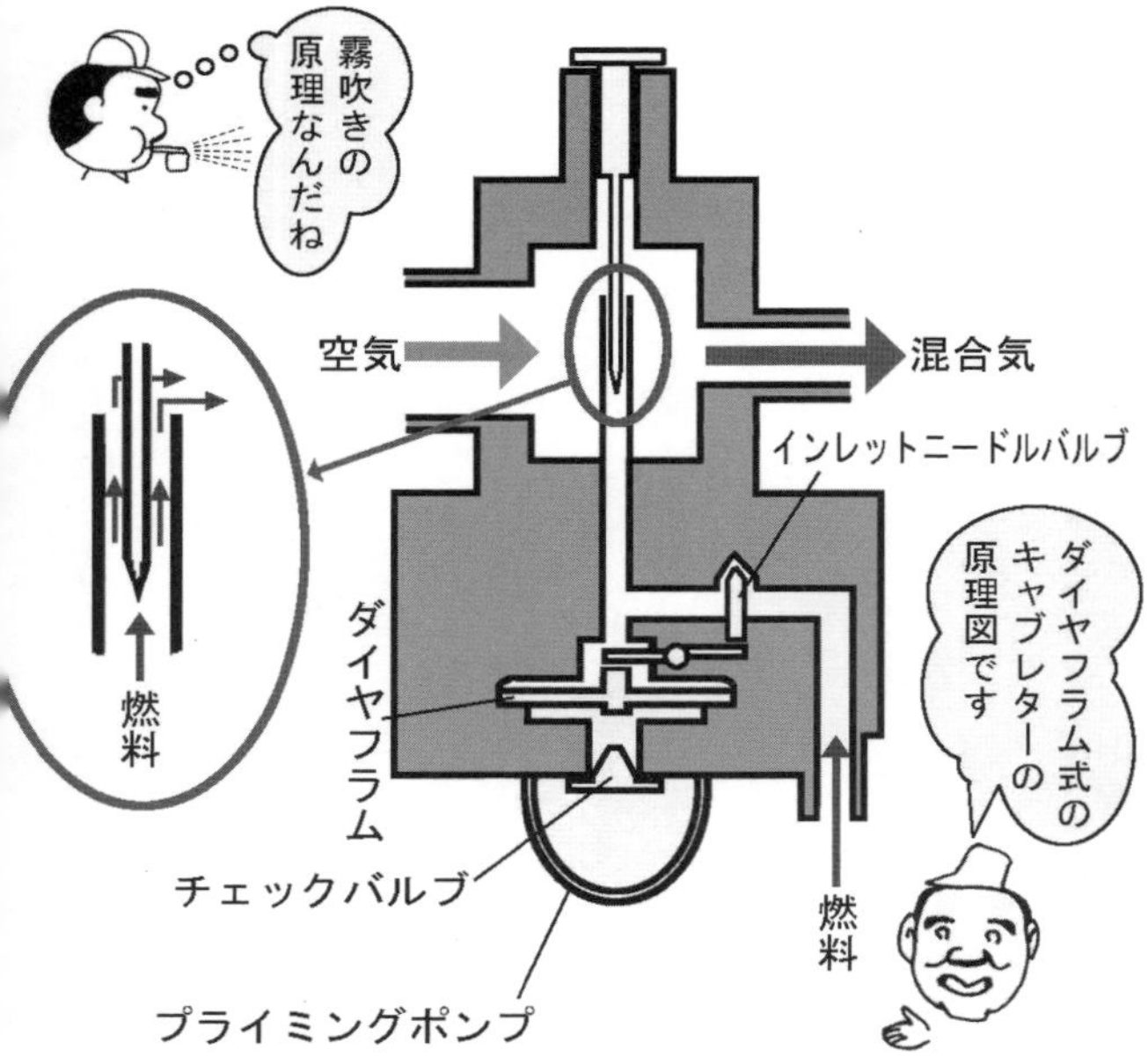

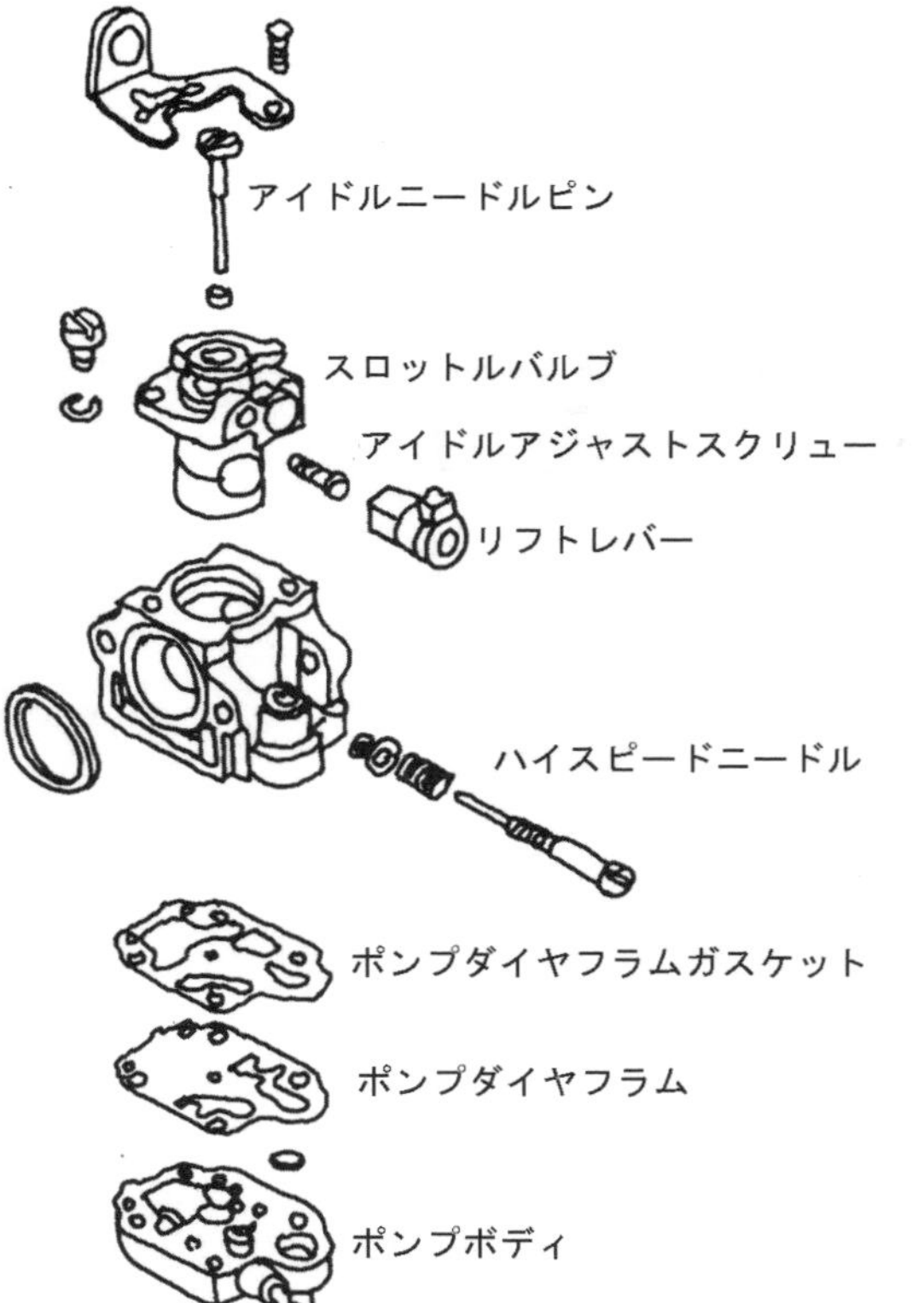

図1-1　ダイヤフラム式キャブレターの各パーツとキャブレターの働き

OK。それでもエンジンがかからないときは、点火コイルがダメになっている可能性があります。エンジンプラグの火をつくる部品ですね。これがダメなら仕方ありません。点火コイルを交換します。

今回は点火系統の異常はなかったものとして、燃料系統の点検に進みます。

○燃料系統の点検

燃料系統ではまず、燃料フィルターの詰まりと、燃料ホースの損耗を見ます。

燃料フィルターの点検は、先端を曲げた針金などでホースを燃料タンクから引き出し（写真1-7）、フィルターがゴミなどで黒く目詰まりしていないか確認します。詰まっていたらコンプレッサーなどで清掃。清掃しても間に合わないようでしたらやはり交換を勧めます。また、燃料ホース自体も硬くなっていたり、亀裂などがあったりしたら交換です。

でも、燃料系で一番の問題はその先のキャブレター、燃料供給装置です。

写真1-8　ツチバチ（右）の巣によるフン詰まり

刈払い機に一番多く使用されているのはダイヤフラム式というので、刈払い機の激しい動き、例えばエンジンがひっくり返った状態になっても燃料を送り続けるすごいやつです（メーカーはいくつかありますが、構造はだいたい同じ、図1−1）。

ダイヤフラムとは空気圧で動く調整弁のことで、この方式のキャブレターではエンジンピストンの上下動に応じて生じる圧力で震動して、燃料と空気の混合ガスをシリンダーに送り込みます。形状は薄い膜です。このダイヤフラムが、長期未使用による固着とか腐食によって内部に詰まりが生じ、それが原因で燃料がうまく送られないことがあります。様子がおかしかったらキャブレターを分解、清掃（オーバーホール）し、場合によってはダイヤフラムを交換します。分解、清掃の際はイネの苗箱に段ボールか新聞を敷き、その中で作業をすると部品をなくす心配がありません。

なお、分解、清掃の前に2サイクルエンジンのキャブレターの場合、燃料調整（混合気の濃度調整）をやってみることを勧めます。具体的には3章で紹介しますが（34ページ）、意外とこれで簡単に直ることもあります。

分解、清掃、部品交換ができたら組み付けてエンジン始動。ここでも燃料調整を試み、それでも不調ならもう一度分解、清掃をします。

エンジンが始動しない理由には他に、経年劣化でエンジンの圧縮が少なくて始動しにくいなど、エンジンそのものがダメなケースもあります。今のエンジンは減圧装置が付いていて圧縮がわかりにくいのもありますが、リコイルを引っ張って圧縮を感じにくいときは農機具屋さんで確かめてもらって下さい。

最後に、もっと他愛ない理由でエンジンがかからない例を。でも実際、こんなのもあります。

○マフラー詰まり

マフラーの出口を見ると何かが詰まっている。なんと、ツチバチの巣によるフン詰まりです（写真1−8）。これでは排気できません。ドライバーか何かで突いて貫通。リコイルスターターを引っ張ってみると「スポスポ」。これで直ることもあります。

マフラー詰まりには他の原因もありますが、それはまた39ページからの刈払い機編で紹介します。

〈4サイクルエンジン編（管理機）〉

ガソリンを燃料とする農機の多く、動噴やポンプ、管理機、耕耘機、モア、田植え機、バインダーなど、ほとんどが4サイクルエンジンで動いています。小型かつ高出力なので、下は二馬力から上は二〇馬力以上、幅広くいろんな農機に使われています。ここでは管理機を例に、4サイクルエンジンのトラブル、かかりが悪いときの修理ポイントの探し方を見ていきます。4サイクルエンジンの場合も、手順は2サイクルのそれと変わりません。

○まず人為的ミスチェック

燃料、コック、スイッチ、クラッチなどの安全装置などを確認。このへんは2サイクルと変わりません。燃料も新しくて異常がなければ、次に機械的トラブルを確認。

○プラグを見る

第一はやはりプラグがスパークするかどうかの確認です。2サイクルでやったように、取り外したプラグをプラグキャップに取り付け、その先をシリンダーやエンジンケースの金属部に接触。リコイルロープを引っ張ってプラグ先端から「パチパチ」と強く青い火花が出ればOKです。

このとき、プラグ先端が黒くなっていないか？　ガソリンでビチョビチョに湿ってないか？　も一緒に見ます。

黒くなっていたり湿っていたりしたら、ワイヤーブラシで清掃するか、ひどかったら交換します。反対にプラグ先端が乾いていたら燃料が行っていない証拠なので、キャブレターのメインジェット（最初に燃料を吸い上げる小さな穴）のゴミ詰まりなどが考えられます。また、燃料を長期間入れっぱなしにしておくと、水にアオミドロが浮くように腐ったり、ガソリンが蒸発しガム状になったりして各バルブやフロートが固着し、新しい燃料を入れてもうまく吸えない場合もあります。

○キャブレターの詰まり

どうやら今回はその、長期未使用のまま燃料を入れっぱなしにして腐らせ、キャブレターの詰まりを招いて始動不良をおこしたケースのようです。こうなったら、2サイクルエンジンでやったようにキャブレターをエンジンから取り外し、分解、清掃します。

4サイクルのキャブレターは2サイクルと異なるフロートタイプ（図1－2）、細かな作業工程はやはり4章で紹介します。

分解、清掃が済んだら組み付けてエンジン始動。燃料を調整します（35ページ写真3－1参照）。4サイクルのキャブレターの場合、2サイクルと違って一度調整したらあまりネジを動かしませんが、基本は、調整ネジを「いっぱいに締め込んでから一回転半戻す」です。エンジンの大きさやメーカーによってこの基本回転が違うもの、中には調整のできないキャブレターもありますが、開くか締めるかして調整してみて下さい。3章でもう一度見ます。

○エアークリーナーエレメント

外から取り込んだ空気はキャブレターで燃料と混合され、エンジンへ送り込まれます。このとき、空気からホコリなどを除去するフィルター、人でいうと口にあてるマスクのようなものがエアークリーナーエレメントです。経年劣化でこれが腐食したり、ホコリで目詰まりしたりするとエンジンの燃焼効率が悪化、プラグもおかしくなります。

腐食していたら即交換だし、ホコリで詰まっているようなら灯油やパーツクリーナーで洗浄するか、コンプレッサーで吹き飛ばしてきれいにします。

エアークリーナーにはスポンジだけの乾式タイプとカップの中にオイルが入った湿式タイプがあります。湿式タイプは、オイルの入ったカップに空気をあてて細かなホコリまで吸い取るので、ホコリの多い場所での作業が多い農機はこのタイプのクリーナーが付いたものを選ぶといいです。

〈ディーゼルエンジン編（トラクタ）〉

ディーゼルエンジンは高出力、高トルク、とにかく力を必要とする大型農機、トラクタ、SS、コンバインなどに使用されています。馬力は一〇馬力くらいから、私もカタログでしか見たことがありませんが、上は三〇〇馬力を超えるものまであります。

○バッテリーをチェック

トラクタでよくあるエンジントラブルは、バッテリー上がりによる始動不良。これは外部からバッテリーを補助すれば始動させられます。

このとき、ブースターケーブルはトラックなどのバッテリーのプラス端子からトラクタのプラス端子へ、マイナスからはマイナスにつなぐものと思いがちですが、マイナスはバッテリー端子でなく、エンジンの金属部分な

図1-2 フロート式キャブレターの部品展開図

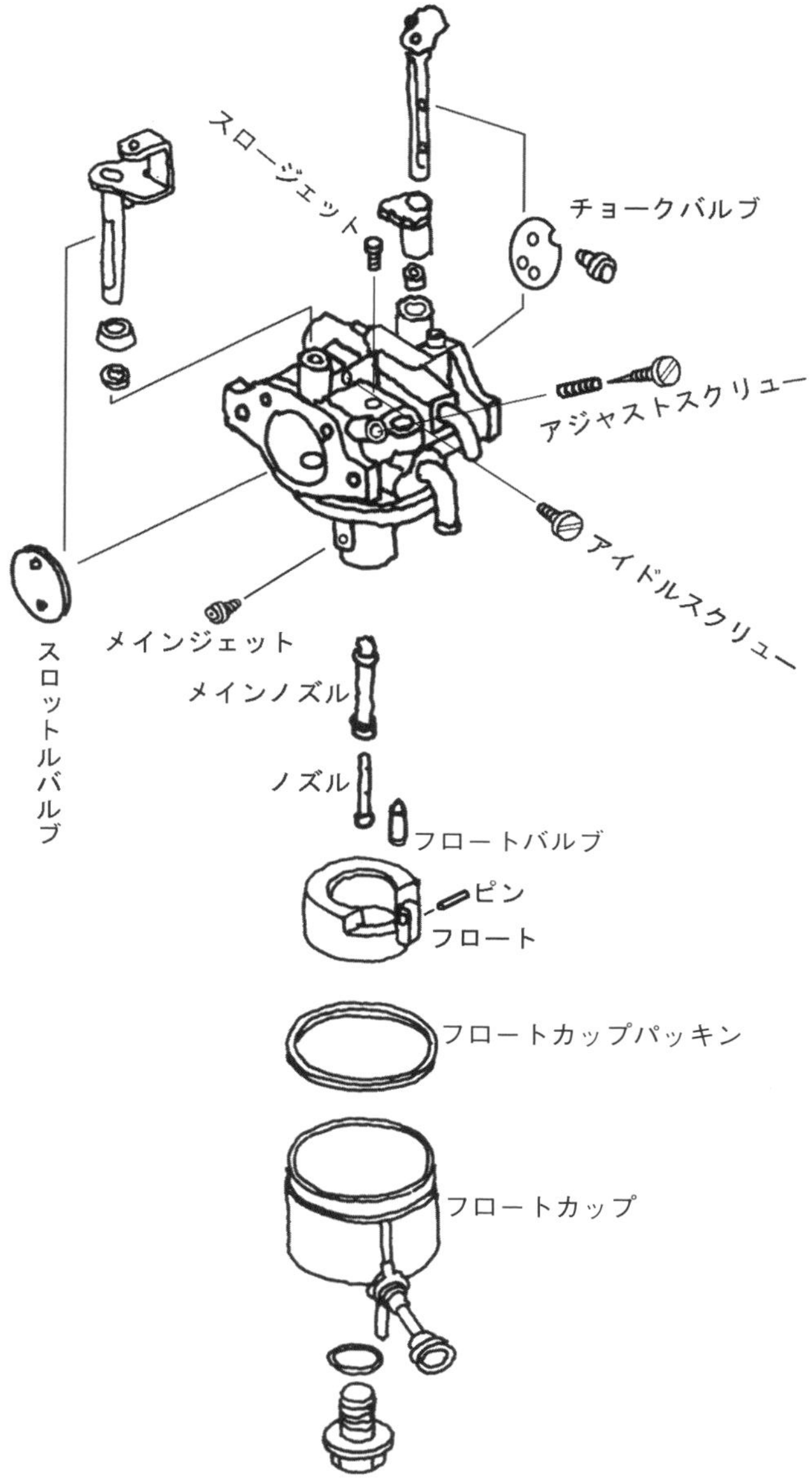

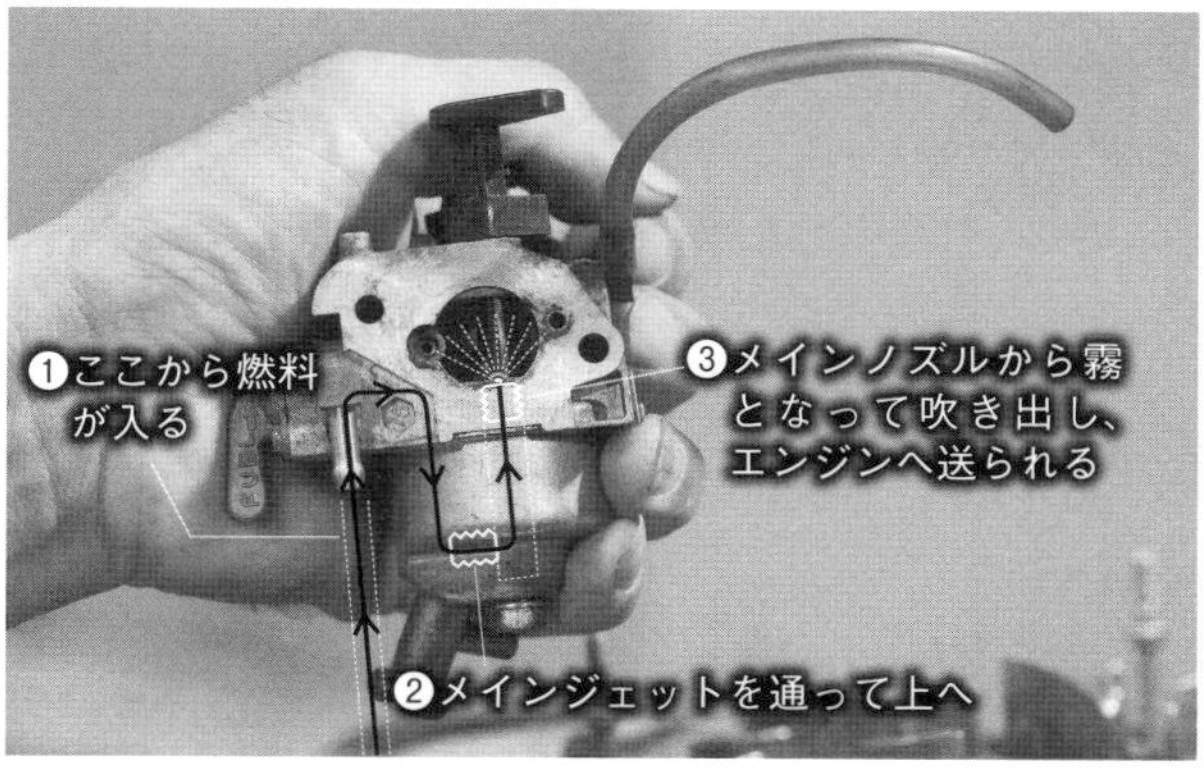

キャブレターの構造と燃料の流れ

取り外したメインジェットを針金で掃除。ゴミがいっぱい出てきた（倉持正実撮影）

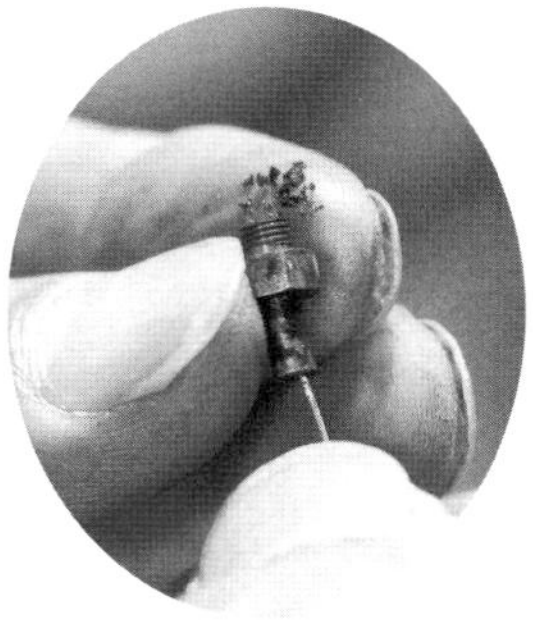

写真1-9　バッテリー上がりの際、電気供給を受けるケーブルは、プラスは端子同士（上）、マイナスは一方を端子でなくエンジンの金属部分につなぐ（右）と始動しやすい

どに直接つなぐとよいです（写真1-9）。これは、端子同士をつなぐと電気をバッテリーのほうに取られてしまい、セルモーターへ電気が行きにくくなるからです。マイナス側のブースターケーブルを付けるエンジン金属部分は、エンジンの始動時に邪魔にならない塗装が剥離されているところがベストです。

○ガス欠

ディーゼルエンジンで次に多いトラブルがガス欠、燃料切れです。作業中の田んぼの真ん中で止まってしまい、燃料ゲージはE（empty、空《から》）に。即、燃料補給といきたいところですが、問題はここからで、ディーゼルエンジンは燃料がなくなると燃料ポンプにエアー（空気）が入ってしまい、これを抜かないと燃料を入れても邪魔をして先へ進みません。最近では自動でエアーが抜ける機種もありますが、そうでない場合のエアー抜きの手順は次の通り（図1-3）。

①燃料タンクに軽油を補給して、スターターキーをONに。

②最初に燃料ストレイナー（濾過器）までのエアーを抜く。やり方は、ストレイナーのコック上部に一ヵ所もしくは二ヵ所、一〇㎜のネジ（エアー抜きボルト）が付いているので（写真1-10左）、これをゆるめる。先にエアーが「ブチブチ」と出て、しばらくすると燃料がスーッときれいに出る。ここでエンジンを一度始動してみる。かかれば儲けもの。かからなければ次へ。

③次に、燃料噴射ポンプ入り口でネジをゆるめエアー抜きをする（写真1-10右）。ここでまたエンジンを始動してみる。かかればOK。ダメならまた次へ。

④噴射ポンプから噴射ノズルへつながるパイプを外し（写真1-11）、スターターキーをだいたい五～一〇秒回す。パイプから燃料が「ピュピュピュ」と出始めればOK。あとは組み立ててエンジン始動です。

これでもかからなかったら農機具屋さんにお願いして下さい。

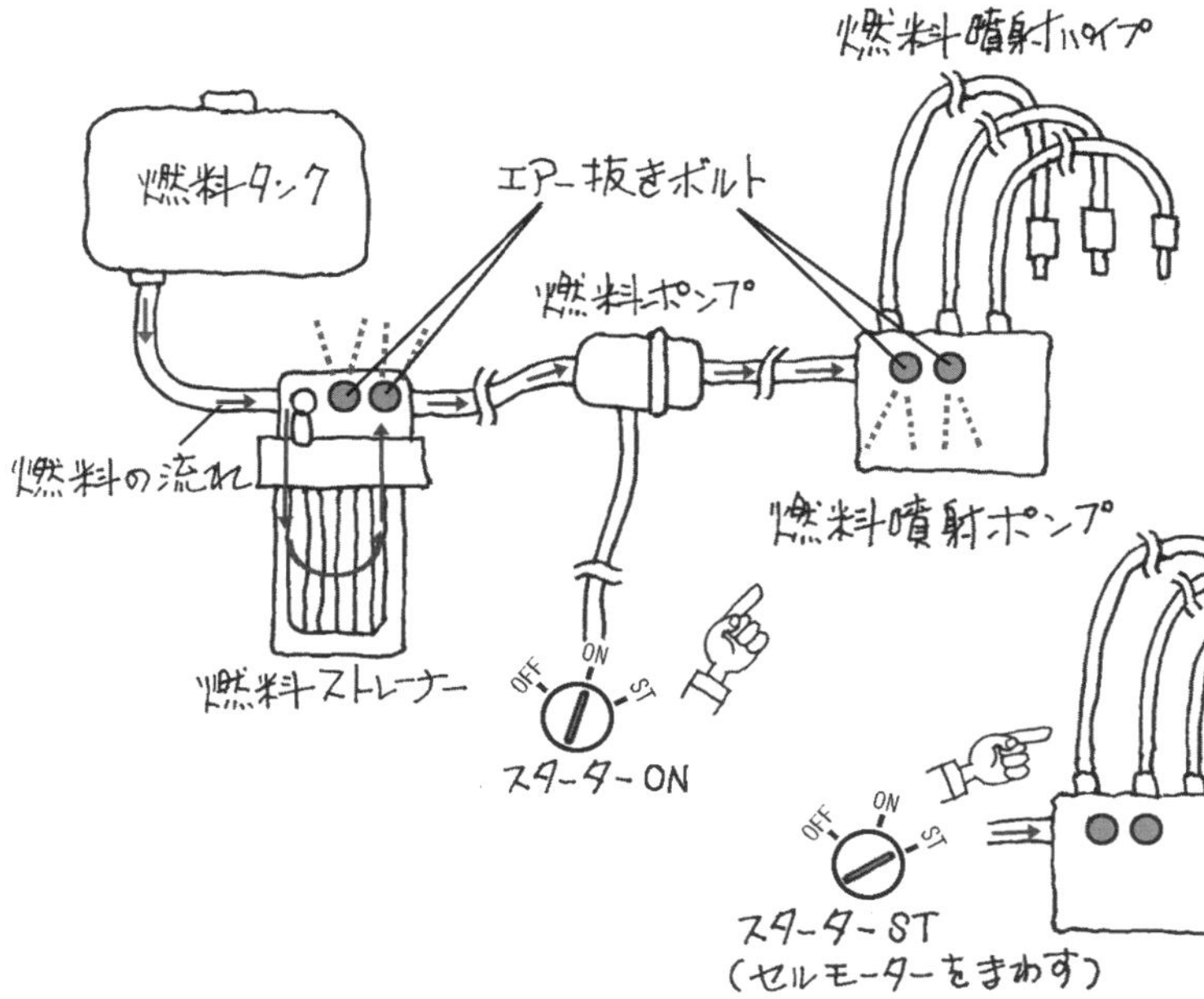

図1-3　トラクタのエアー抜きのやり方

1ステップ（本文の②、③）

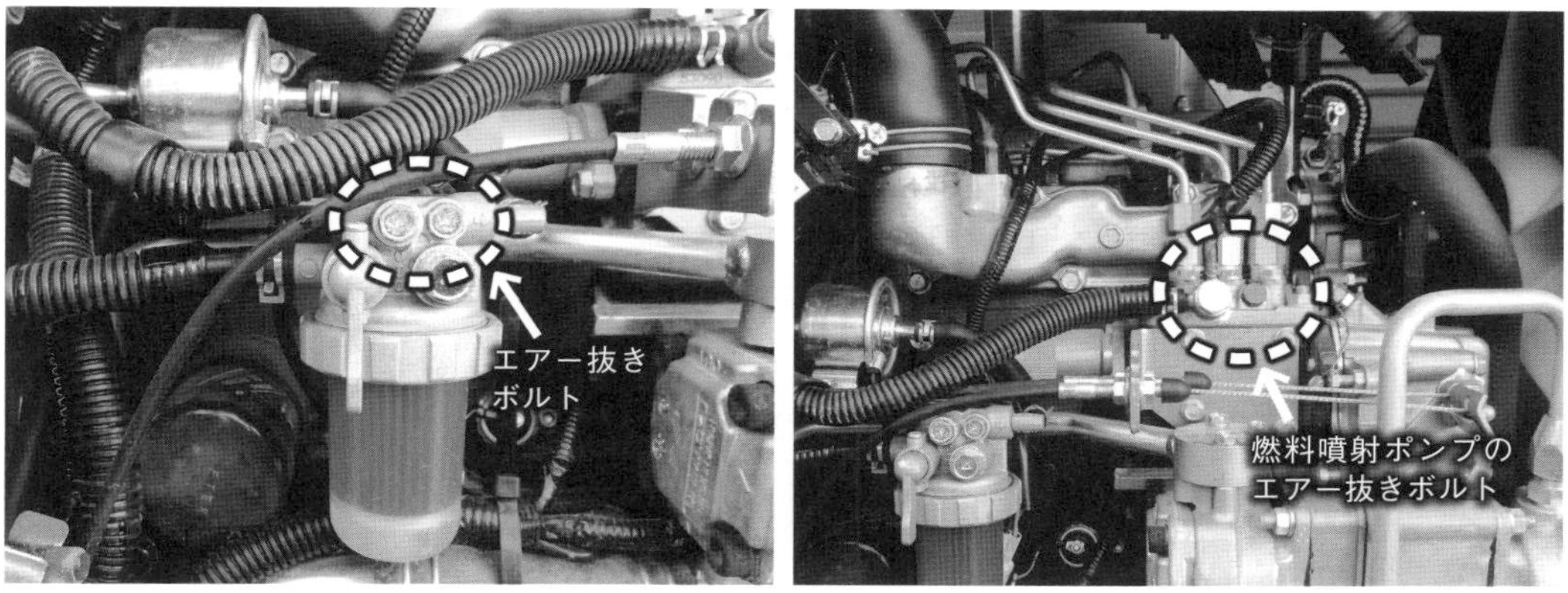

写真1-10　エアー抜きボルトは先に空気が「ブチブチ」と出る。そのうち空気が出なくなり、燃料がスーッときれいに出るようになる

2ステップ（同④）

写真1-11　噴射パイプから噴射ノズルへつながるナットを外し、スターターキー（セルモーター）を5～10秒回してみる。燃料がピュッピュと飛べばOK。ナットを噴射ノズルに締め付けて完了

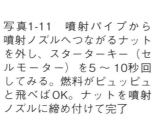

図1-4　２サイクル・４サイクル・ディーゼル各エンジンの故障診断
はい／いいえチェック図

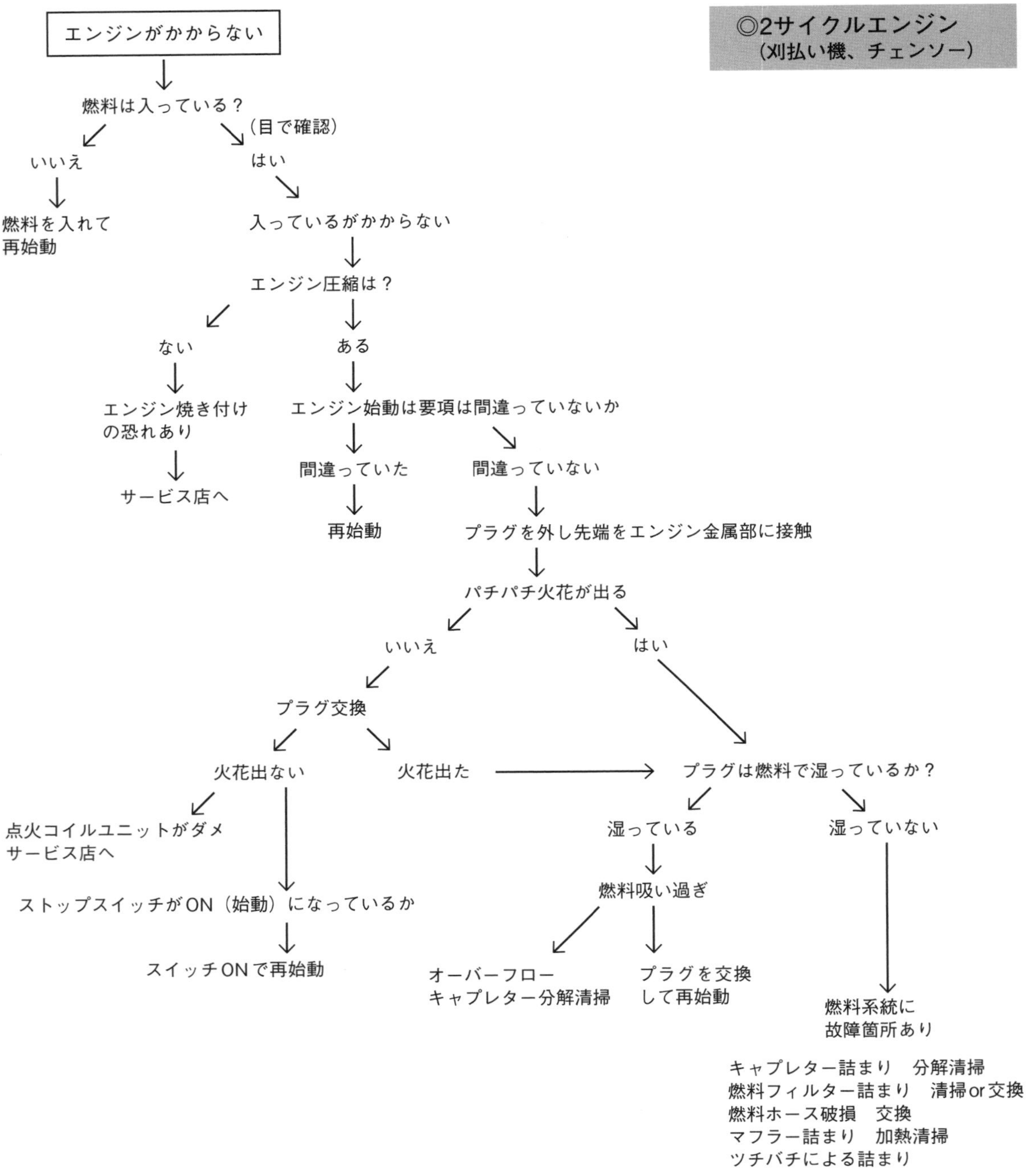
◎2サイクルエンジン
（刈払い機、チェンソー）
エンジンがかからない
燃料は入っている？
（目で確認）
いいえ
燃料を入れて
再始動
はい
入っているがかからない
エンジン圧縮は？
ない
エンジン焼き付け
の恐れあり
サービス店へ
ある
エンジン始動は要項は間違っていないか
間違っていた
再始動
間違っていない
プラグを外し先端をエンジン金属部に接触
パチパチ火花が出る
いいえ
プラグ交換
火花出ない
点火コイルユニットがダメ
サービス店へ
ストップスイッチがON（始動）になっているか
スイッチONで再始動
火花出た
はい
プラグは燃料で湿っているか？
湿っている
燃料吸い過ぎ
オーバーフロー
キャブレター分解清掃
プラグを交換
して再始動
湿っていない
燃料系統に
故障箇所あり
キャプレター詰まり　分解清掃
燃料フィルター詰まり　清掃or交換
燃料ホース破損　交換
マフラー詰まり　加熱清掃
ツチバチによる詰まり

◎4サイクルエンジン

エンジンがかからない

↓

燃料は入っている？（目で確認）

- いいえ → 燃料を入れて再始動
- はい → 入っているがかからない

↓

エンジン圧縮は？（*）

- ない → エンジン焼き付けの恐れあり → サービス店へ
- あるけど始動しない → 安全装置は大丈夫？ → 大丈夫なら再始動
  - ・主クラッチ
  - ・ロータリ
  - ・ストップスイッチ
  - ・オイルセンサーがついていたらオイル確認

エンジン始動要項は間違っていないか

- ・ストップスイッチON（始動）
- ・燃料コックON
- ・チョーク閉
- ・アクセルレバー開く
- ・リコイルスターター引いて始動
- ・始動したらチョークレバー開く

- はい → 再始動
- 間違っていない → プラグを外して見る → 湿ってないか？スパーク（火花）しているか？

＊最近のエンジンは減圧装置が付いており圧縮がわからない機種もあり

◎ディーゼルエンジン

エンジン始動しない

↓ ← 予熱はしっかりしたか？

自動
手動　10～20秒
（冬場30秒くらい）

セルモーターは回る

- いいえ → バッテリーは上がってないか
  - 大丈夫
  - 上がっている → （外部から電気を調達／バッテリー充電）→ それでも回らない → 安全装置は大丈夫 → はい
    - 再始動
    - それでも始動しない → ヒューズが切れている／配線不良／セルモーター不良／安全装置不良
- はい → 燃料（軽油）は入っているか
  - 入っていない → タンクに燃料を入れる → エアー抜きをする（ガソリンならしない）→ 再始動
  - 入っている → マフラーから白煙が出るか
    - はい → 再始動
    - いいえ →（燃料が送られていない）→ 燃料ポンプは動いているか？燃料フィルターは詰まっていないか

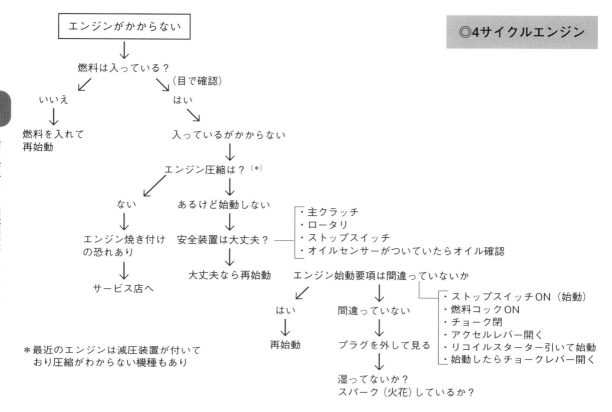

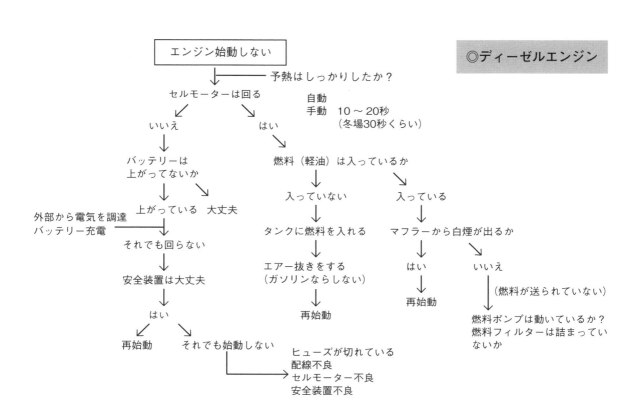

コラム

農機具の部品供給年数

最近の農機具は一五年、二〇年もつのは当たり前、でも故障がないわけではない。そこでメーカーに部品発注、回答は「供給打ち切りです」。これでは修理できません。

お客さんからは「まだ新しいのに」とか「そんなに使ってないのに」「何とかして」「これがダメだったら農業やめるよ」……なんていわれます。こんなときは根気よく話して新しい機械を買っていただくか、中古の農機具を紹介するか、中古部品を探して修理するか、いずれにしても時間はかかります。

一般に、製造終了から部品供給打ち切りまでの目安はだいたい次の通りです。

トラクタ	一二年
耕耘機・管理機	九年
田植え機	九年
バインダー	九年
コンバイン	九年
脱穀機	一〇年
乾燥機	一二年
籾摺り機	一〇年
米選別機	一〇年
精米機	一〇年
動力噴霧機	九年
動力散布機	九年
スピードスプレーヤ	九年
刈払い機	八年
定置カッター	一〇年
作業機	九年
運搬車	七年

消耗品の耕耘爪などは供給が長いのに対し、特殊な部品は打ち切りが早い。一方で、メーカーにもよりますが、よく売れている機種は二〇年、二五年経過しても部品があります。

また、農機具の中にはメーカーを超えて販売されているOEM（相手先ブランド製造）のものがあります。製造A社で、販売はA社とB社からというので、B社で購入して数年後、部品を伴う修理が必要になったケース。B社に部品発注したところ供給打ち切り、ところがA社の型式で発注したら在庫あり。こんなこともありました。

あくまでOEMの農機具で、A社、B社の型式がはっきりしていることが必要ですが、OEMでもメーカーによって部品が違うこともあるので確認して下さい。

2章

農機修理　基本の工具と、あると便利な電動工具

1 揃えておきたい基本工具

最近では新車を購入してもろくな工具が付いてきません。付いているものといえばプラグ抜き、ドライバーの二つくらい、こんなのではエンジンの点検すらできません。そうかといって、工具に凝ってもしょうがなく、上を見ればきりがありません。そんなに高級工具は必要ないので、ここでは「あったら便利！」という工具を紹介します。

ドライバー　ネジの頭はプラス（＋）かマイナス（－）、そのネジを回すのがドライバー。農機具の場合、おもにカバーやエンジンの調整が必要なところに使われます。

手軽に使えるものですが、使い方を間違えると面倒なことに。「たかがドライバー、されどドライバーです」。

代表的な失敗は、大きめのネジ穴に小さめのドライバーを使ってネジの頭をナメて（ネジ頭をつぶして）しまうこと。専用の工具を使うなどしないとネジが取れなくなります（ちょっと頭を使ったやり方はありますが、それは後述）。ドライバーはネジ方向に押さえ付ける力七割、回す力三割で使うとネジがゆるみやすい（図２－１）。無理強いは禁物です。

ドライバーでの仕事は、プラス、マイナスを大・中・小で各一本、大きめの貫通ドライバーをこれもプラス、マイナス一本ずつ、それに柄の短い中サイズのスタッピードライバーをプラス、マイナスで二本の合計一〇本もあれば、ひと通りできます。ホームセンターに行けば、そこそこのものが一本数百円で揃います。キャブレターの調整には細めの、カバー類を外すには中～大の、など作業に合ったドライバーを用意します。

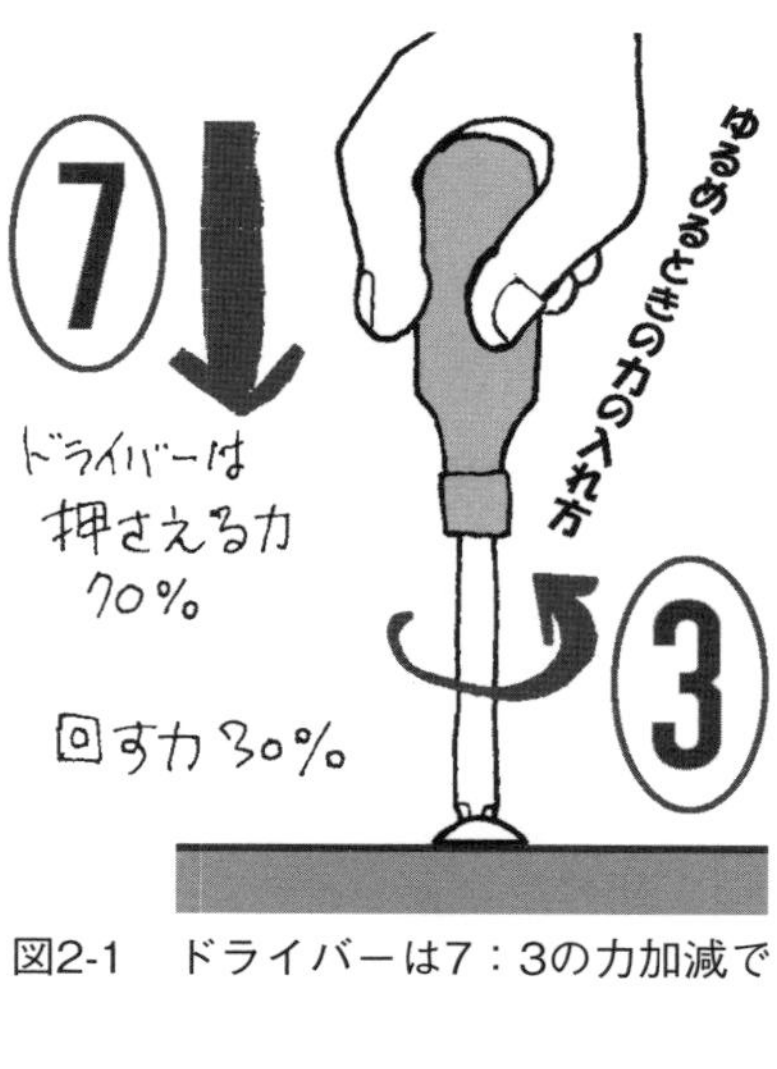

図2-1　ドライバーは7：3の力加減で

スパナ　これもネジを回す工具ですが、こちらのネジ（ボルト、ナット）の頭はプラス・マイナスでなく六角形。農機具はほとんどがこのネジで組み立てられます。小は径四㎜から、大は五〇㎜以上。すべてに対応するとなるとそれなりの数が必要になりますが、必要サイズ、よく使うサイズをもっておけばいいでしょう。

管理機ではカバー類に使われているネジの頭サイズは一〇㎜、ミッション・フレームまわりには一〇～一四㎜、エンジンまわり八～一九㎜、耕耘爪は一四～一七㎜のネジが付いています（図２－２）。こう見ると結構使われていますが、さほど大きくはないので、スパナとしても口径部の二面幅が八×一〇㎜、一一×一三㎜、一二×一四㎜、一七×一九㎜くらいを揃えておけば十分です。ワイヤー調整、ベルト調整、各部の締め付けなどができます。

これ以外では、大型機械用に一九×二一㎜、二一×二三㎜、二二×二四㎜あたりがあれば、たいがいは大丈夫です。ホームセンターにいいものがありますので、吟味して下さい。

メガネレンチ　メガネに似た工具。両口にサイズの異なる穴があいていて、ネジ（ボルト、ナット）のサイズに合わせて差し込み、回して締め付ける。スパナに比べて高トルク。力をかけやすく、最後の締め付け、増し締めなんかに便利です。

また、メガネレンチの穴は一二角形なので、確実にネジをつかみ回してくれる。しかも、狭いところにも入り込む。例えば、トラクタの爪交換。爪軸には泥が付き、ネジはサビている。こんなときスパナを使うとかえってネジをダメにしてしまうことがありますが、メガネレンチならいい仕事をします。

揃えるならスパナのサイズに加えて、一一×一三㎜、一二×一四㎜を用意すればいいです。

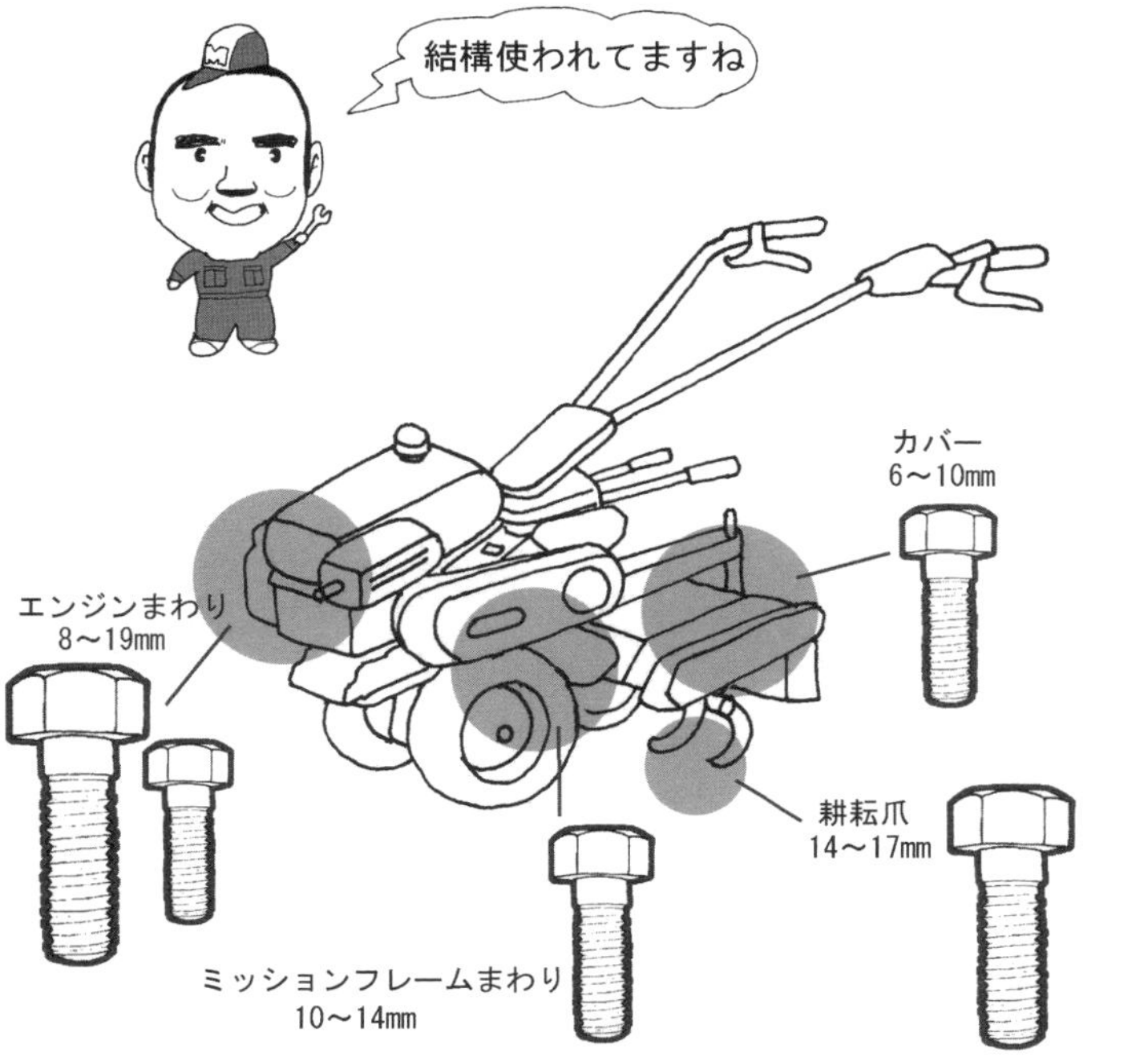

図2-2　管理機クラスのボルト（ネジ頭）サイズ

ソケットレンチ　これもネジ（ボルト、ナット）を回す工具です。内側が六角形または一二角形の形状をした筒状のレンチで、ラチェットハンドルに接続し、ワンタッチでネジを締めたりゆるめたりできます。筒状なのでメガネレンチと同様、ネジ全体をつかみます。硬くゆるみにくくなったネジには適した工具です。

また、スピンナーハンドル（ギヤの付いていないタイプ）を使えばメガネレンチ以上の高トルク（力）でネジの脱着ができます。

六角形と一二角形がありますが、ネジの頭が減ったのを回すには六角形、取り扱いは一二角形のほうがいいでしょう。サイズは八㎜くらいから二四㎜くらいまであれば、いい仕事します。セットで購入すればハンドルや延長バーなどが入っていてお得です。

モンキーレンチ　これもなかなかの便利工具。ラセン状の調整ネジを回すことで開口部の幅を変えられ、いろいろなサイズのボルトやナットにフィットさせることができます。しかし、締め付け能力に若干ガタがあり、遊びができるので増し締めなんかには向きません。力のかからないところにさっと締めるのに最適な工具です。

各サイズありますが、大きいと開口部の広がりも大きくなるので使いやすいサイズを勧めます。

パイプレンチ　名前の通り、パイプはもちろん、形状が四角であろうと鋭い刃で食いつき、回してしまうレンチ。六角ソケットでもゆるまない丸くなったネジなんかも、これに噛ませればゆるみます。

SSの配管をつくったりスプリンクラーを配置したりするのにも役立つ。ハンドルが長いので力がかけやすく、サビた配管、サビたネジなんかに役立ちます。

図2-3　もっておきたい2本のプライヤー

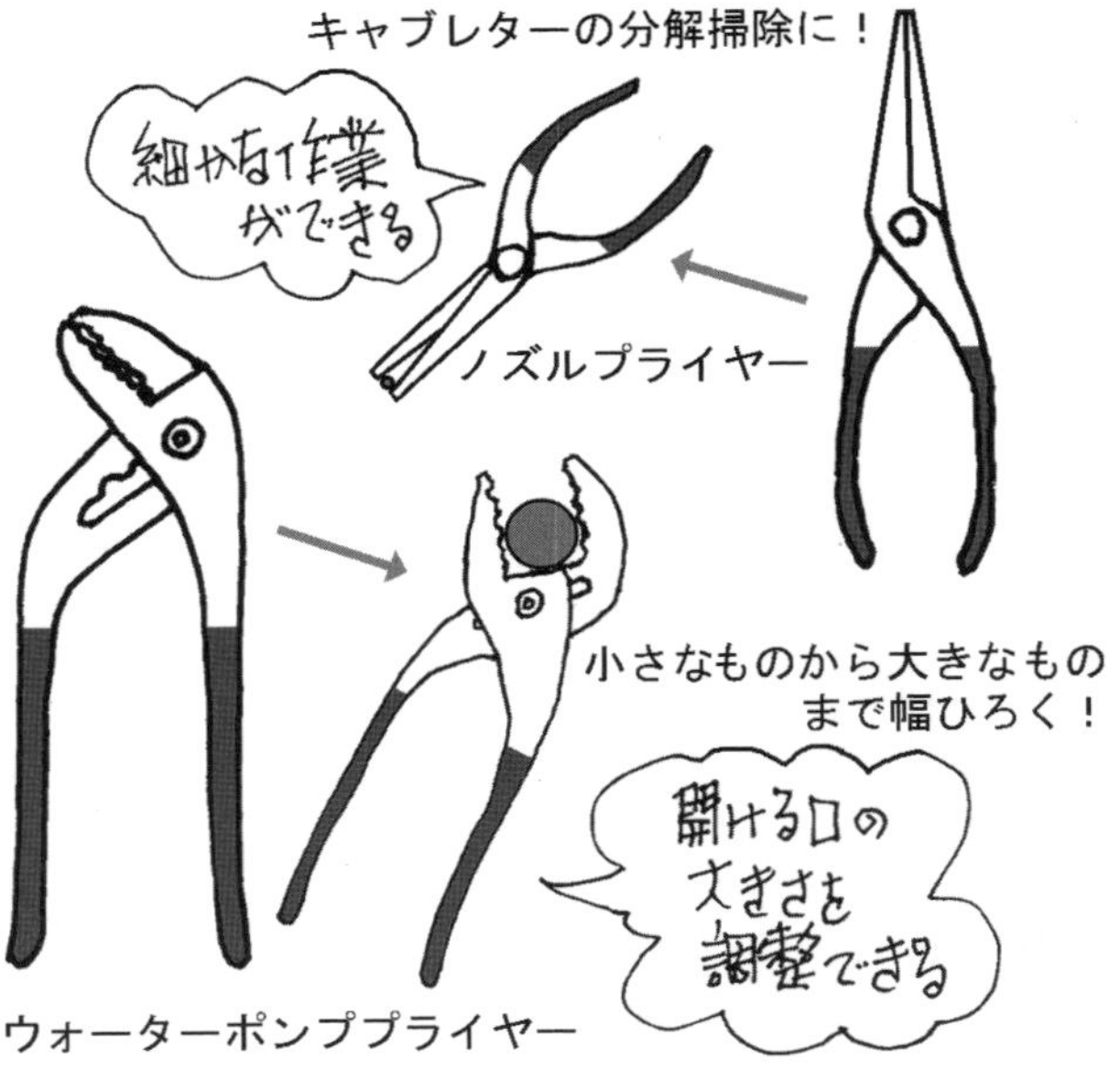

プライヤー　ものをつかんだり挟んだり、つかんだままひねったりするのに使うプライヤー。種類は、細かな作業をするノズルプライヤー、開ける口の大きさを調整できるウォーターポンププライヤー、つかんだものを離さない（ロックが掛かる）バイスプライヤー、ホースを外す専用のホースプライヤー、ネジなどを回せるダイヤ型プライヤー、Cピンを外すスナップリングプライヤー、電気配線などをつくる電工圧着プライヤーなど、挙げればきりがないくらいいろいろありますが、次の二本をもっていればいいでしょう。

一本は、キャブレターの分解や組み立てなど細かな作業、修理に使うノズルプライヤー。もう一本は、小さいものから大きなものまで幅広くくわえられるウォーターポンププライヤーです。とくに後者は、プライヤーなのに鋭い刃が付いてパイプレンチ替わりにも使えたり、握りが調整できるので力がかけやすく、作業の能率が上がります（図2－3）。

ニッパー　針金やワイヤーなどをいともたやすく切ってしまう強者《つわもの》。使い道とすればただ切るだけですが、抜けないワイヤーを切ったり、割ピンの余分なところを切ったり、一時的に巻いた針金を切ったり、また金物ばかりではなく太いロープやホース、プラスチックのカバー、薄い鉄板ぐらいは切れます。テコを使ったニッパーもあり、鉄芯なんかも楽に切断できます。そんなに大きくなくていいので、一つ工具箱に入れておくと便利です。

ワイヤーブラシ　歯ブラシの鉄バージョン。プラグの清掃、各部のサビとり、塗装の剥離などに使えますが、一番はプラグの清掃。

使い過ぎでプラグが黒くなって火が出ない。こんなときにワイヤーブラシで掃除してピカピカに。これで火も飛び、エンジン始動！

グリスポンプ　大型農機のトラクタ、SS、運搬車のクローラ部、果樹園に用いられる高所作業台車のパンタグラフなどにはグリスニップルが付いていて、ここから作業前などにグリスを注入します。これを欠かすと油切れをおこし、ガタが出始め、破損の恐れがあります。こまめなグリスアップは機械を長持ちさせます。

プラグレンチ　ガソリンエンジンの農機具を購入すると付いてくるプラグレンチ。使うのはエンジンが始動しないときで、ふだんはその辺に放っておかれますが、いざ使おうと思ったら見付からない。「おいおいプラグ抜き、どこか行っちゃったよ」なんてことはよくあります。

農機具に使われているプラグは大きく分けて二種類、4サイクルエンジ

写真2-1　プラグは2～3回手で締めてから工具を使う。いきなりプラグレンチで入れない

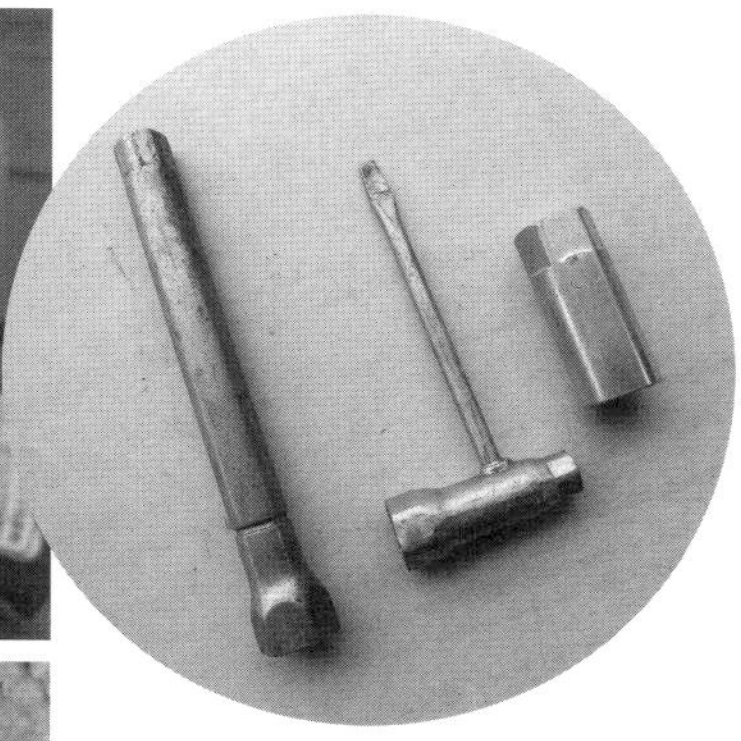

付属品で付いてくるプラグレンチ

ンの二〇・六㎜タイプと、刈払い機・チェンソーなどに使われている2サイクルエンジンの一九㎜タイプ。どちらも新車購入時に付いてくるので、なくさないように。

　最近のエンジンはプラグを取り付ける穴が構造上深いところにあり、プラグがなかなか入れにくい。そのため工具を使って強引に入れようとして、エンジン側のネジ山を傷めてしまうことがあります。基本は手でプラグを差し込み二〜三回転回し、その後プラグレンチで締める。「面倒くさいから」とこの基本を怠ると、高いものにつくかもしれません（写真2－1）。

ハンマー　これもいろいろありますが、一般的には中（一・五kgくらい）か小（〇・七kgくらい）ハンマーと、叩く相手を傷付けない樹脂ハンマーがあればいいでしょう。

六角レンチ　ボルトの頭がプラスでもマイナスでもなく六角形になっていて、サイズに合った六角レンチを入れて締めます。このボルト、最近のチェンソー、刈払い機などに多く使われています。ボルトがゆるんでは困るシリンダーなどにも。

　レンチのサイズは、下は一㎜から上は一〇㎜くらいまでをセットでもっていれば便利です。

万力（バイス）　作業台などに置いてものを挟み、固定させる工具。ネジを切るのに固定したり、チェンソーのソーチェーンを研磨するのに使ったり、グラインダーで削ったりするのに便利、金属を曲げるのにも役に立ちます。そんなに大きなものはいりません。挟み込む口の幅が五㎝くらいの小さな万力で十分です。一つ用意しておきましょう。

セット工具　今まで紹介してきた工具が一つの箱に収まったお得品。紹介した工具が全部入っているわけではないですが、よく使うもの、サイズなどを厳選してセットにしてあります。中には全然使わないものや逆に入ってない工具もあるので、購入の際はセット内容を確認して下さい。

　金額的には安いので一万円くらいから、上はきりがありませんが五〜六万円が相場（写真2－2）。正直、安い工具セットは無名もしくは二流三流。ネジを回そうとして逆にスパナの口が開くことも。高いセット工具はKTC（京都機械工具㈱）など信頼できるメーカーを。高いのは高いなりにいい仕事します。

写真2-2　著者のセット工具
15年ぐらい使っている。ドライバーとウォーターポンププライヤー以外が純正品。買った当時で5万円ほどの基本セット

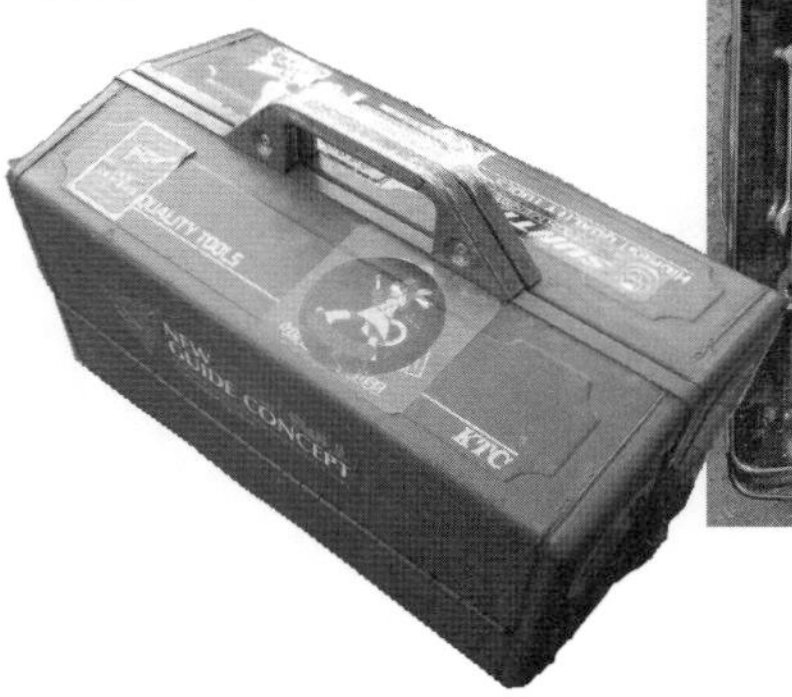

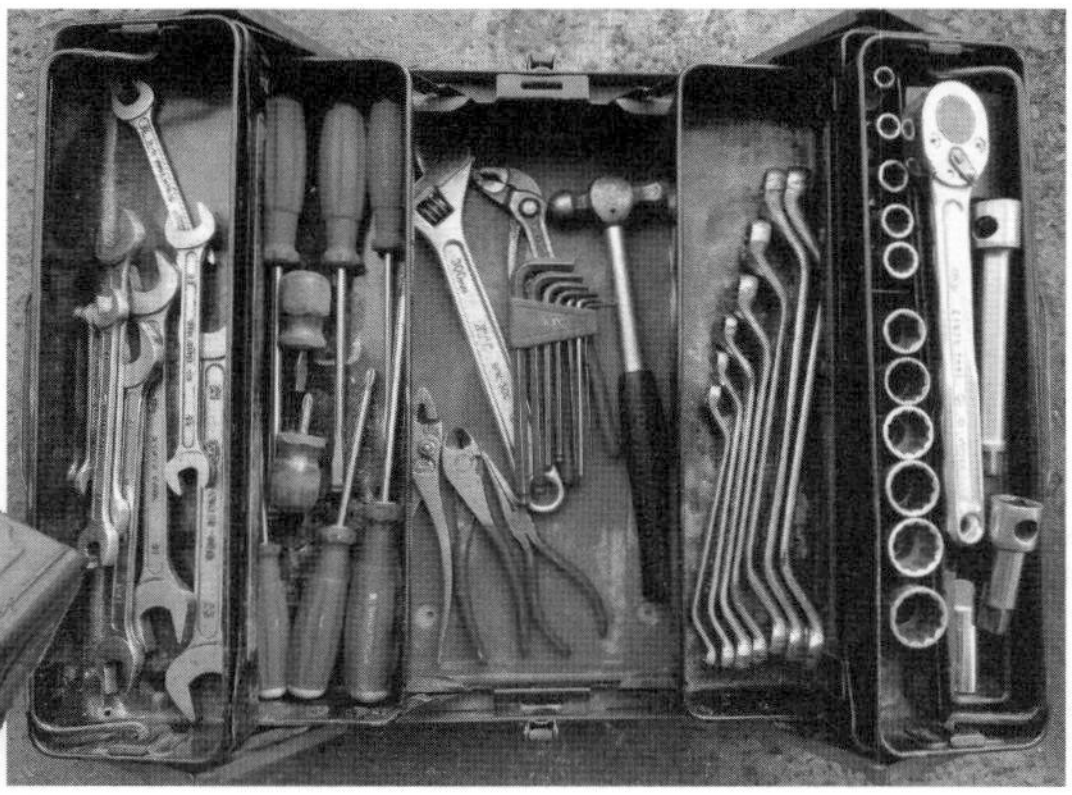

足りないものがあれば足していってね

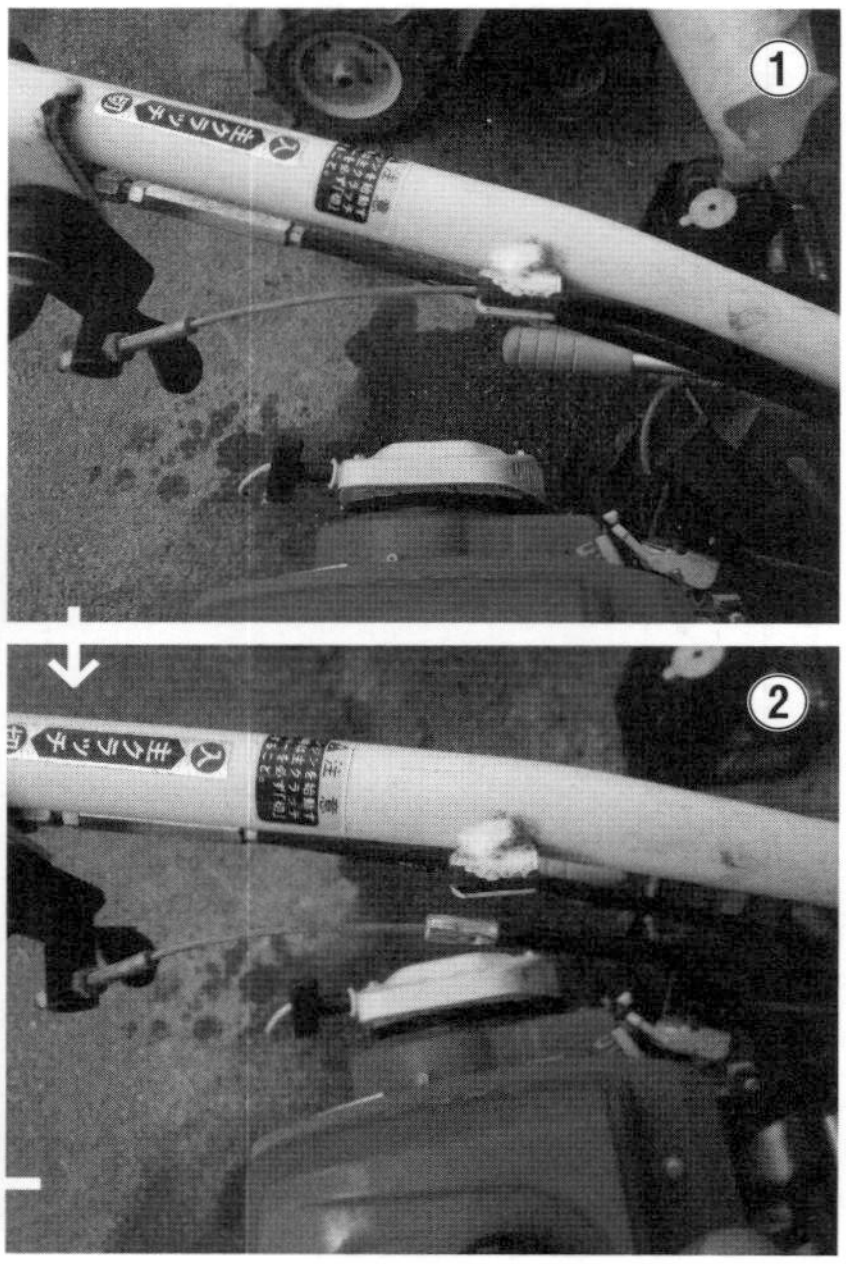

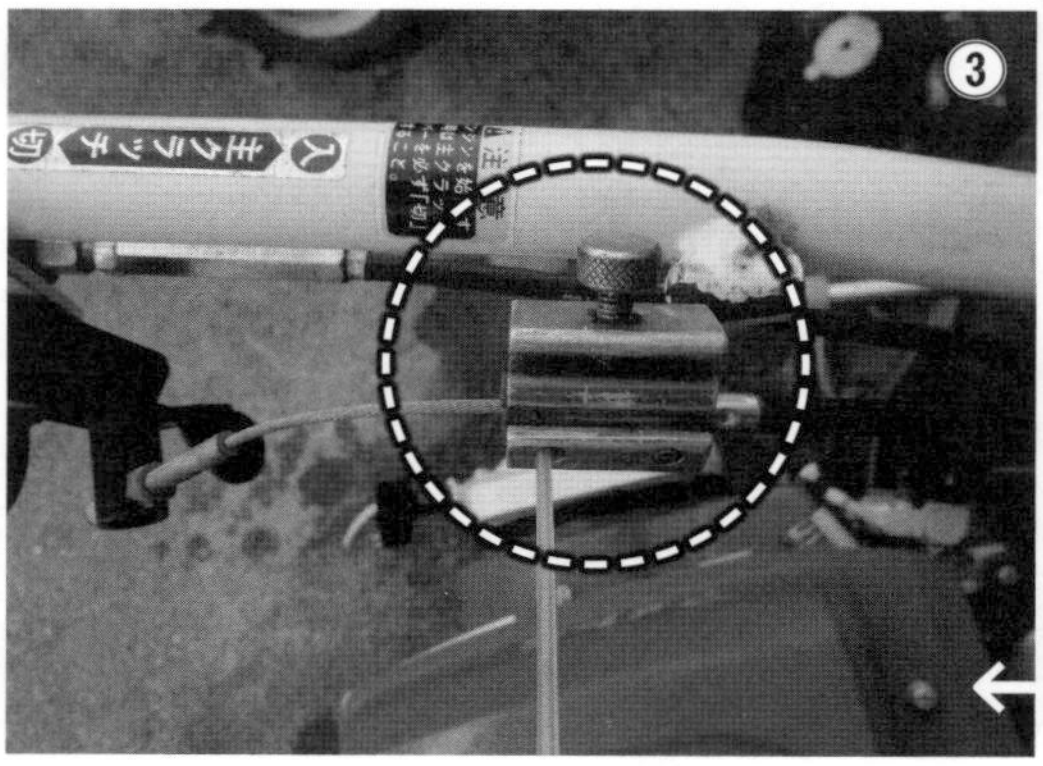

写真2-3　オイル注入に便利なワイヤーインジェクタ
ワイヤーを外し（①→②）、ワイヤーインジェクタをチューブからの出口に噛ませ、圧着（③）。KURE CRC5-56など防サビ・潤滑剤を穴から注入して無駄なく奥まで入れられる
1つ1,500～1,600円。写真より太いワイヤー用もある

2 その他お勧めの便利工具

ワイヤーインジェクター　ふつうではなかなか入れられないワイヤーの中にスプレーオイルを注入させる工具です（写真２－３）。ワイヤーの動きをよくしたり、サビさせたりしないために必要。田植え機や高所作業台車の長いワイヤーにはとても有効です。一五〇〇円前後。

コンビネーションレンチ　スパナとメガネが合体した工具で使いやすい。サイズは一本一サイズ。揃えておきたいコンビネーションは八㎜、一〇㎜、一二㎜、一三㎜、一四㎜、一七㎜、一九㎜、二一㎜くらいまで揃えても八本、工具箱はスッキリ（写真２－４）。ホームセンターなら一本八〇〇円くらいから。

フレックスソケット　ソケットレンチが左右に付いていて自在に動く。狭いところで力をかけやすく、とても便利です。サイズは八×一〇㎜、一一×一三㎜、一二×一四㎜、一七×一九㎜、この四本あればいい仕事します。メーカーはKTCで、少し高価な工具ですが（三五〇〇～四七〇〇円ぐらい）、高いだけのことはあります。私もこの工具は手放せません（写真２－５）。

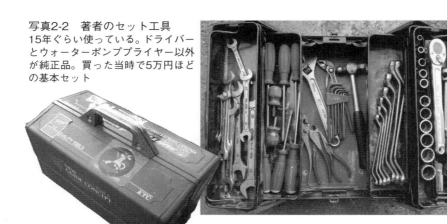

ネジ山修正器（ボルト）　ネジ山のサイズ（ピッチ）が八面に刻んであり、ボルトのネジ山サイズ（ピッチ）を測ったり、ボルトのネジ山を潰してしまいナットが入らなくなったボルトを、簡単に直す工具（写真2−6）。安いもので二〇〇〇円くらい。

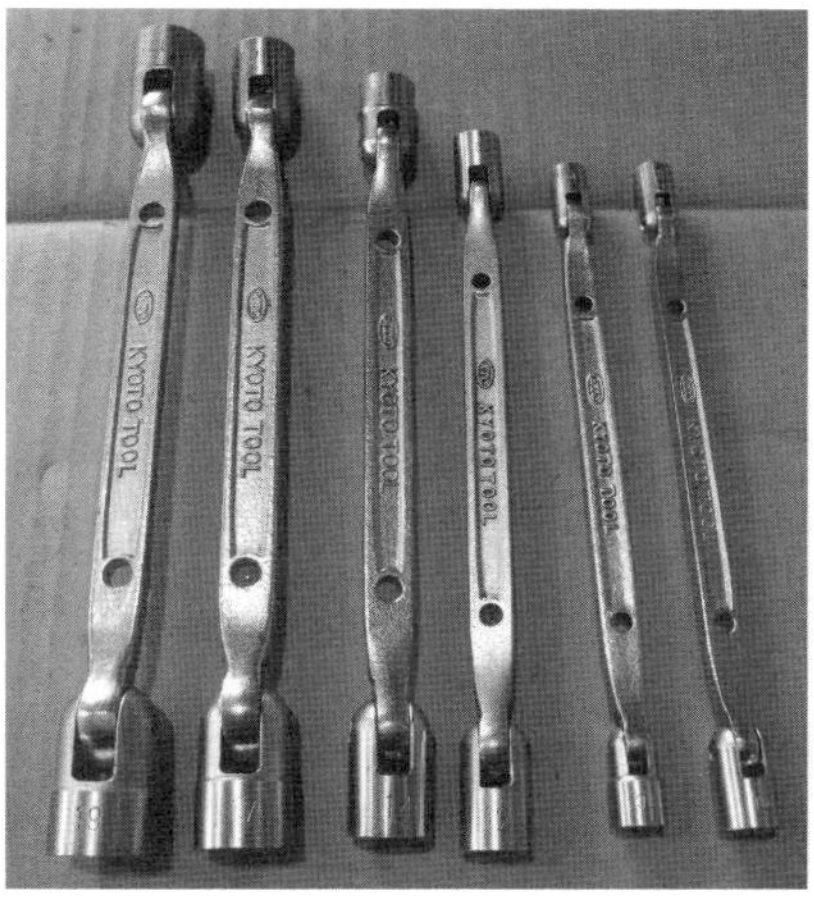
写真2-5　ソケットレンチが左右に付いて自在に動かせるフレックスソケット

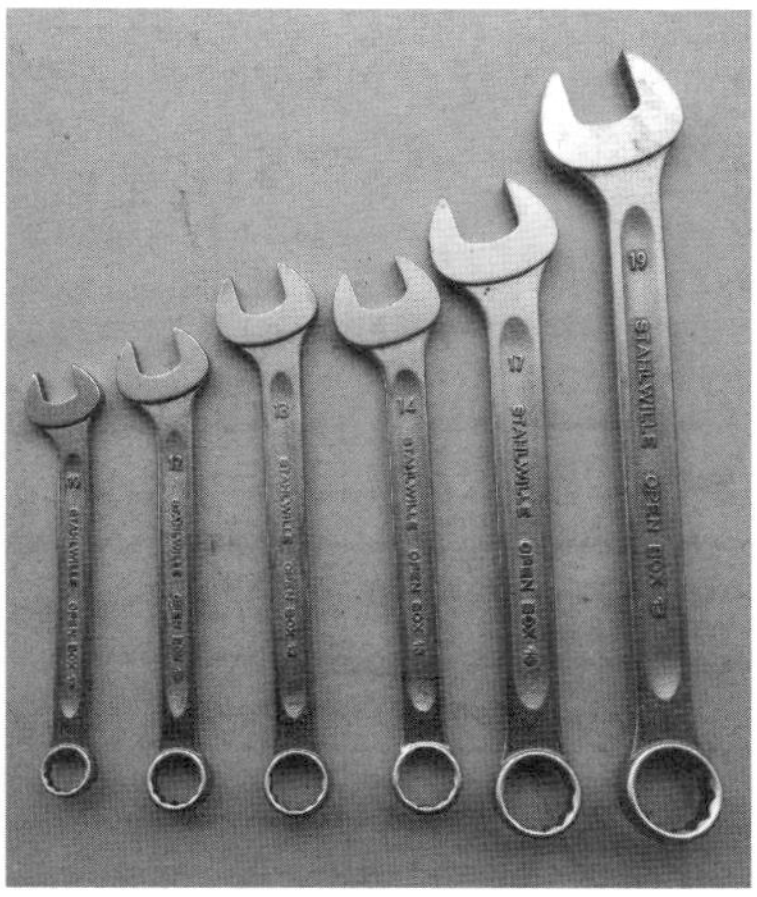
写真2-4　工具箱をスッキリさせるコンビネーションレンチ

3 整備も修理もすいすい 潤滑油、ケミカル用品

昔は、油つぼにエンジンオイルやギヤオイルを入れて持ち運んで、そのたびにオイルをポタポタ垂らしていました。垂れたオイルは付近に広がり、土やホコリが付いて、機械の動きを悪くしたり作動不良をおこしたり。以前はそんなふうでしたが、最近ではスプレータイプのものが多く、潤滑タイプから濃厚なグリス状になるタイプまで種類も豊富です。

しかし、便利になった今も使い方を間違えて逆効果なんてこともありますので、ご注意を。

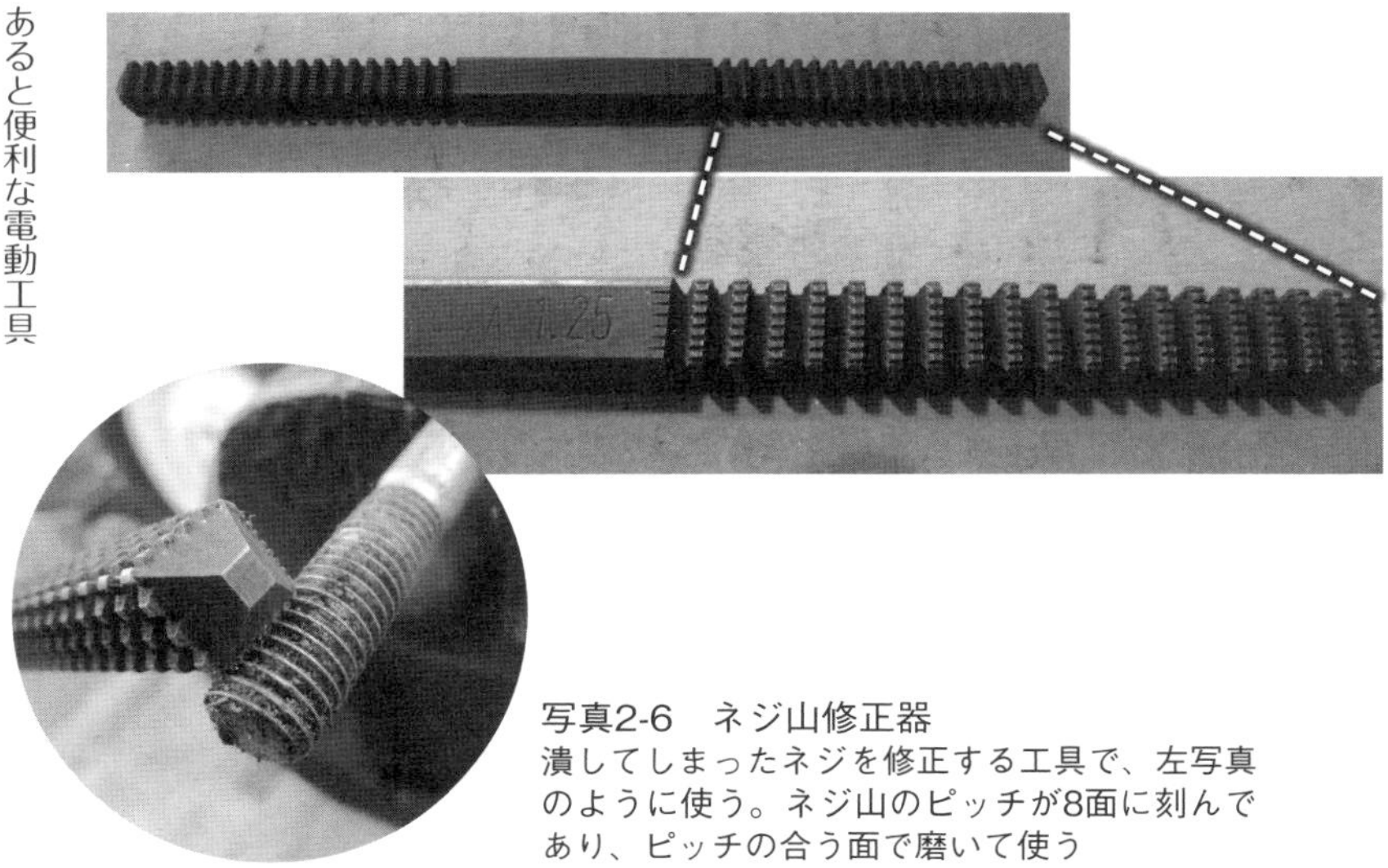
写真2-6　ネジ山修正器
潰してしまったネジを修正する工具で、左写真のように使う。ネジ山のピッチが8面に刻んであり、ピッチの合う面で磨いて使う

潤滑スプレー　おもにサビついたネジを動くようにしたり作業前に駆動部や作業機にスプレーしたり、オールマイティーに使えると思いがちですが、そこに潤滑スプレーの落とし穴があります。一番よく売られているスプレーなので、皆さん何の気なしで購入しますが、よ～くスプレー缶の説明を読んでみると、「浸透・潤滑」と書いてあります。こう書いてあるスプレー、駆動部の一時的な潤滑にはいいのですが、オイルを浸透させてネジをゆるめたり、長い目で見ると逆にサビを呼び込んだりすることがあります。

浸透剤はサビや鉄を溶かして浸透し、ナットなどを動くようにするもの。また、潤滑効果が入っていて乾燥もしやすい。サビやすい状態を招いて

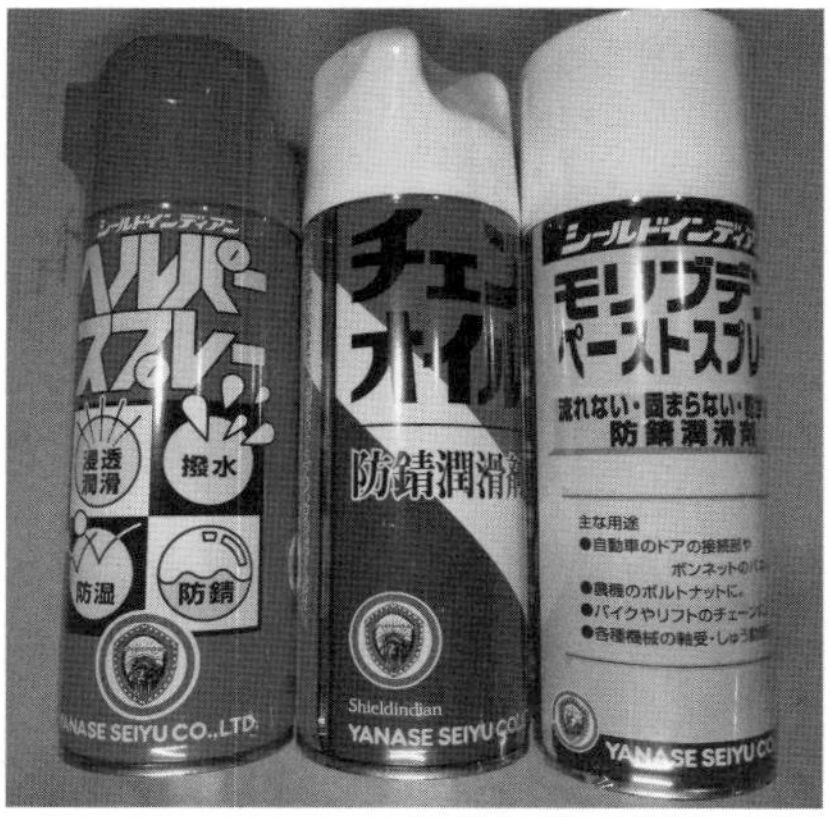

写真2-7　潤滑スプレー
「浸透・潤滑・防錆（サビ）」と書いてあるものを選ぶ。でないと、かえってサビを招いてしまうことも

しまうのです。そこで、この類のスプレーを買う際には、「浸透・潤滑・防サビ」と書いてあるものを選ぶようにして下さい（写真2－7）。もし、「防サビ」と記載してなければ潤滑スプレーを使用後に、別にオイルスプレーやグリススプレーをスプレーしておきます。

オイルスプレー　スプレー後にオイル状になるもの。これを作業前にチェーン、テンション、ワイヤー、クラッチなどにスプレーしておけば機械は長持ちし、作業も快適にできます。エンジンオイルやギヤオイルのようにベタベタしにくいので、ホコリや泥、土が付きにくいです。

グリススプレー　スプレー後にグリス状になるもの。オイルスプレーよりも粘度が高く、高負荷、高回転、また付着性に優れているので泥水の中で作業に使う田植え機やバインダ、コンバインなどの駆動部、刈り取り部、チェーンなどにスプレーするといいです。

グリス　缶やチューブなどに入っており、ヘラなどを使い直接付着させます。耕耘機のチェーンケースや、グリスポンプを使いトラクタ、運搬車の足回り、PTOのシャフト、刈払い機のギヤケースなどに注入。また、ベアリング、オイルシール交換時、シャフトにもグリスを付着させるとすんなり組み立てができます。

エンジンオイル　農機用エンジンは前にも触れたように三種類、2サイクルエンジンと4サイクルエンジン、それとディーゼルエンジンです。

2サイクルエンジンは、2サイクルオイルをガソリンに混ぜて使うエンジン。少し前までは二五対一の混合割合でしたが、オイルの性能が格段によくなった今では一〇〇対一で使えるオイルが出ています。価格もリーズナブルなので、私が農家に勧めるのは五〇対一のオイル。エンジン焼き付きなどがもし心配なら三〇対一、四〇対一をつくり、使用すれば安心です。混合燃料は自分でつくることを勧めます（写真2－8）。

4サイクルガソリンエンジンは、車などに入れるオイルでも構いません。専用オイルでなくてもいいですが、「あれ？　いつ替えたかな？」「オ

写真2-8　ガソリンとオイルの混合用容器
使う分だけつくるのが大事。写真のタンクは5ℓ混合容器（20対1～100対1まで幅広く混合できる）

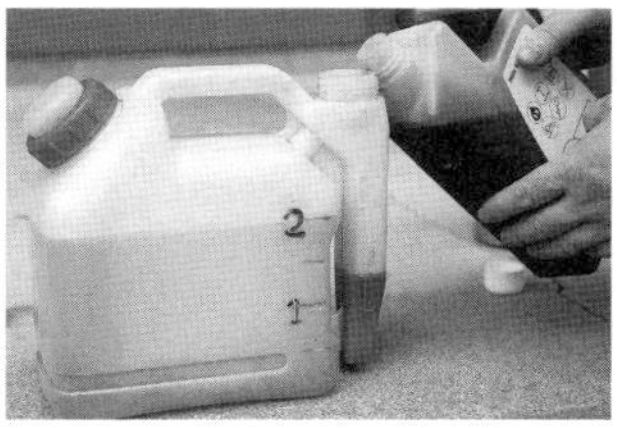

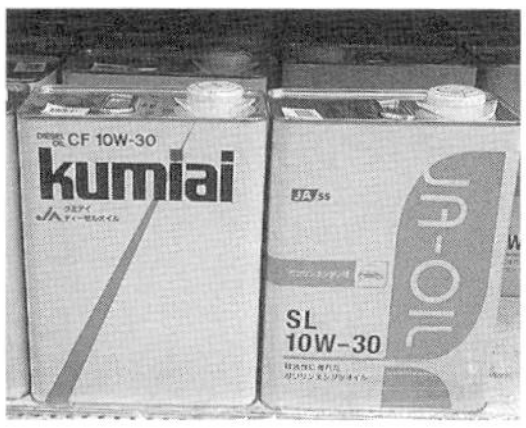

左下；ガソリンにエンジンオイルを加えて混合燃料をつくる。割合は機械によって異なる（倉持正実撮影）
右下；オイルは性能や粘度を示す規格で分類される。これらはふつうのエンジンオイル。混合燃料に使ってはいけない

イルが入ってなくてエンジン焼き付いちゃった！」なんてことがおきないように、こまめに交換します。六馬力のエンジンでオイル量は〇・六～〇・八ℓくらい。春先、使用する前に交換するといいでしょう。

また、作業前には必ずオイルの点検をします。「前回は動いたから大丈夫」なんて思わないことです。

ディーゼルエンジンは使用しているとオイルの中に黒煙が入り、オイルが黒くなります。そんな状態のまま、「オイルの量があるから交換しなくてもいいや」なんていっていると、エンジンのかかりが悪くなったり、力が出なかったり、後々修理に大金がかかるようになります。オイル交換は一年に一度と習慣づけておくといいと思います。

最近では4サイクルガソリン、ディーゼル、ギヤ兼用オイルが販売されています。いろいろ揃えるのが面倒な人は、この兼用オイルを一つ用意しておけば、いざというとき役に立ちます。

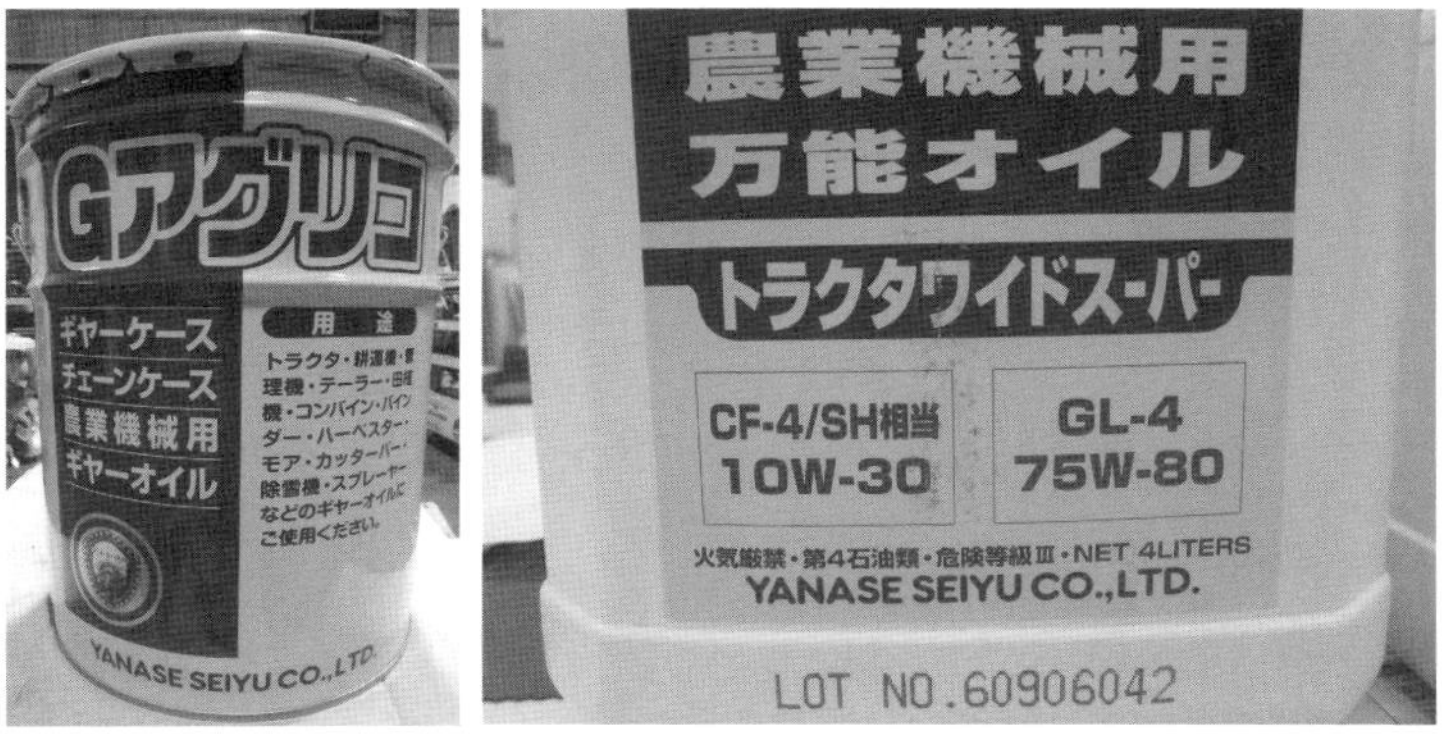

写真2-9　ギヤオイル90番（左）と、エンジン＆ギヤ万能オイル（右）

ギヤオイル　トラクタでいうとフロントアクスル（前輪）、ミッション、ロータリ（作業機）これだけでも数十リットルのギヤオイルが入ります。また、最近のトラクタはメーカー指定のミッションオイルを「注入しなさい。さもないと壊れますよ」といわんばかりの警告文が張り付けてあります。

フロントアクスル、ロータリなどにはギヤオイル八〇～九〇番の少し硬めのオイルを、ミッションオイルには湿式ブレーキミッションオイルを注入しないと、ブレーキを踏んだときに変な音がしたり、油圧関係に不具合が出ることがあります（写真2－9）。オイル交換のときには、オイルフィルターの交換や清掃も一緒に行なうと、なおいいです。

キャブレタークリーナー　キャブレターを分解、清掃する際にこびりついた燃料カス、腐食カスなどを溶かしてきれいにするスプレー。きれいにするばかりではなく、エンジンが始動困難な場合にエアークリーナーを外し、直接キャブレター内に吹き込んでやると動き出すことがあります。ただしあまりかけるとプラグが湿り過ぎてしまうことがあります。

パーツクリーナー　アルコール成分のものが多く、スプレーして数秒後には乾きます。油汚れはたちまち落ちます。キャブレターの清掃、ブレーキの清掃、シールパッキンを塗るとき、工具を磨いたりするときなど、何かときれいにしたいときに便利です。ただ気を付けなければいけないのは、成分がアルコール、噴霧するのは高圧ガスだということ。何かと引火しやすいので火気厳禁は当たり前、くわえタバコもアウトです。

また、工具や機械にはよくても人体には有害なので、きれいになるからってこれで手を洗うのは危険です。寿命が短くなるかも……、使用の際には十分注意して下さい。

以上のケミカル用品は近くの農機具屋さん、ホームセンターなどで購入できます。必要なものを用意し、適正に使えば作業効率、機械の寿命がグーンと伸びます。スプレー缶に記載されている注意事項もよく読み、上手に使って下さい。

4 あるとすごく便利、電動工具

エアーコンプレッサー　田起こしをしようと、小屋からトラクタを出してきたところ、なんだか変？　車体が少しかしいで（傾いて）いる。パンク？　いや、パンクならタイヤがぺちゃんこになる。けど、それはない。どれ、少し空気を入れてみようかというとき、エアーコンプレッサーで空気を入れるタイヤゲージ（ホームセンターで二〇〇〇～三〇〇〇円くらい）があれば、超簡単。こんなことでも農機具屋を呼べば出張費、タイヤ空気圧調整で、ウン千円はもっていかれる。こんなのは自分でやってしまいましょう。

コンプレッサーがあればエアーガンで各部を清掃したり、インパクトレンチがあればタイヤの交換もできます。最近はエアーで使える工具もたくさんあり、エアードリル、エアーラジェット、エアーソー、エアーサンダーなど、挙げればきりがありません。そうした便利なエアー工具を使いこなすにもコンプレッサーはあると便利。できる修理の範囲も格段に広がります。三万円くらいから買えます。

グラインダー　卓上式の電気グラインダーは、砥石がモーターの左右に一つずつ付いており、荒削り用と仕上げ用と分けて使えます。ワラ切りカッターの回転刃や固定刃の研磨、最近は少なくなってきましたが、刈払い機の刈り刃、ドライバーの先端を整えたりなど、何かを削ったりしたいときにはとても便利です。

卓上式は少し大げさという方には、ハンドディスクグラインダーがあります。卓上グラインダーと違い、手で持って切ったり削ったりができます。切断用の刃を付ければ、取り外しのできなくなったボルトのカット、研磨用の刃を付ければモアなどの回転刃や余分なボルトの研磨、ワイヤーブラシを付ければ塗装の剥離、サビとり、コンクリートカッターを付ければ、石、ブロック、コンクリートなどを切ることができます。切ったり削ったりするのに一つ用意しておくと便利。農機具修理以外にもいろいろ役に立ちます。ホームセンターで五〇〇〇円くらいから買えます。

ドリル　最近ではコードレスのインパクトドライバーやハンドドリルが安く売られています。こまめに充電するか、予備のバッテリーをもっていれば使い回しも可。

　折れたボルトをハンドグラインダーで平らに削り、ポンチでセンターにマークをして、少し細いドリルで穴をあけ、逆タップで抜き取る。こうすれば折れボルトの修理完了です。

　穴をあける作業は、農機具修理以外にも日常的に多々あります。ドリルも一つもっておくと便利な工具。付随するドリルも揃えておくといいです。六〇〇〇円くらいから。

溶接機　これはあれば便利ですが、最近は安くなったとはいえまだまだ高価（三万円くらいから）。また、使いこなすには慣れと技術が必要です。ハンドルが折れた、カバーが取れた、軸が減った、三脚の足が折れたなど、こんなときは家に持ち帰って「バチバチバチ」で溶接完了。自分で修理できれば最高ですが、慣れていないとそううまくはいきません。溶接修理はプロに任せてもいい仕事です。

5　簡単修理に便利な各種グッズ

結束バンド　管理機で果樹園を耕耘中、枝に管理機を引っかけて主クラッチやサイドクラッチのワイヤーを破損。けれど、作業前に引っかかりそうなワイヤーをハンドル、フレームなどにバンドで巻いておけば破損を回避。簡単に巻けて便利なのが、結束バンドです。

　プラスチック製のバンドで、ワイヤーや燃料ホース、配線類、振動やぶつけて壊れたカバー類の取り付けなど一時的な補修に使えます（図2-4）。ワイヤー、配線などはハンドルやフレームにしっかり取り付けておけば、引っかけて壊れる心配はなくなります。

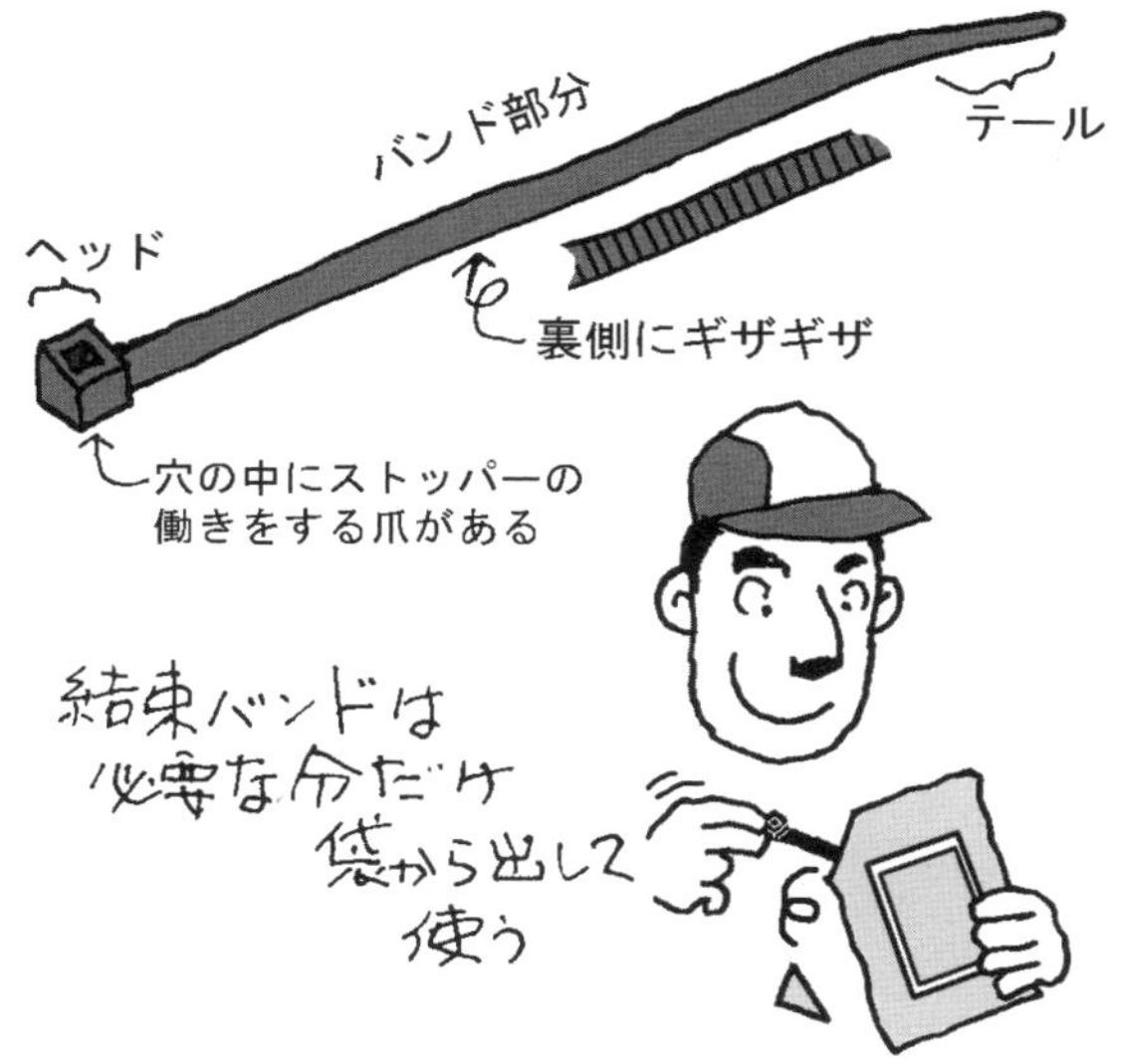

図2-4　プラスチック製の結束バンド

絶縁テープ　動噴や灌水ポンプの給水ホースは、長い間使っているとクラック（亀裂）ができて空気が入り、水を吸わなくなってしまうことがあります。クラックが入ったところを絶縁テープでグルグル巻きにしておけば一時的にしのげます。他にも振動でこすれてしまうワイヤー、配線、燃料ホースなど、これで補強しておくといいです。

水道用ホース　何かと便利なのが水道用ホースです。古くなったホースを回しながらラセン状に切っていくと、ワ

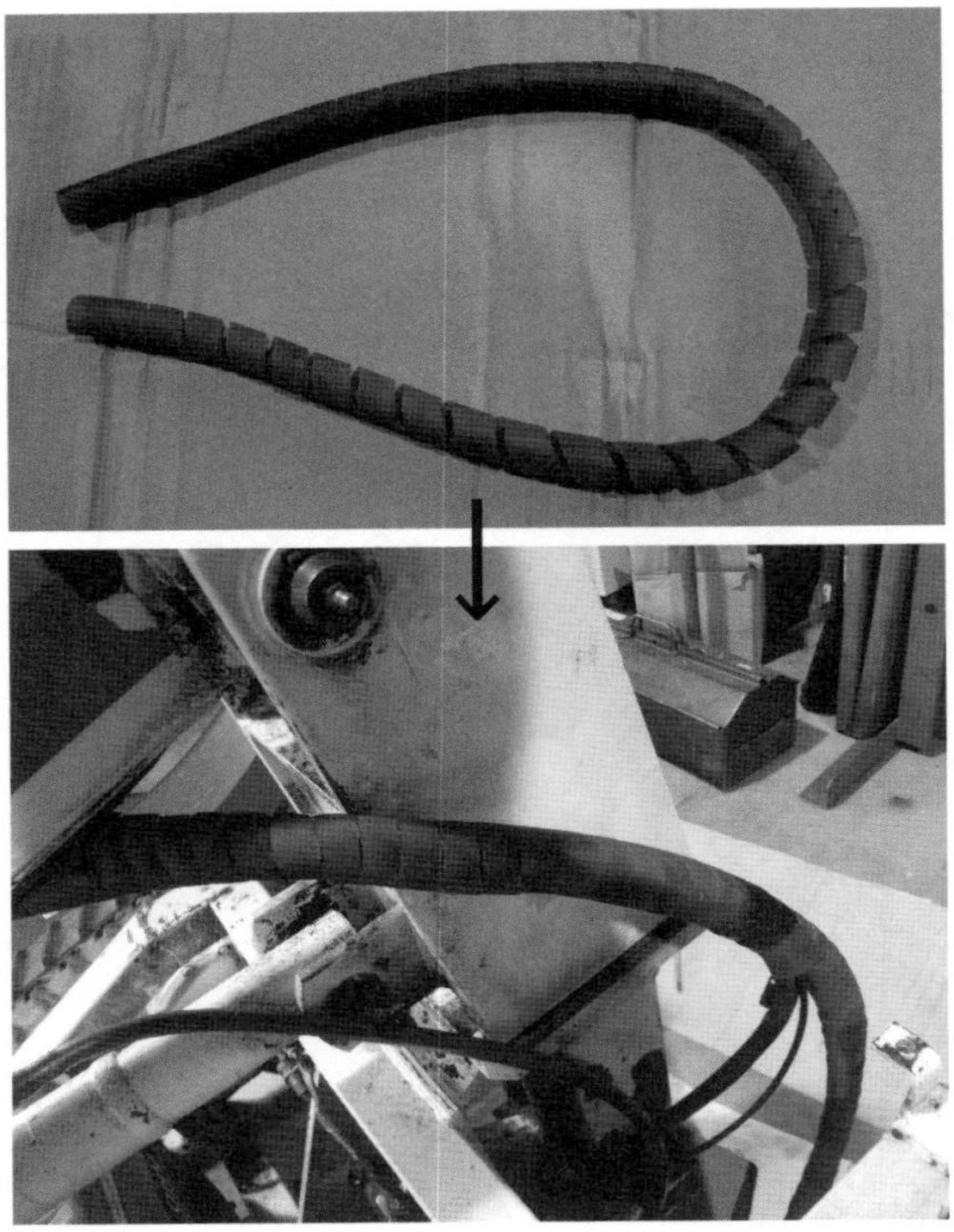

写真2-10　古くなった水道ホースの利用
切り込みを入れるだけで、ワイヤーなどの被覆保護材に変身。下は実際に巻いてみたところ

イヤーなどの被覆保護材に変身（写真2-10）。テープやバンドと違って厚みがあるので、磨れるところの補強、ガードには最適。高所作業台のワイヤーのまとめや給水、余水ホースの補強にはもってこいです。

　また、農薬が吐水弁にこびり付いて弁が開かなくなってしまった動噴の再始動にもホースは使えます。

　ポンプの給水ホースを外して、代わりに水道ホースを給水口に直接差し込んで（入らない場合もあり）、蛇口を開放。エンジンを始動させ水道ホースから水を吸わせます。ポンプコックを開きコックから水が出れば修了。元の通り給水ホースを付け直し、再度農薬を吸わして水が出ればOKとなります（50ページ写真3-21参照）。

　基本の工具、便利電動工具はもっていれば、それに越したことはありません。実際、私たちも出張修理に行き、キャブレターの分解、清掃などをするとき、農家の家にコンプレッサーがあればお借りしていい仕事ができます。でも、ここに紹介した工具を全部揃えたほうがいいとはいいません。自分でできる範囲、これが必要というものをだんだん揃えて、農機具整備に役立てていけばいいのです。

　農機具はちゃんと手入れすれば長持ちし、いい仕事、いい作業をします。必要工具を用意して点検・修理・整備にチャレンジしてみて下さい。

　3章からそのために役立つポイントを紹介していきます。

3章

農機別　よくあるトラブル、＋基本整備編

この章では農機別によくあるトラブルを一つか二つピックアップして、その故障内容、原因、修理調整、点検、事前の整備の仕方、事後のメンテナンスなどを紹介します。

1 エンジンキャブレターの燃料調整

〈2サイクルエンジン〉

冒頭でも紹介した2サイクルエンジン。燃料はガソリンに2サイクルオイルを混ぜた混合燃料、キャブレター（燃料を送る気化器）は、エンジンがひっくり返っても燃料を送り続けるダイヤフラム式が多く使われています。

エンジン不調には、燃料の不良によるもの、キャブレター内のダイヤフラムが原因で燃料の送り込みが悪く、エンジンは始動してもアイドリングが続かなくて停止、また力不足、高回転でエンジンが回らない、などがあります。修理屋さんに持ち込みたいところかもしれませんが、その前に1章で触れたキャブレターの燃料調整というのをやってみて下さい。

「難しそうで、いじると逆に壊してしまうのでは」なんて思わないように。基本の調整がわかっていれば大丈夫です。

○調整ネジの種類

まずはじめに、調整できるネジについて。

2サイクルエンジンで調整できるネジは機種によって違いますが、多くて三つ、アイドリング回転を調整するアイドルスクリュー、キャブレターの燃料の量で高速回転、低速回転を調整するハイニードルスクリューとローニードルスクリュー（注）です。

（注）ハイニードルスクリューをハイスピードニードル、ローニードルスクリューをアイドルニードルピン、アイドルスクリューはアイドルアジャストスクリューなど、製品やメーカーによって呼び名が変わることがありますが、機能は同じです。

最近のエンジンには排ガス規制のため、燃料調整をするハイニードルスクリューとローニードルスクリューが付いていないものもあります。こうしたタイプはネジでの調整ができないので、キャブレターの分解、清掃となり、それもダメならキャブレター交換になります。でも、まだまだネジで調整できる機種はたくさんあるので、やってみましょう（以下、一般的な刈払い機の例、キャブレターはダイヤフラム式、写真3−1）。

○ネジの基本調整

まず基本調整をやります。アクセルをいっぱいに吹かせた状態での高速回転を調整するハイニードルスクリュー、これは「いっぱいまで締め込んで一回転から一回転半くらい戻す」。

一方、アイドリング状態での低速回転を調整するローニードルスクリューも、「いっぱいまで締め込んで一回転戻す」という調整です。これをやったらエンジンを始動して実際の調子を見て下さい。

どうでしょう、アイドリング状態で回転刃が回らず、ちゃんと止まっていますか？　もし、エンジンが止まってしまうようならアイドルスクリューを少し締め込んで回転を上げます。ただしこのアイドリング回転は、次のローニードルスクリューの調整でまた変わってくるので、最後に調整し直します。

○エンジンをかけて再調整

基本調整が済んだら、次はエンジンをかけたままする調整です。まずはローニードルスクリューから。

エンジンを始動後、アクセルレバーを全開し、回転を上げていきます。これがスムーズに上がらない（吹き上がらない）ようならローニードルスクリューを少しずつ開いて（燃料をたくさん送る）、吹き上がりをよくします。ローニードルスクリューを開くとアイドリングの回転は下がり、締め込んでいく（燃料が少なくなる）と少し高くなります。ここで先ほどいったアイドリングの調整を今一度行ないます。

続けて高速側のハイニードルスクリューを調整。これをするかしないかで、燃費、作業能率、エンジンの寿命まで変わってきます。

同じくエンジンを始動してアクセルレバーを全開に、そしてハイニードルスクリューを開閉します。エンジンが高回転になりピークに達したら四分の一回転くらい開いて燃料を濃くします。濃くすることによって負荷がかかったときにエンジンに粘りが出ます。高回転のピークのまま、あるいは高回転のピークよりもハイニードルスクリューを締めて燃料を薄くしてしまうとエンジンに力がなく、このまま高回転で使用し続けると、最悪の場合、エンジンが消耗して修理に大金がかかることになります。

「燃料は少し濃いめにしておいてくれたほうが、エンジン内部にはいいんだよね。またオイルは高性能オイルFC、FD級）で、混合比率は五〇：一。これでマフラーの詰まり、プラグの汚れも少なくなるよ」（2サイクルエンジンの気持ち）です。

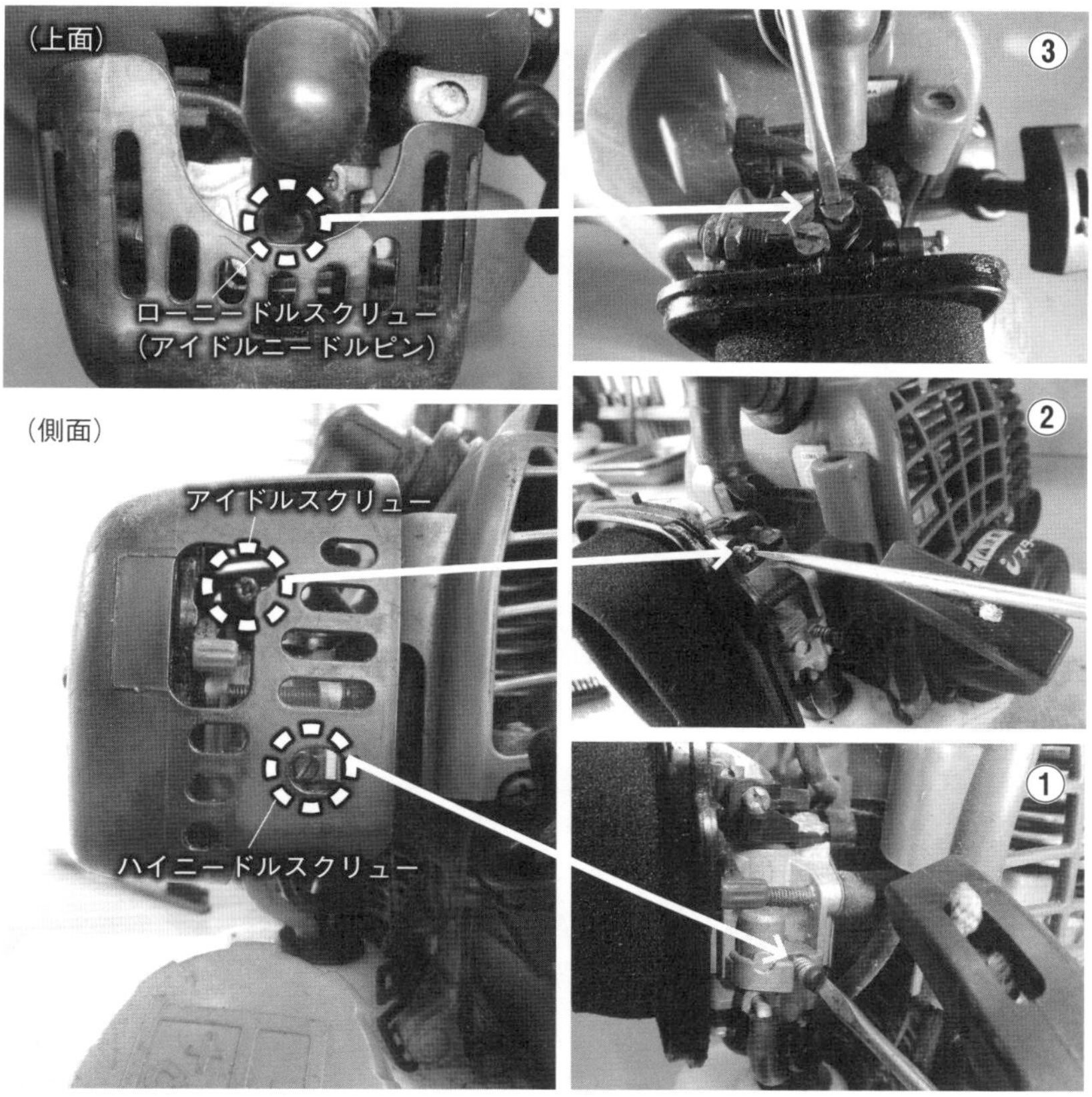

写真3-1　刈払い機のエンジンキャブレター調整（①②③の順に調整）
①ハイニードルスクリュー；基本はいっぱいに締めてから1～1回転半戻す（開く）。エンジン始動後アクセルレバーを全開、ゆっくり締めたり開いたりして、最高回転から約1/4回転開いて燃料を濃くする
②アイドルスクリュー；アイドル状態で回転刃が回らないところまで回転を下げておく
③ローニードルスクリュー（アイドルニードルピンとも）；いっぱいに締めて1回転戻す。そこから締め込むと燃料が薄くなり、立ち上がり（吹き上がり）が悪くなる。エンジン回転が上がる。逆に開いていくと燃料は濃くなるがアイドリング回転が低くなり、そのうち止まる。回転も上がりづらくなる
（右列の①②③の写真は撮影用にエアークリーナーを外しているが、実際の調整は取り付けた状態で行なう）

写真3-2　フロート式キャブレターフロート部の内部
フロートバルブの作動不良でバルブの先にゴミが詰まる

〈4サイクルエンジン〉

小さなものは小型ポンプから、大きなものは二〇馬力を超える乗用モアまで、さまざまに使われる4サイクルエンジン。使われる場面もホコリまみれ、水まみれの過酷な条件で、文句もいわずに動いてくれますが、たまにはヘソを曲げることもあります。こいつが動かないと農機はただの鉄の塊まり。移動させるにも重くて動きません。

４サイクルエンジンが始動しない原因はいくつかあります。よくあるのが燃料関係によるトラブル。この原因と対策は……。

○フロートバルブの作動不良、ゴミ詰まり

管理機の修理や持ち込みで多い相談が、「エアークリーナーからガソリンが漏れる」です。

燃料コックをＯＮにしてみると、確かにエアークリーナーから燃料が漏れている。原因はたいがいキャブレター内部（写真３-２）のフロートバルブの作動不良か、バルブの先のゴミ詰まりです。それで燃料の吸い過ぎになりエンジンが動かないのです。

４サイクルエンジンのキャブレターはフロートタイプ。キャブレターに燃料を入れっぱなしにしておくと中で腐食し、フロートが固着したり、あるいは燃料タンクからゴミやサビが入り込み、フロートバルブに引っ掛かったりします。

またエンジン停止後、燃料コックはＯＦＦにしておかないと燃料が漏れ、クランクケース内に入ってしまい始動不良をおこします。こうなるとエンジンオイルの交換やプラグの清掃、交換などが必要になります。

「長期保管のときはタンクとキャブレターの燃料を抜いといてくれたらなぁ～」（４サイクルエンジンの気持ち）。これはぜひ、そうしてやって下さい。

しかしこんな状況になっても、農機具屋さんを呼ぶ前にやってみてほしいのが、キャブレターのカップをドライバーの柄などで軽く五～六回叩くこと。フロートバルブの動きが悪いだけならこれで直ることがあります（図３-１）。ただし叩き過ぎと力の入れ過ぎはキャブレターを壊すことになるので、注意。

○燃料の全抜き、入れ直しも

また、キャブレター内の燃料を全部抜いて入れ直すことも試して下さい。フロートバルブのゴミが流れて、詰まりが解消。これで燃料漏れも直ればラッキーです。直らない場合は、キャブレターを分解、清掃することになりますが、これは４章で紹介します。

分解、清掃が済んだら組み付けてエンジン始動。次は燃料の調整です。

○アジャストスクリューで燃料調整

4サイクルキャブレターの燃料調整は2サイクルと異なり、キャブレター側面（エアークリーナーの裏側など）に付いているアジャストスクリュー（写真3-3）でやります。

基本はシンプル、1章でいった通り、「いっぱいに締め込んでから一回転半戻す」です。これをやってもエンジン音が波を打ったり、アクセルを戻すと止まったりするようなら、もう一

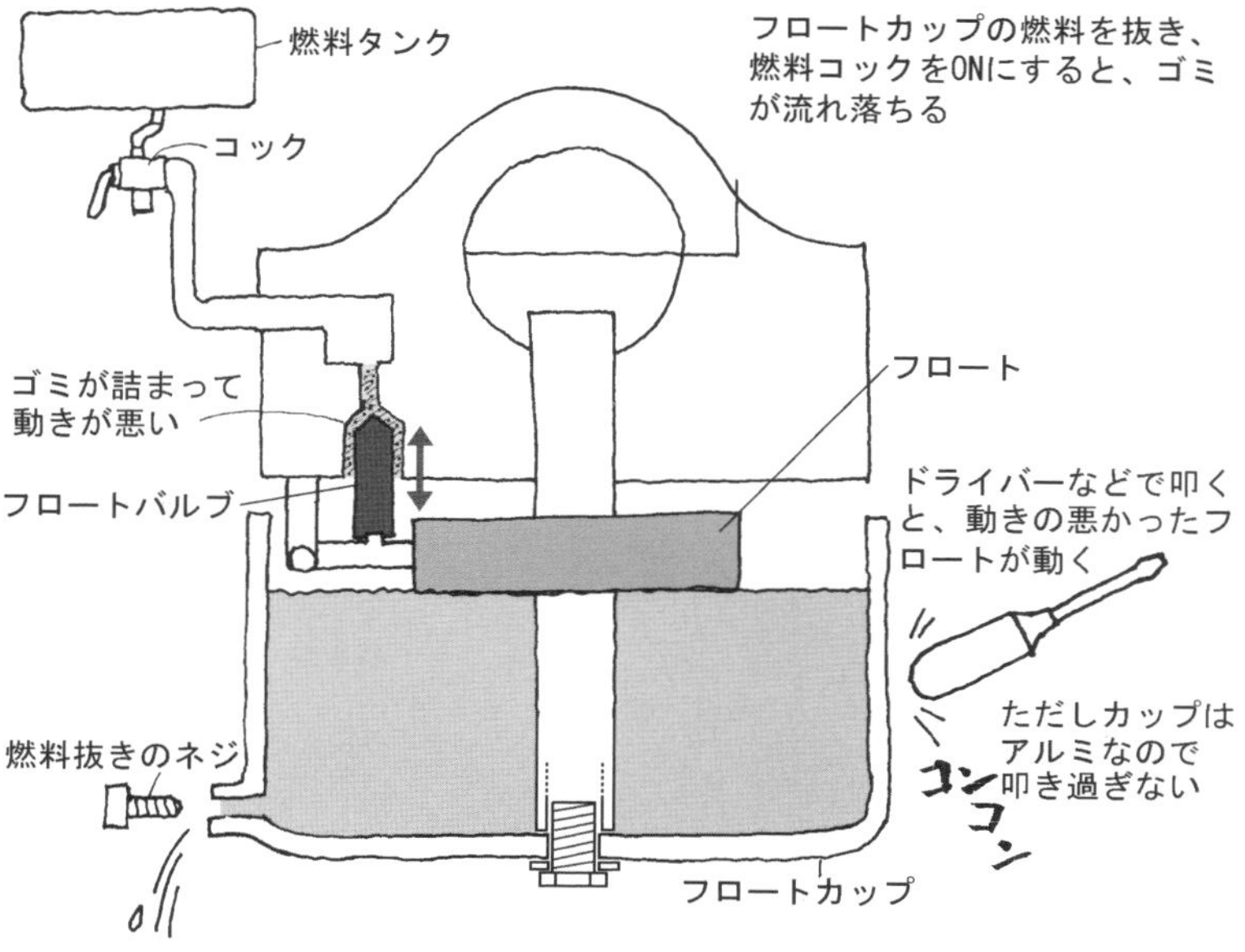

図3-1 フロートカップを軽くコンコンと叩くことで、バルブの動きが戻ることも

キャブレター燃料調整の2つのネジはエアークリーナーの裏側にある（撮影用に吸気口は外している）

①まず、アジャストスクリューを「いっぱいに締め込んでから1回転半戻す」。これをやってもエンジン音が波を打ったり、アクセルを戻すと止まったりするようなら、もう一度キャブレターを分解、清掃
②次に、アイドルスクリューを調整する。基本は、アクセルレバーを低速に戻してエンジンが止まらない程度に。マイナスドライバーでネジを左右に少しずつ（1/4回転程度）締めるか、ゆるめるかして調整する

写真3-3 管理機エンジンキャブレターの燃料調整

度キャブレターの分解、清掃をします。

問題がなかったら次にアイドルスクリュー（アイドリング調整ネジ）を調整。これの基本は、アクセルレバーを低速に戻してエンジンが止まらない程度にネジを締めればOKです。マイナスドライバーでネジを左右に少しずつ（四分の一回転程度ずつ）締めるか、ゆるめるかして調整します。

〈ディーゼルエンジン〉

燃料は軽油を使用、おもに力と粘りを必要とするトラクタ、SS、コンバインなど大型農機に使われているのがこれ。大型農機なので長時間の使用は多々あります。中でもよく見かけるのは、トラクタのエンジン回転をほぼ全開にし、黒煙をマフラーから吐きながら作業している光景。そんなに無理させなくてもいいのにと思い、説明しても、なかなか理解してくれない頑固な方もいらっしゃる。「俺はこれで四〇年間やってきた」と、逆に怒られたりします。でも、もう少し機械をいたわってやってほしいものです。

エンジン全開で作業するとエンジンに疲労が蓄積されます。エンジンオイルは真っ黒、オイルフィルターをはじめ、ラジエター、エアーエレメントもホコリで目詰まりをおこしやすくなるからです。だから、そうならない使い方こそ大事なのですが、でも、そうなってしまったら次のように対処。またメンテナンスをすることによる馬力、力の復活のさせ方も紹介します。

○エアーエレメント清掃

まずこれをやると燃費向上！　馬力復活！　などいいことばかりなのが、エアーエレメントの清掃です。しかも作業は簡単。

①ボンネット、エンジンカバーを開き、エンジン付近にあるエアーエレメントをケースから出す（写真3－4）。

②コンプレッサーとエアーガンを使いエアーエレメントの表面から圧縮空気をあて、ホコリが出なくなるまで掃除。同じように内側からも圧縮空気をあてて

写真3-4　ボンネット、エンジンカバーを開き、エンジン付近にあるエアーエレメントをケースから出す（右）
コンプレッサーとエアーガンを使ってホコリが出なくなるまで、外側と内側からも圧縮空気をあてて清掃したい

清掃します。

③きれいになったらエアーエレメントをケースに戻して作業完了ですが、あまりに汚れがひどくてなかなかきれいにならないエレメントは、交換したほうがいいかもしれません。

○燃料フィルター清掃、エアー抜き

燃料の通りをよくし、カップの中の水、ゴミを取り除きます。

①はじめに燃料コックを「OFF（止）」にして燃料を止める。

②燃料コックから燃料カップ、フィルターを外す。

③エアーコンプレッサーでカップ、フィルターを清掃。フィルターは内側から清掃する。

④元のように組み立てる。リング、パッキンを忘れないように。

⑤コックを開き、燃料漏れがないかを確認します。燃料ポンプが付いている機械は、ポンプを動かさなければ燃料を送らないのでキーをONにしてポンプを動かす。このとき、エンジンはかけない。

⑥エアー抜きはキーONでポンプを動かしながら、コック、噴射ポンプの順で行なう。ゆるめるネジは機種によって違うので、取り扱い説明書で確認。また、最近の機種にはコックを「エアー抜き」の位置にするだけでエアーが抜けるものや自動にエアー抜きができる機械もあるので、確認しておいて下さい。

○ラジエターの清掃

①エンジンはもちろん停止状態で作業。

②コンプレッサー（圧縮空気）を使い、長めのエアーガンがあれば最高（137ページ図6-1参照）、これでラジエターコアと呼ばれる冷却水が通るパーツを清掃します。このパーツは非常に傷付きやすいので、エアーガンのノズル先端をあてないように注意して下さい。

④清掃ができたかどうかは、エンジン側から懐中電灯や作業灯などで光をあて、反対側から覗いて点検、確認します。

ラジエターの目詰まりを放っておくと、最悪の場合、エンジンのオーバーヒートなどをおこすことがあります。こまめな点検、こまめな清掃が大事です。ラジエターの水の量も確認して下さい。

2 刈払い機

農家でなくてももっている方は多いですね。使用頻度、普及度の一番多い農作業機械ではないでしょうか。年に一度の河川清掃に使ったり、道づくり、家の周り、田んぼの畦、畑、果樹園の草退治など、使う場所もいろいろです。最近では回転刃の代わりに安全性の高いナイロンカッターや、頭をそっくり変えてミニ耕耘機になるものなどいろいろ出てきました。そのため、故障も多々あります。

○多いギヤ破損とファン詰まり

よくあるのは、やっぱりエンジン始動不良、またはエンジン不調です。定期的に使う機械は調子いいのですが、年に一～二回しか使用しない機械は調子が悪い。こんな刈払い機は燃料系統に問題があります。1章で紹介した手順で点検、修理すれば直ります。

それ以外のよくあるトラブルはギヤ

写真3-5　刈払い機のギヤケース（上）と中の部品（左）
こんなふうに分解修理してくれる農機具屋さんはまずない。ギヤケースアッセン（組立部品）の一発交換がふつう

写真3-6　ギヤケースの深いところにある止め輪を取るにはC型クリップ工具か、ちょっと長めのノズルプライヤーがあると便利

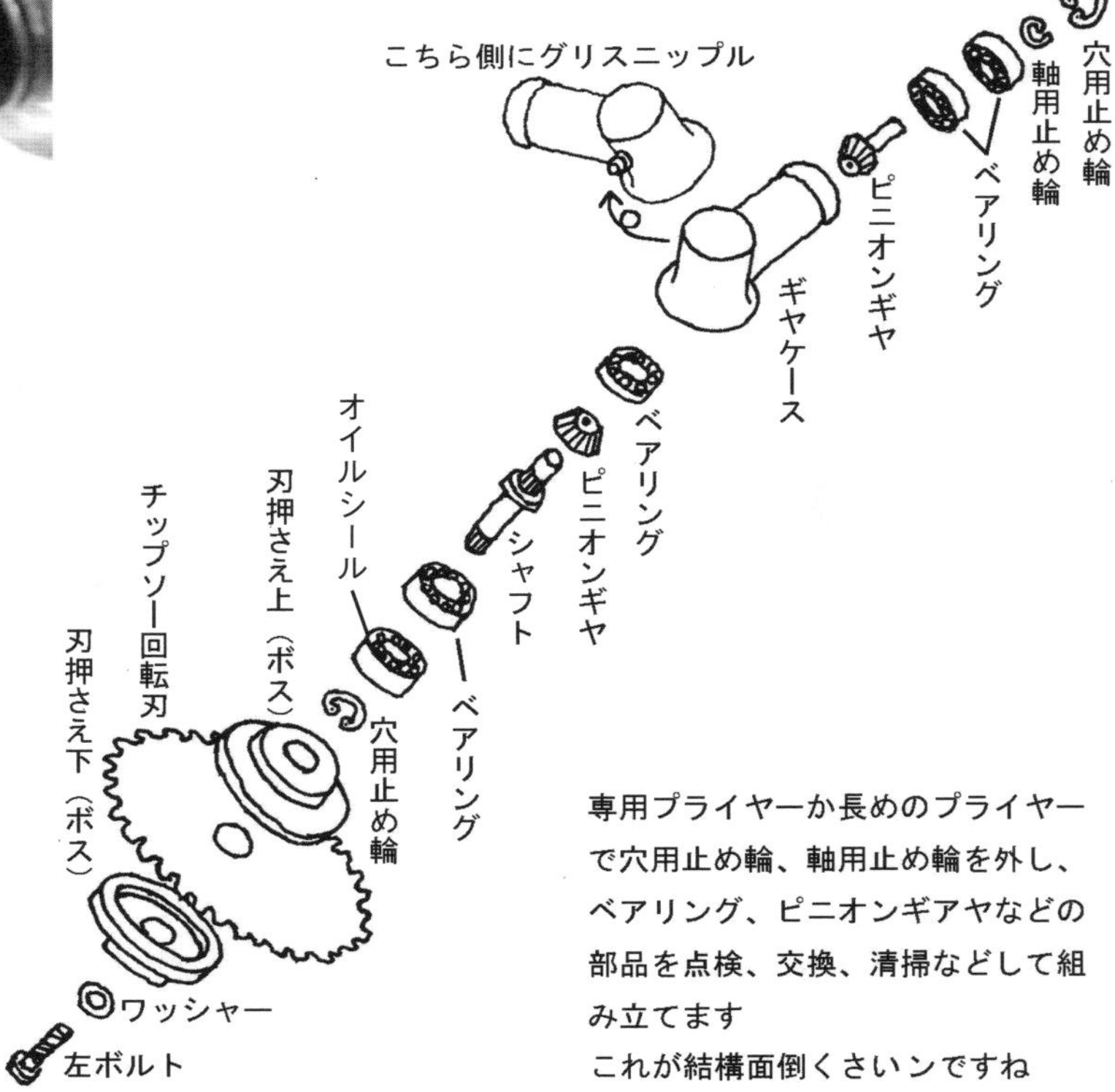

専用プライヤーか長めのプライヤーで穴用止め輪、軸用止め輪を外し、ベアリング、ピニオンギアヤなどの部品を点検、交換、清掃などして組み立てます
これが結構面倒くさいンですね

破損、空冷ファンのゴミ詰まりによるエンジンの焼き付きです。どちらも修理、部品交換するとなると大金がかかります。そうなる前の対策は次の通り。やってみましょう。

○農機具屋も嫌がる面倒くささ

これが壊れると刈り刃が回らないギ

ヤケース。グリスが切れてしかも無注油、高回転と草、土、石などの緩衝による負荷のかけ過ぎ、切れない回転刃での無理のし過ぎ、壊れる原因はいろいろあります。修理代も安くありません。農機具屋さんに持っていけばギヤケースアッセン（部品組み）で交換するのがほぼ当たり前、良心的な農機具屋さんでも分解、部品交換はなかなかやってくれません（写真３－５）。

修理できないことはないんです。部品もそれぞれ単品とすれば安いもの。けど、正直ムチャクチャ面倒くさいのですね。

深いところにあるＣクリップを取るプライヤーを用意して、ケースの中に入り込んだベアリング（写真３－６）、オイルシール、ピニオンギヤなどを分解、清掃、注油、そして組み立てまですると工賃のほうが高くなってしまいます。そのため農機具屋さんはアッセン交換を勧め、よっぽどのことがないと分解修理はしません。だからこそ、壊れない使い方、メンテナンスをして、ギヤケースを長持ちさせることが大事なのです。

写真3-7　年に1回はギヤケースに耐熱グリスを注入したい

写真3-8　ゴミ詰まりしている刈払い機エンジンの冷却口（網状の空気取り入れ口）。これはコンプレッサーできれいに掃除してあげたい

○年に一回、耐熱グリスを注入

壊れない使い方、メンテナンスとしては、回転刃は刈払い機に合った刈り刃を使用し、またよく切れる刈り刃を使うと無理しません。一般用や畦草専用の刈払い機を、山林などで無理に使うと壊れやすい。メンテナンスとして重要なのは、年に一回は耐熱グリスを注入する（写真３－７）。これだけでも機械の寿命はグーンと延びます。ぜひやってみて下さい。

また刈払い機のエンジンは空気でエンジンを冷やす空冷です。そのためホコリ、ゴミ、草などを吸い込みやすい。空気の取り入れ口、エンジンシリンダーなどが詰まり（写真３－８）、エンジンを冷やすことができなくなってオーバーヒート、焼き付けてしまいます。すぐに焼き付かなくてもピストン、リング、シリンダーなどがじわじわ傷付く。その結果エンジンの圧縮が足らず力不足、始動不良、アイドリング不調などの症状が出ます。

こうなる前に使用前か使用後かに、エンジンと燃料タンクの間にある空気

写真3-9　ブルーシートをかけただけで保管している高所作業車。短期間ならまだしも、長期間このまま置くのはノーグッド

写真3-10　ブルーシートは適度に風が通るようにかぶせ、枯れ草や剪定枝の上に駐車させておく

取り入れ口を掃除します。網状になった空気取り入れ口、エンジン冷却フィンなどをエアーコンプレッサーで掃除できれば最高です。コンプレッサーがなければ、古くなった歯ブラシでかき出してやっても、まぁＯＫ。行きつけの農機具屋があったら、そこでエアーガンを借りて各部を掃除するのが一番手っ取り早いかも。出たゴミはきれいに掃除して帰れば、次もまた貸して貰えるかもしれません。

3 管理機・耕耘機

○まずは保管に気を付けて

管理機の価格がこなれてきて、家庭菜園用が安く購入できるようになりました。家庭菜園程度だと使う頻度も低く、眠っている時間のほうが長いですが、大事なのはそういうときの保管の仕方です。家庭菜園用はまだしも、とくにプロ仕様の管理機については本当に大事に扱ってほしい。例えば、畑にブルーシートをかけただけで保管している例（写真3−9は高所作業車）。短期間ならいいのですが、少し長くなると地面からの湿気がシートで溜まり、キャブレターの腐食やワイヤーのサビつき、燃料タンク内への水混入などのトラブルがおきます。

管理機、耕耘機の保管場所として一番いいのは、鍵のかかる小屋などですが、仕方なく畑に置きっぱなしにする場合、耕耘機が乗っても大丈夫なコンパネか、軽トラの荷台などに敷くマットの不要になったものを地面に敷いて、その上に置くようにします。こうすれば地面からの湿気が上がってきません。

また、ブルーシートでなく波トタンをかぶせ、ロープなどで固定すると風通しがよくなります。まず機械に湿気が付かない、湿気を溜めないように保管して下さい（写真3−10）。

○交換爪の付け間違い

管理機、耕耘機で共通する耕耘爪、これの取り換え、取り付けの不良でも故障、不調が出てきます。

溝を掘ったり、ウネを立てたりの作業に最適なフロントカルチタイプの管理機は、機体の前部に作業ロータリが付いていて、機械の進行方向に対しロータリが逆回転します。この爪を交換する際、あるあるなのが左右を逆に付けてしまうこと。回転が逆にな

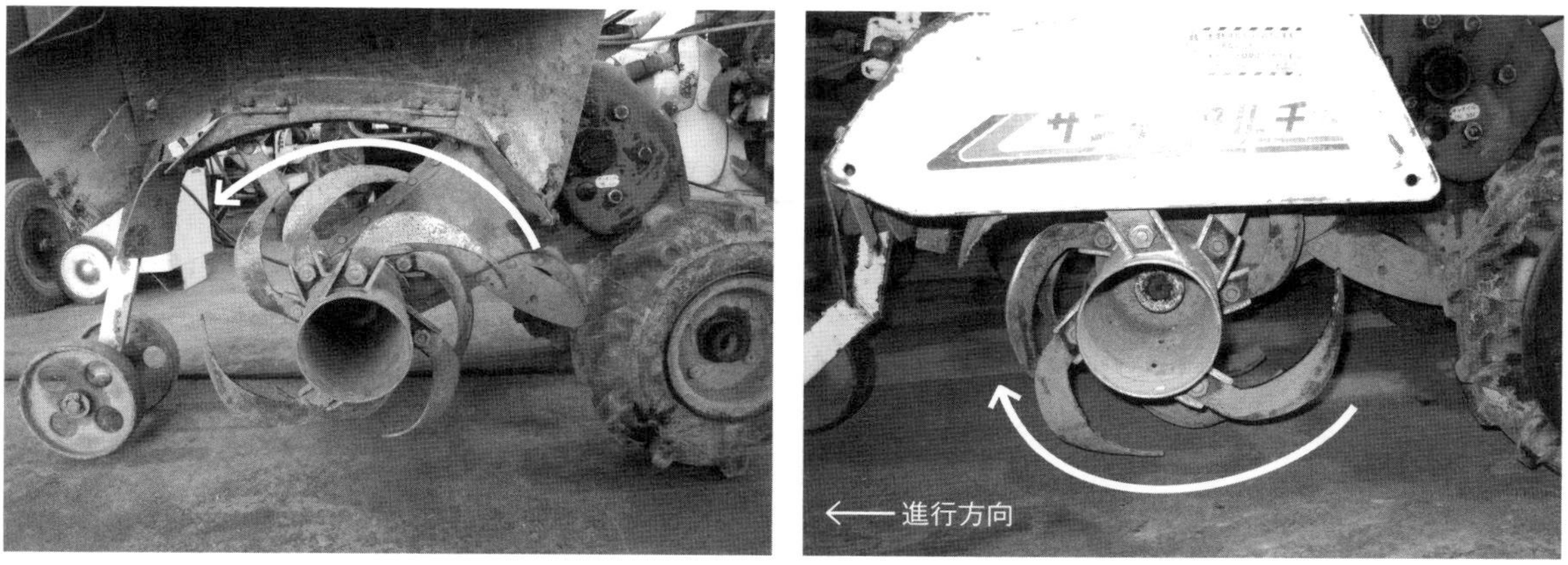

写真3-11　耕耘機の爪の付け間違いに注意！
左は間違い。これでは爪の先端から土をおこすことに。右が正解。進行方向に対し爪が逆に回転するように

り、爪の先端から耕耘することになります。そのまま作業すると爪ボルトがゆるみ、脱落、爪が畑の肥やしになるか、下手するとロータリ自体が壊れるかも。少なくとも、ウネ立てはきれいにできないし、爪は変に摩耗させてしまいます。

ロータリの回転方向と爪軸の取り付け側を間違えないよう（写真３－11）、また作業前には、爪ボルトのゆるみがないかどうか、適正に取り付けられているか、要チェックです。

廃材でつくった草とり具

用意するのは、壊れた人力噴霧器のレバーと、すり減ったロータリの耕耘爪。どちらも廃材です。これを写真３－ａのように重ねボルトとナットでとめて溶接し、爪の部分をグラインダーで研磨すると、でき上がり。ロータリに巻き付いた草やワラを簡単にとることができます。

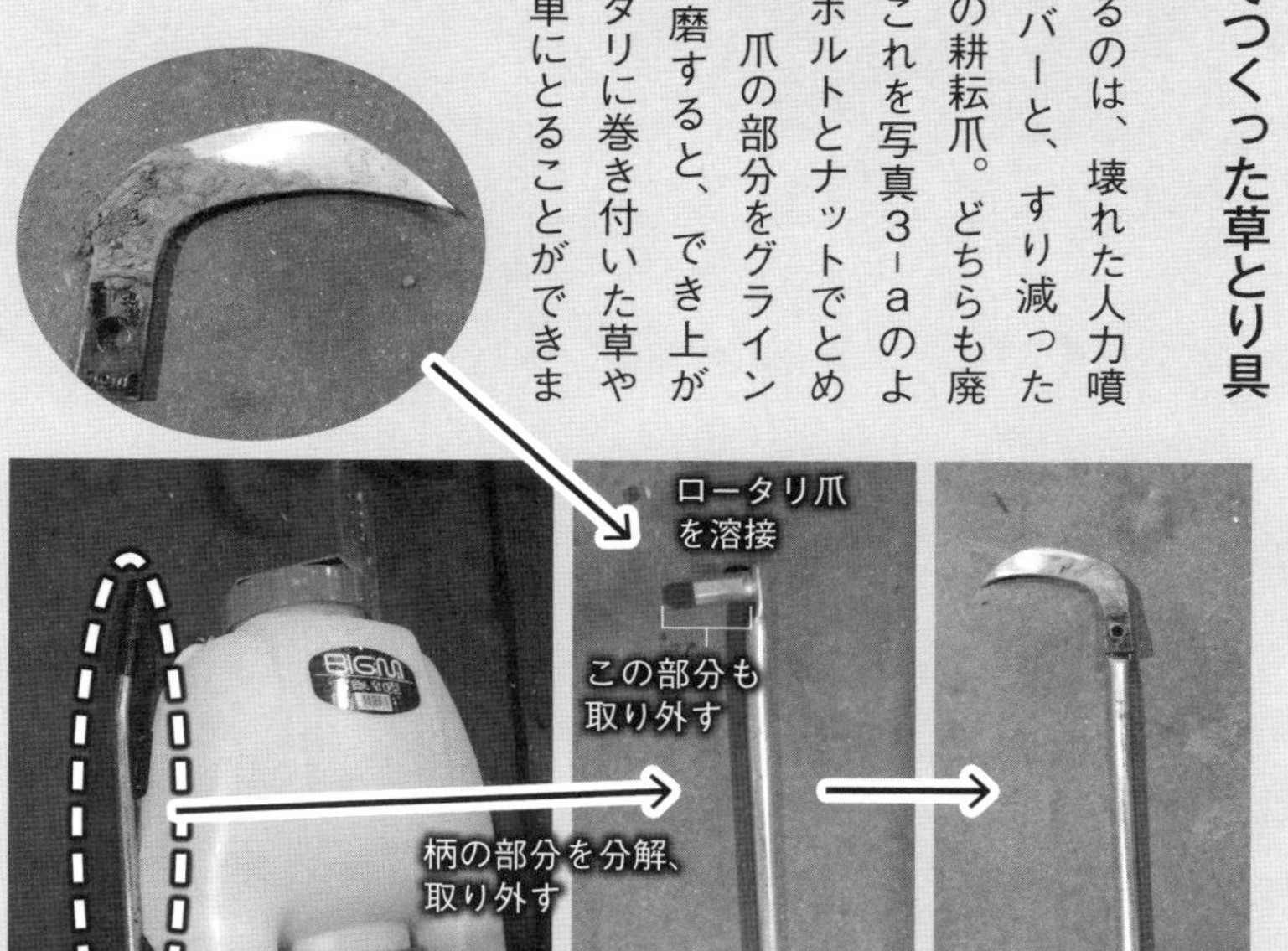

写真3- a　廃材でつくる草とり具

（倉持正実撮影）

写真3-12　ロータリのチェーンケースをチェック
まずはチェーンケースのオイルの漏れやにじみをチェック（右上）。オイルが地面に漏れていたりしたら、ハイ、即修理です

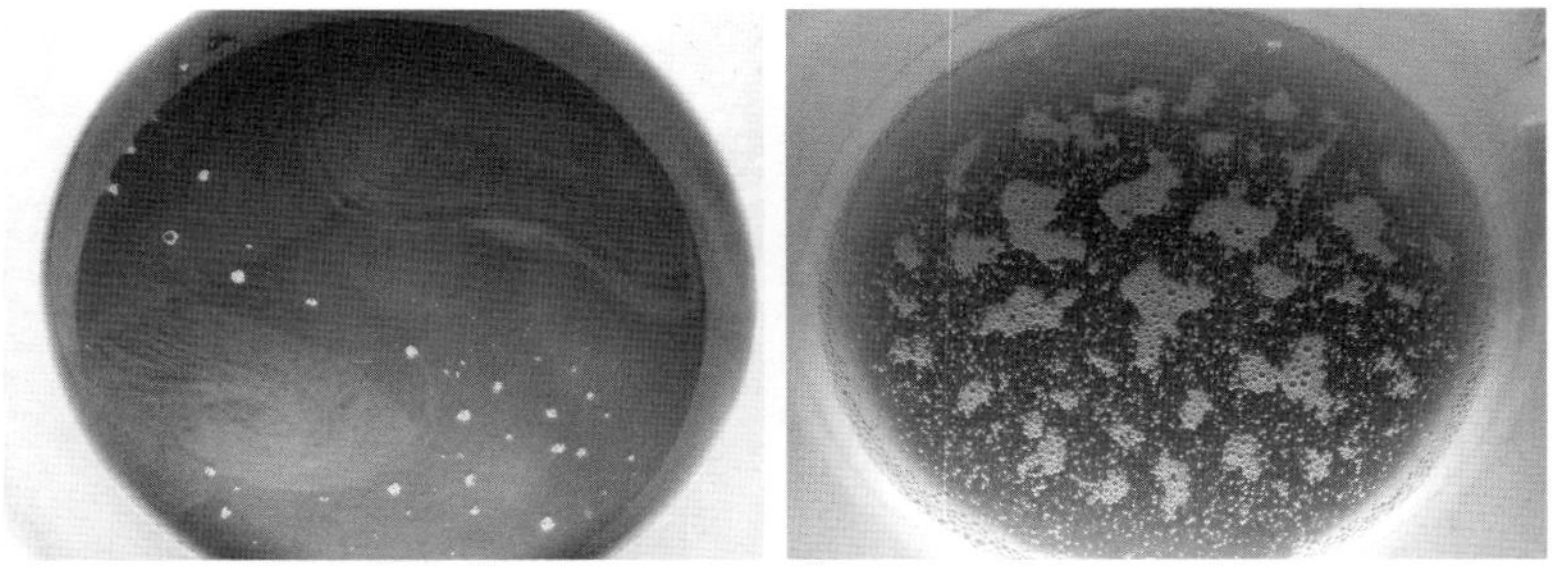

写真3-13　オイルの状態をチェック
左は100時間使用した古いオイルで、浮遊物が浮いている。右は新しいオイル

4 トラクタ

○一発停止になる前に

トラクタでもっとも多く使われるのが、ロータリ。耕耘幅は狭いもので一mくらいから上は四・五m以上。さらにロータリにはたくさんの耕耘爪が付いて高速回転し、田畑の土を細かく耕していきます。この負荷は相当なもの。

そして、軸にはいろいろなものが巻き付きます。ヒモ、ワラ、針金など、これらは作業終了後に除去。さもないと硬く巻き付き、場合によってはチェーンケース、ベアリングケースに入り込んでオイル漏れを防ぐオイルシールだの、ホコリの浸入を防ぐダストシールを破損、またシャフト（回転軸）を受けるベアリングに泥や水を浸入させて、こいつもおかしくしてしまいます。

それでも、チェーンケースからオイルが出ているうちはまだいいかも。オイルがなくなったまま代かきでもしようものなら、「ガッチャン！」。いや〜な音とともに、ロータリが停止。もう素人では対応できず、工場での本格修理が免れません。だから、そうなる前のメンテナンスがとっても大事なのです。

○ロータリのチェーンケースを点検

ロータリの左側のチェーンケースにはギヤオイルが入っています。これが漏れてないかどうか、のチェックも大事です。

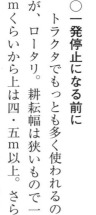

チェーンケースからオイルが漏れていたり、ケースにオイルがにじんでたりしないか。また保管場所でチェーンケースの下がオイルで湿ってないか？　湿っていたらオイル漏れの可能性があり、即修理が必要です（写真3‐12）。

ついでにオイルの状態も点検。チェーンケースの検油口でオイルの量、汚れをチェックして下さい（写真3‐13）。

例えば、乳白色をしていたら、給油口からの水の侵入が考えられます。オイル交換をするとともに、給油口キャップを点検、不具合があれば交換します。また、オイルがキラキラ光っていたらどこからか鉄粉が出ているしるし。チェーンケース内のチェーン、スプロケット、ベアリングなどが長時間の使用により摩耗し出てきたもので、放っておくとオイルシールを傷付け、オイル漏れの原因になります。こまめにオイル交換をしていれば、鉄粉は流れ出るので、このような症状は出にくくなります。一～二年に一回、もしくはエンジンオイルを交換するときに一緒にギヤオイルも交換すると忘れません。

壊れる前のトラクタサインは他にも、フロントアクスル・リアアクスル（前後輪車軸、写真3‐14）、ＰＴＯ軸などからのオイル漏れや、本体とロータリとをつないでいるジョイントのガタつき、ロータリチェーンケースの反対側の異音、ベアリング受けやベアリングが破損すると、作業中にギッギーギギーッと音がします。これらを見逃さないようにします。

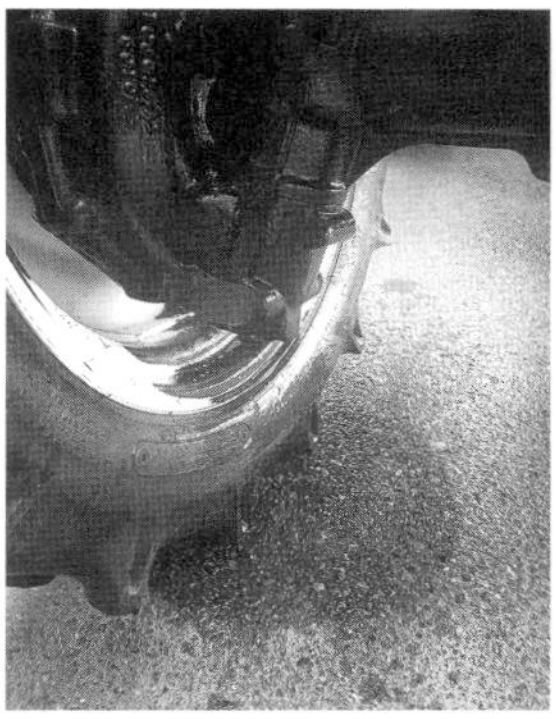

写真3-14　右はフロントアクスルを前から見たところ。左のようにオイルが地面に漏れていたら、これまた即修理

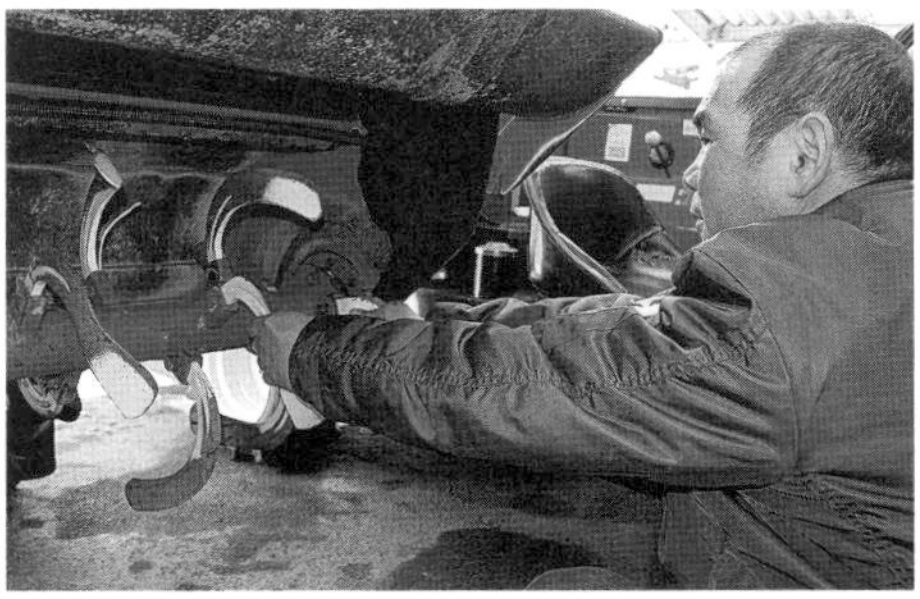

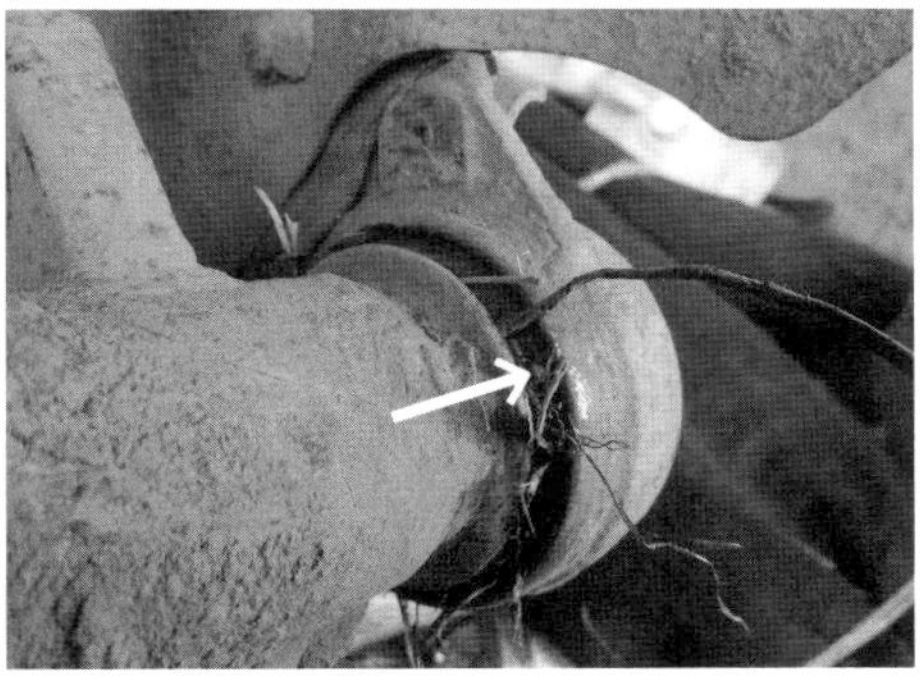

写真3-15　ロータリの爪は前後に揺すって確認を（上）。ガタつきの放置は厳禁。メガネレンチかボックスレンチでしっかり締める。同時に爪軸のガタの確認を行なう。放っておくと、最悪の場合、ベアリング側からシャフトが外れて（下）多額の修理費がかかることに……

○ロータリの爪はキッチリ締める

ロータリを点検するときは、エンジンを停止し駐車ブレーキをかけます。ロータリは上げて、必ずロータリ油圧ロックをかけた状態で作業します。

最初に、ロータリの右側にあるベア

リングとロータリ爪の軸がガタつかないかを確かめて下さい。爪を手で持って前後にゆすって確かめます。ゴロゴロ、ギギギという異音も確認を。ガタつきがあったり、異音がするようなら、一度整備したほうがよいです。

ガタつきがない場合でも、爪が減っていたら交換します。爪の交換でよくありがちなのが、最後のひと締めが甘いこと。爪がガタついたままだと、作業中に外れて、外れた爪とボルトが「畑の肥やし」になってしまいます。

爪の締めが甘くなる原因は、工具。スパナやモンキーレンチで締めている方がいますが、これはダメで、必ずメガネレンチかボックスレンチを使ってキッチリ締めて下さい（写真3－15）。爪を締めるときはPTOのギヤを1に入れておきます。また、逆転PTOを多く使われる方は爪がゆるみやすいので作業終了後は必ず確認しておきます。

○ブレーキも見る

ロータリ以外ではブレーキも必ず点検して下さい。とくに、長年使っているトラクタは左右の遊びに差が見られることがありますが、すぐに整備が必要です。放っておけば、大事故につながりますから。

○エンジンオイルの交換

次は、トラクタのエンジンオイルを確認します。

エンジンオイルには、エンジン内の部品の潤滑、エンジン内の洗浄、エンジンの冷却、サビを防ぐといったさまざまな役目があります。もしも、エンジンオイルを交換しないでいると、エンジン内に汚れが溜まります。エンジンオイル自体も次第に粘りが弱くなり、圧縮、潤滑、冷却といった効果がなくなって、最悪はエンジンが焼き付いてしまいます。そこまでいくとやは

オイルは純正でないとダメ？

オイルとひとくちにいっても、エンジンにはエンジンオイル、ミッションにはミッションオイル、ギヤにはギヤオイルといろいろあります。

メーカーさんは「純正オイルを使わないと壊れたときに保証しません」といいます。一方、オイルメーカーさんは「CF10W－30」といった「オイルの規格・番数が合っていれば壊れることはありません」といいます。

そもそも新車時の保証は機械によって違いますが、多くは一年保証です。だったら、その後はどうせ保証してくれないんだから純正オイルじゃなくてもいいのでは！というのが私の意見です。ただし規格・番数、量を間違えないようにします。

オイル交換のタイミングですが、トラクタのような大型農機には機械に記載されています。新車のトラクタの場合、エンジンオイルは初回五〇時間、以後一〇〇時間ごと、ミッションオイルは初回一〇〇時間、以後三〇〇時間ごとです。頻繁に使う方はこまめな点検と交換をお勧めします。本文でも触れていますが、オイルフィルターの交換も同時に行なえば、なおよいです。

管理機や動噴のような小型農機の場合、エンジンオイルは〇・五～〇・八ℓほど。一年に一度の交換をお勧めします。

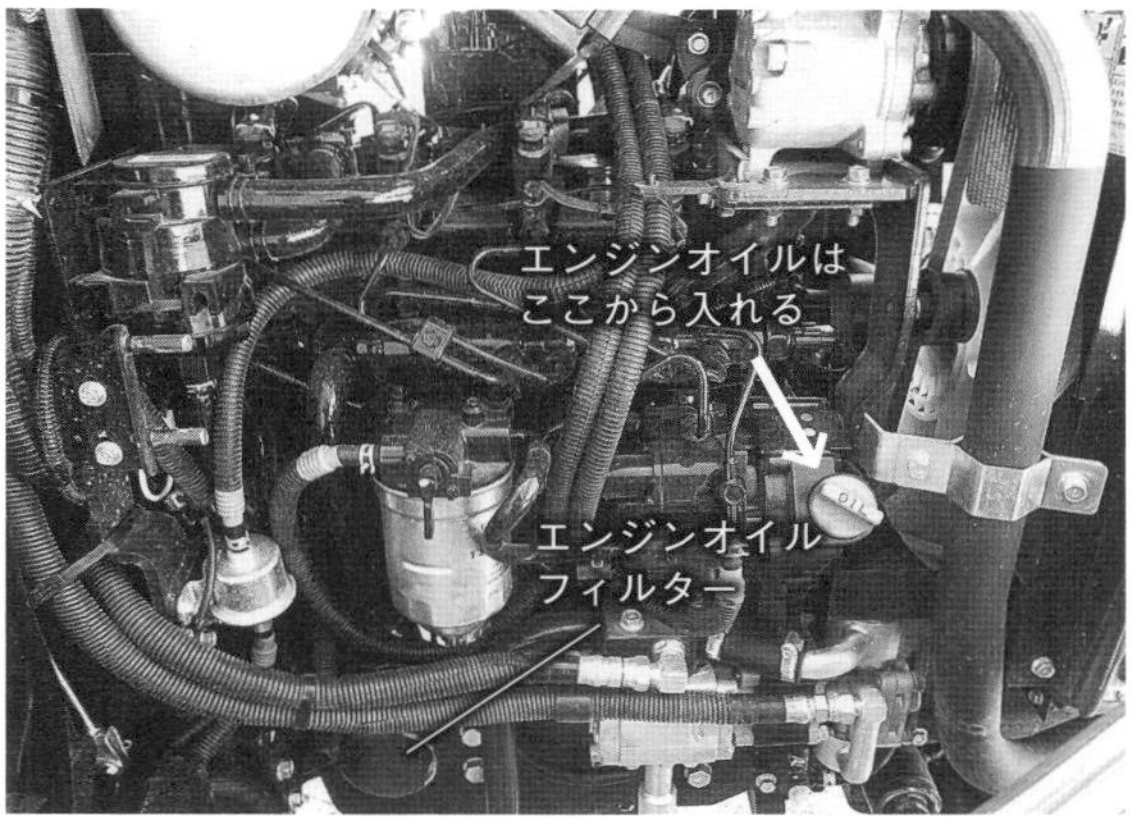

写真3-16　エンジンオイル交換の際は、エンジンオイルフィルターも一緒に交換。写真はコモンレールエンジン

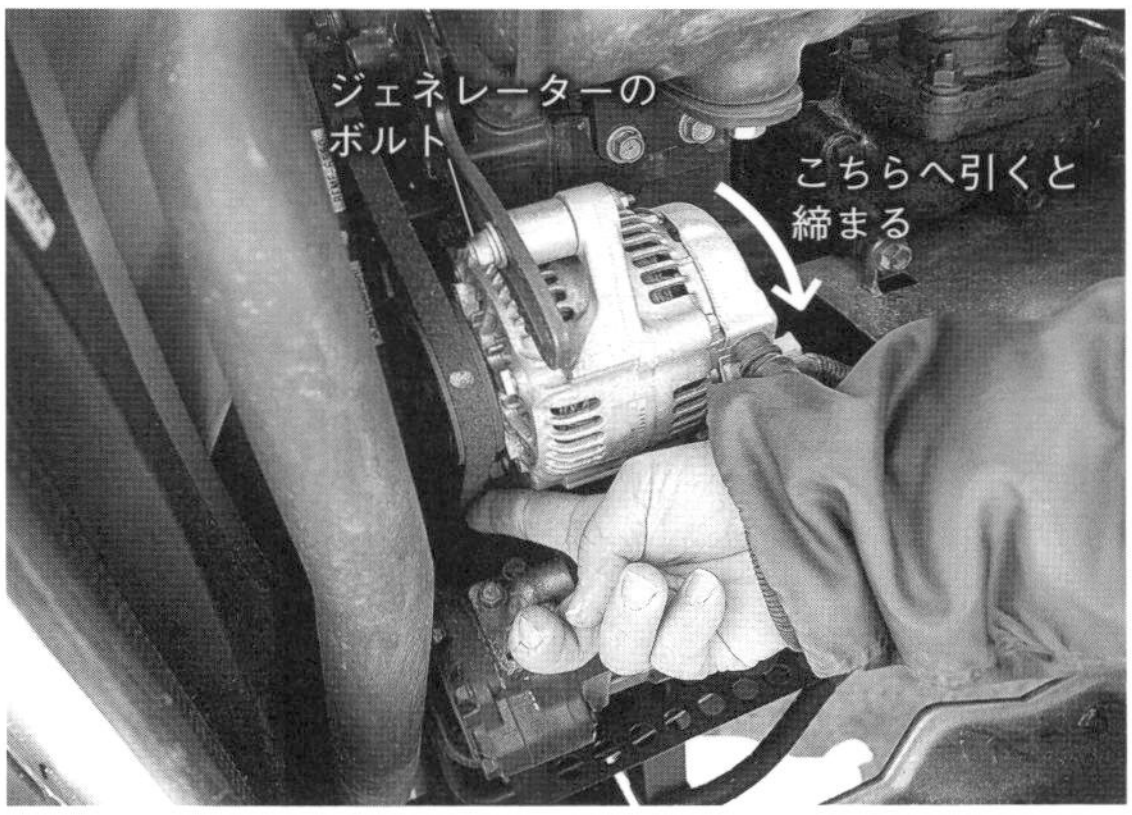

写真3-17　ファンベルトを指で1㎝押し込めるようだとゆる過ぎ。ジェネレーターのボルトをゆるめて調整

写真3-18　ラジエターはリザーブタンクの冷却水のチェックとフィルターを掃除

り即修理です。

エンジンオイルの交換は自分でやるのが、安上がりです。必ずエンジンを止めて、エンジンが冷えている状態で交換します。ディーゼル用のエンジンオイルには種類や等級がいろいろありますが、CFの10W-30がお勧め。オイルを入れるときは、レベルゲージを確認しながら少しずつ入れます。入れ過ぎた場合にはドレンから抜いて下さい。入れ過ぎてもエンジン不調の原因になります。

機種によりオイル交換の時期の目安は違いますが（だいたい五〇～一〇〇時間）、交換し過ぎで壊れることはないので早めの交換を勧めます。また、エンジンオイルフィルターの交換も一緒にやるとなおよいです（写真3－16）。

○ファンベルトとラジエターの確認も

他にエンジンまわりで確認しておくところとして、発電機のファンベルト。これがゆるんでいることがあります。エンジンが冷えず、最悪の場合、焼き付いてしまうので、ゆるい場合は必ず締めておきます（写真3－17）。

それからラジエターの冷却水。エンジンを冷やすラジエターは、リザーブタンクの冷却水を確認して、減っていたら補充します。また、ゴミがラジエターの隙間やフィルターに溜まっていることがありますが、冷却効果がなくなってしまうので、エアーコンプレッサーなどで必ず取り除いておいて下さい（写真3－18）。

○タイヤの空気圧チェックとグリスアップ

その他では、タイヤの空気圧の確認、各所のグリスアップもやれるとよいです。

グリスアップする部分は、機種によって違いますが、フロントアクスル、ブレーキ・クラッチペダルの付け根、ロータリを回すユニバーサルジョイントなどです。グリスポンプを使ってジョイントからはみ出るくらいたっぷりと差しておきます。

○コモンレールエンジンは扱いをより丁寧に

最後にもう一つ。排ガス規制により、二五馬力以上のディーゼルエンジン車には、すべてコモンレールエンジンが採用されるようになりました。コモンレールエンジンは環境には優しいエンジンですが、構造はとても複雑。排気ガスをきれいにするための装置がいくつも付き、今までのディーゼルエンジンよりも繊細で取り扱いに注意が必要です。価格も高めで、なかなか農家泣かせなエンジンでもあります。エンジンオイルも、より上の規格のCJ4でないと、エンジンの不調につながります。

また、軽油を買い溜めしてドラム缶で保管している方がよくいますが、これもよくありません。どうしても使うなら、必ず上澄みを給油するように。缶で保管すると、結露で発生した水が底に溜まり、この水が給油で混ざると、エンジン不調の原因になります。コモンレールエンジンは二重三重に不純物が入らない対策がされていますが、今まで以上に気を使ってあげる必要があります。

5 背負動噴（動力噴霧機）

次は背負い動噴でよくある凍結によるポンプ破損で水漏れと、セット動噴の給水不良の原因と対策について。

○凍結破損を一〇〇%防ぐ

よくあるトラブルなのが、水まわりには共通しておこる故障「凍結破損」です。

背負い動噴は軽量かつコンパクトに設計され、素材もポンプ、タンクなどにプラスチックが使われています。このため、秋の消毒散布が終わり、ポンプ内に農薬、水を残したままにしておくと冬に凍結して、ポンプの内側が割れることがあります（写真3－19）。そして翌春、割れたことに気付かずにタンクに農薬を入れ、エンジン始動。動噴を背負ってしばらくしてから、

「何だかズボンや背中が濡れるなぁ」

「作物を消毒しないで自分を消毒しちゃったよ」

なんていうことでポンプの不具合に気付いて、農機具屋に持ち込まれることがあります。春先になるとよくあるトラブルで、ケースカバーが割れるぐらいなら簡単に部品交換で直りますが、ポンプケースが割れると、エンジ

写真3-19　ポンプケースが凍結により破損（矢印先の穴）

ン、ポンプケースを外し、ケース、メカニカルシール（写真3－20）、オーリングなどいくつもの部品を交換しなくてはなりません。工賃もけっこう取られます。

そこでポンプを凍結破損させないための処置。非常に簡単です。

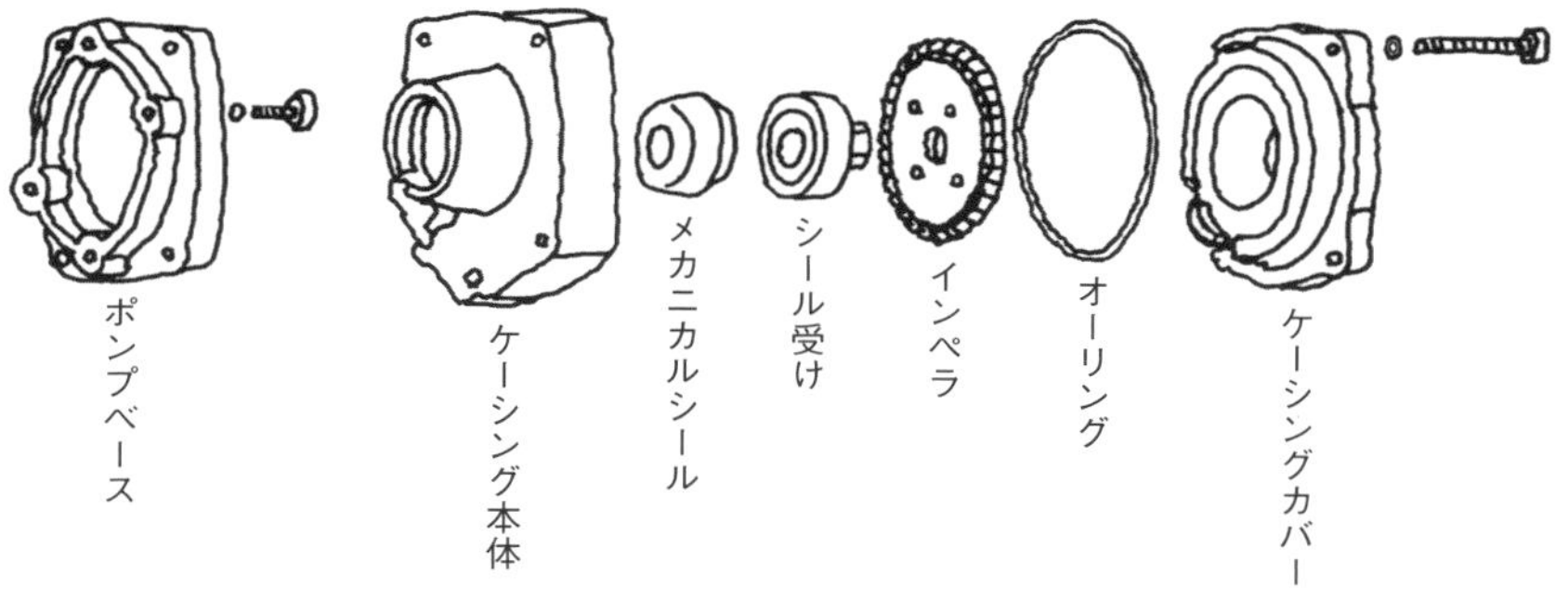

写真3-20　ポンプケースが割れると（丸印）、エンジンから外し、ケース本体はもちろん、メカニカルシールやオーリングなどいくつもの部品交換が必要になる

車やトラクタのラジエターに入れる不凍液をコップ一杯入れてエンジン始動、ノズルから不凍液が出れば完了。これだけです。不凍液は次に動噴を使うまで入れっぱなし、これで一〇〇％凍結破損はしません。

不凍液を買ってくるのが面倒な人は、ホースを外し、水抜き栓を取り、数秒間空運転します。これで水は抜けます。ただし空運転の時間はアイドリング状態で一〇～二〇秒くらいまで。それ以上回しているとメカニカルシールが焼き付き、水漏れの原因になります。注意して下さい。

不凍液の量はまちまちですが、セット動噴、SSなどでも共通。やるとやらないのでは天国と地獄、ちゃんと凍結防止をやって翌年も快適に使いましょう。

○セット動噴では……

「農機具屋さん、農薬つくって準備したんだけど、水が出ないんだよ！」。

軽トラックに農薬とセット動噴をのせてやってきた農家の父さん。訊くと前回は調子よくできたといいます。機械の故障も考えられましたが、その前にポンプが水を吸ってくれないなら強制的に吸わせてみては、ということで……。

①動噴の吸水ホースを外す。水道の蛇口に水道用ホースを取り付け、水を出す。
②エンジン始動、アイドリング回転でコックを開く。
③吸水ホースを外したところ（吸水口）に、水の出ている水道用ホースを差し込む（写真3－21）。水道の水圧で水が入っていく。
④ポンプコックから水が出たら（写真3－21左上）、吸水ホースをポンプに取り付ける。
⑤水を溜めておいたバケツに吸水ホースを入れる。
⑥吸水ホースから水を吸って余水のホースから水が出て、圧力がかかれば作業完了（写真3－21左下）。

水を吸えなくなっていた原因としては、吸排弁が前回の消毒液の残りで詰まったり、弁が張り付いてしまったりなどが考えられます。このような症状が出たら、ポンプを即分解するのではなく、紹介したやり方でまず点検、試運転をすれば手間が省けるし、わざわざ農機具屋さんに持ち込まなくても自宅で直せる場合もあります。

　しかし、これをやっても水を吸わなかったり、水が出ても、余水ホースから出る水が脈動していたりする場合（波打つ状態のとき）は、機械の故障が考えられます。これについてはＳＳもポンプが一緒なので、そちらで紹介します。

　動噴は消毒作業が終了したらきれいな水を吸わせ、ポンプ、ホース、噴口を水洗いしておけば、こうした詰まりはなくなります。

圧力計もチェック。水圧がかかっていればOK

左上；吸水ホースから水が吸われるか、2つある動噴ホース用のコックを開いて水がきちんと吐き出されるかをチェックする
左下；余水を吐き出すホース（矢印）からも水が出ているかチェックする

写真3-21　強制吸水でセット動噴を始動させる方法
水道用のホースを動噴の吸水口に挿し込む。セット動噴のエンジンを始動させ、水道から水を出す

6 スピードスプレーヤ（ＳＳ）

　果樹農家に今やなくてはならないＳＳ、スピードスプレーヤ。五〇〇ℓ、六〇〇ℓ、一〇〇〇ℓの薬液タンクを搭載する足回りは三輪、四輪、六輪と各種あり、３ＷＤ、４ＷＤ、６ＷＤ、４ＷＳなど駆動力もさまざま。重量物を運搬、散布するのでフレーム、足回り、ブレーキなどは非常に丈夫にできています。が、その丈夫な部分も長年の悪条件での使用でブレーキ、駆動部などの制動不良はけっこうあります。

○ブレーキの制動不良

　まず、命を守るブレーキ、こいつが利かないと非常に危険です。制動不良になる原因はいくつかあって、長年の使用によるブレーキの摩耗が一番。ＳＳの多くはドラムブレーキを用いていますが、そのブレーキライニング（摩擦材部分）が消耗して利きが悪くなる。この類の故障は年一回の点検、整備で解消されます。

　また不整地の圃場をＳＳで旋回。その際、タイヤが泥水を跳ね上げ、それがブレーキドラムの隙間から侵入してドラムをサビさせたり、ブレーキライニングに泥を付けたりしてブレーキの利きが悪くなることもあります。構造上これを防ぐのは難しく、最新のSSは入りにくくなっていますが、水を扱う機械なので泥ばかりでなく、消毒液が入ったりします。圃場の整備、といってもそう簡単ではないですが、せめてぬかるむところに石を入れるなどしてみて下さい。

○マスターシリンダーのサビも原因に

もう一つ、SSでブレーキが制動不良になるケースは、油圧ブレーキ絡みです。SSには小さな力で大きな制動力を発揮する油圧ブレーキが多く使われています。ペダルを踏み込むと、ボンネット内側におさまるオイルタンクからマスターシリンダー（ブレーキオイルを送る装置）を通じてブレーキ装置にオイルが送られ、ブレーキが利きます。この油圧ブレーキも故障がないわけではありません。散布作業終了後の洗車ではSSに水を万遍なくかけますが、その際に水が多少入ったり、湿気が溜まったりしてマスターシリンダー、ホイールシリンダーがサビて動かなくなることがあります。そうなると分解、部品の交換、組み立て、そしてエアー抜きと、けっこう手間のかかる作業となりますので、これはプロの農機具屋に任せます。あとは年に一度の点検、整備をお勧めします。

○クラッチペダル、駐車ブレーキ、ハンドル

この他チェックしておきたいのはまず、クラッチペダル。踏んだときにちゃんと動力が切れて車体が止まるかを実際に踏んで確認します。

また、駐車ブレーキもちゃんと利くか確認します。利きが悪いと、吸水作業中に水の重さで車体が動き出すことがあります。利きがよい場合でも、傾斜地などで吸水作業を行なうときは、車輪止めを使って行なうようにします。

ハンドルは、遊びを確認しておきます。遊びがあまりに多いと、路上での高速走行中にハンドルをとられたりして、とても危険です。

○吸水不良

次は吸水不良。この原因にはまず単純にストレイナーの目詰まり、農薬が溶け切れずストレイナーの網に詰まってしまうことがあります。対処としては、ストレイナーの網を清掃して取り付け直せばOKです。今後は農薬をタンクに入れる前に、バケツでしっかり溶かしてから入れるようにします。

次はVベルト。長年の使用によってVベルトがゆるくなり、吸水して圧力がかかるとVベルトが滑り、動噴が動かなくなってしまう。この場合はVベルトの調整が必要。動噴自体を動かすかテンション、ワイヤーなどを調整してやります。もしVベルトに亀裂や消耗があれば交換します。

○噴霧ポンプの詰まりの原因は水

SSの心臓部は噴霧ポンプ、これが働かないとSSはただののろい車です。うまく使えば噴霧ポンプは壊れにくいので、ポイントをつかんで上手に使います。

噴霧ポンプにはプランジャータイプ（注）とピストンタイプがありますが、どちらにも共通して大事なのは、水です。水道水が使えれば問題はありません。でも、「水道で水を入れていると時間がかかる」とか「水道代がもったいない」とかで、付属の吸水ポンプで

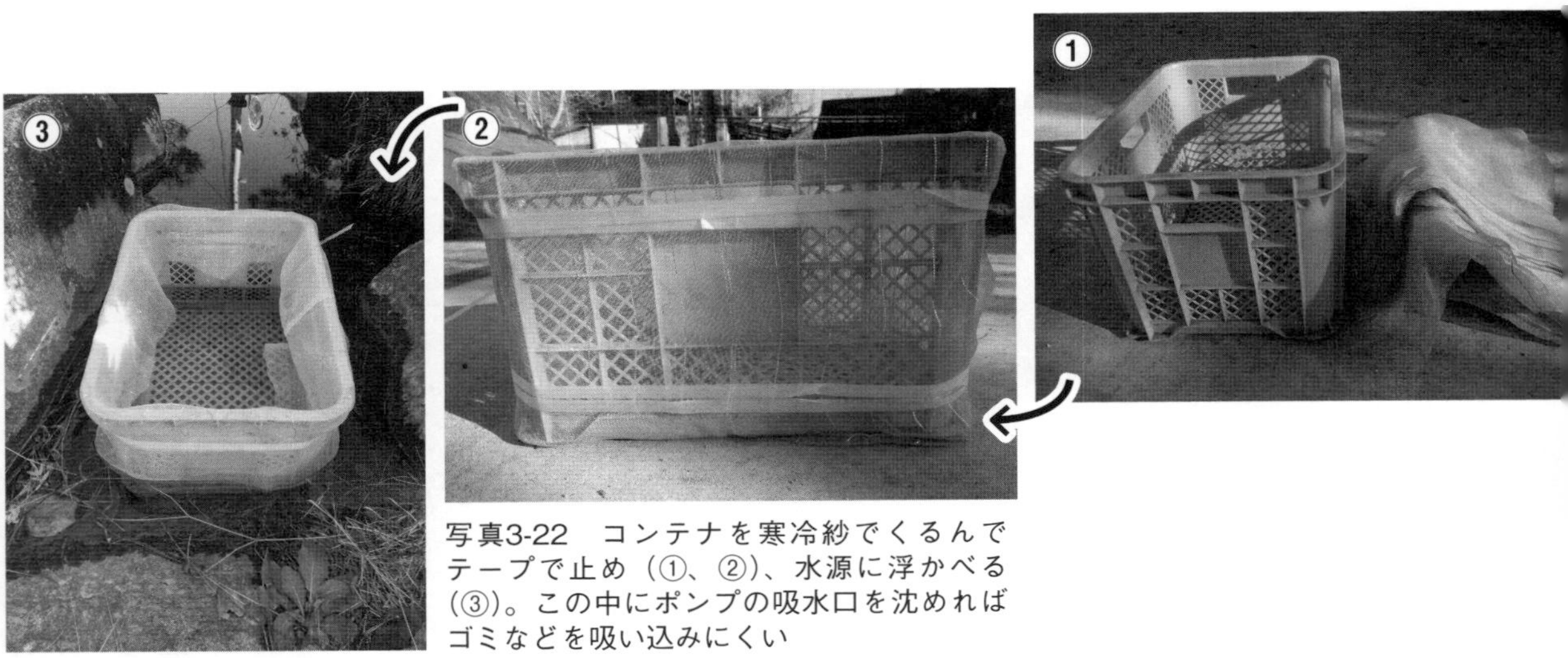

写真3-22　コンテナを寒冷紗でくるんでテープで止め（①、②）、水源に浮かべる（③）。この中にポンプの吸水口を沈めればゴミなどを吸い込みにくい

川や池、貯水池などから水を吸い上げ、使う人がほとんどです。それで「何がいけないの?」かもしれませんが、じつは、川や池、貯水池の水には細かな砂などが含まれ、その水をタンクに注水して噴霧ポンプを動かすと、内部をヤスリでザラザラこすることになります。このような水を使い続ければ一シーズンで噴霧ポンプの内部をダメにしてしまうこともあります。

　どうしても水道水以外の水を使うときは、水をいったん貯水槽に溜め、不純物をいったん沈澱させてから使うことです。こうすれば、八、九割はきれいな水になります。

　貯水槽がなく、河川から水を直接調達しなくてはいけない場合は、水路を止め、水を溜めます。コンテナに寒冷紗や網などを巻いて浮かべ、この中に吸水口を沈めて荒ゴミを取ります（写真3-22）。

　一方、吸水ストレイナーにもお古のストッキングなどを二重三重にかぶせ（写真3-23）、さらに排水側ホースの

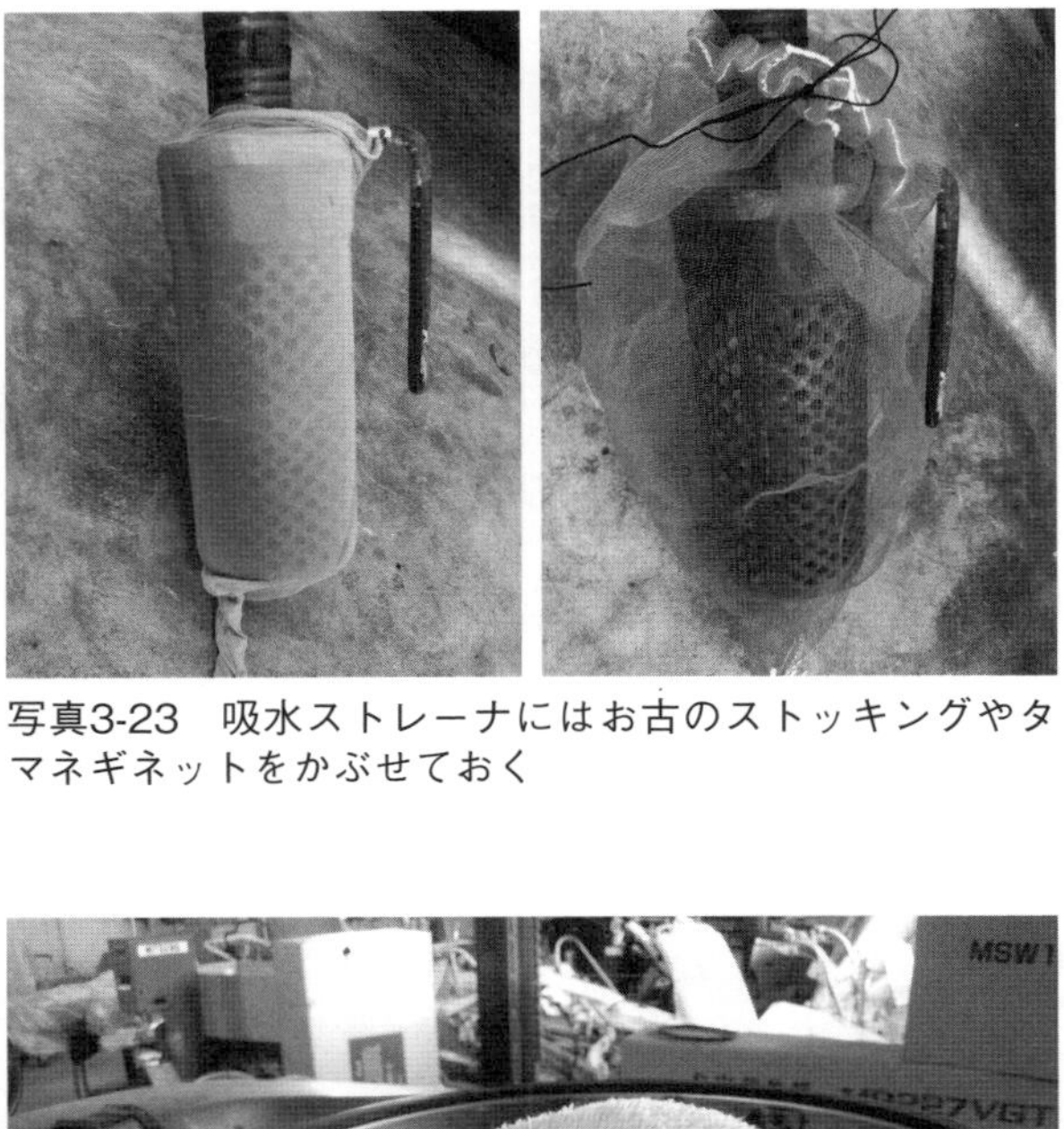
写真3-23　吸水ストレーナにはお古のストッキングやタマネギネットをかぶせておく

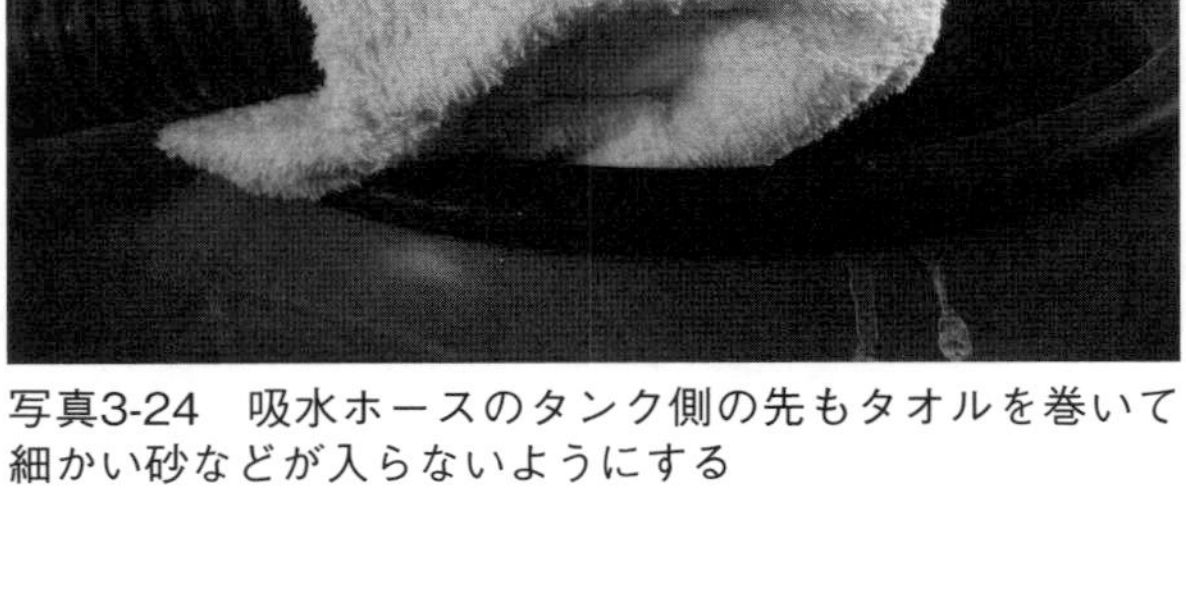
写真3-24　吸水ホースのタンク側の先もタオルを巻いて細かい砂などが入らないようにする

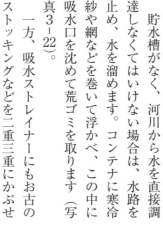

出口にタオルなどを巻きます（写真3−24）。ここまでやればいいでしょう。

（注）ロッド状のピストンをカムやクランクなどで往復運動させ、容積変化をさせて液体を吸い込み側より吐出側へ押し出す方式の往復ポンプ。

○タンクの注水忘れに要注意

プランジャータイプの噴霧ポンプでは、とくに最近はセラミックタイプのものが多く、耐久性が向上しています。しかしセラミックタイプならでは、という故障があります。

それは、薬剤タンクに水を入れる際ですが、タンク下にあるメインコックを締めたままで注水、農薬を入れ、噴霧ポンプのスイッチをＯＮ、攪拌機を回す……と、「あれれれ、水回ってないよ！ 水なし運転になってるよ」（ＳＳの気持ち）。

慌ててメインコックを「送水」に。すると、熱くなった噴霧ポンプに冷たい水が一気に流入して、

「パキン！」

という音は、エンジンがかかっているので実際には聞こえませんが、ヒートショックでセラミックプランジャーが破損。こうなったらもう目が飛び出るような修理代の請求がきます。ピストンタイプも同様で、水なし運転はピストンパッキンをダメにします。シリンダーが焦げたようになっていて、吸水しません。

また、最近のＳＳには電磁クラッチを使ったタイプも多くなっています。知らないうちにスイッチを押してしまって、噴霧ポンプを回していることもあります。

メインコックを常時開けておけばポンプを壊すことはないのですが……。水を入れるときは、その確認を怠りなく。

水を扱う農機具は水なし運転は厳禁です。水の確認、フィルターなどの詰まりも確認し、水を吸い始めたら戻りのホースから水が出ているかをチェックします。戻りの水が出てなかったり、水の脈動（出る水が波打つ）がしたりするようだと、ポンプなどの異常が考えられます。ポンプ内はプロの農機具屋さんに任せたほうが早く直るので、時間との戦いの際にはお任せしましょう。

○噴霧の試運転をする

タンク内に水が溜まったら、最初は水漏れがないかを確認します。次に噴霧ポンプのスイッチを入れ、ポンプが吸水するか、攪拌機が回っているかを確認。

さらに、メインコックを噴霧にして圧力がかかっているかを圧力ゲージで確認します。通常散布の場合は約一五kg／㎠（一・五Mpa）、手散布は約二〇kg／㎠（二・〇Mpa）で行ないます。

噴霧ノズルから水が出るかも確認します。噴霧コックを開いてノズルからきれいな霧が噴霧されればＯＫ、詰まって水がちゃんと出なかったり、霧にならなければ、噴板を外して掃除します。その際、パッキン、オーリング、噴板、ノズルコアなどの部品をなくすことが多いので、気を付けて下さい。

7 田植え機

これこそ年に一度きりの農機。一年の大半は倉庫でシートをかけられ、眠ってます。田植え機は年に一度、共同使用でなければ一～二週間しか使わないので壊れないと思うのか、あらかじめ倉庫から出して点検をする人は少ないですね。一週間前ならまだよし。前日や当日の、「これからさぁ～田植

え」というときに、「エンジンがかかんない」と電話が掛ってくることさえあります。「エンジンはかかるけど走行しない」とか「植え付けできない」なども。

田植え機は、使用前使用後のちょっとしたメンテナンスで快適に使えるものです。

○点検はまずこの二ヵ所

エンジンの始動不良は燃料系統の可能性が高いです。燃料系統を点検し、分解、清掃、調整します。

走行不良や植え付け不良はワイヤーのサビつきが、苗のかき取り、植え付け姿勢が悪かったりするのは植え付け部の不良が原因と考えられます。田植え機の点検箇所はまずこの二ヵ所です。

○ワイヤーサビつき

田植え機は田んぼの中で作業し、作業終了後はジャブジャブ水をかけて泥を落とします。その際、ワイヤーの口から水が入ったのに気付かず、倉庫に収納してしまう。その結果、クラッチワイヤー、チョークワイヤー、サイドクラッチワイヤー、油圧ワイヤーなどがサビて動かなくなったりします。

修理は、ワイヤー交換が一番手っ取り早いですが、だいたい田植え機を使う段になって気付くので慌てます。しかもさすがの農機具屋さんも全メーカー、全車種のワイヤーを揃えているわけではありません。こんなときどうするか。

まず、潤滑油スプレーをワイヤー口から注油。ワイヤーインジェクターを使うと確実に注油できます。

次いで、動かないワイヤーのレバーを「入/切」してみて下さい。運がよければこれで直ります。それでも動かなかったらワイヤーを外し、アウターチューブの表面を軽く叩いてショックを与えます。ワイヤーの反対側から茶色の潤滑油が出てきたら、あともう少し。潤滑油が出たということは、ワイヤーの中に油が満たされたということなので動くようになりやすい。そこでさらに潤滑油をスプレーしながらワイヤーを動かしてみます。これで動くようなら元のように取り付け、調整（4章2「ワイヤーの注油、調整」、図4-1参照）。一丁上がりです。その他のワイヤーも作動確認して、動かないものがあったら同じ修理をやります。走行、植え付け、油圧、アクセル、ブレーキなどです。

今後は、田植え機を使う前にワイヤー類に注油し、ワイヤーの口元にグリスを付けておくこと。これで水は入りにくくなります。使用後は洗車して乾し、格納前に機械全体にもたっぷりオイルを注油しておくと、全体がサビにくくなります。

○植え付け部の不調は致命的だが……

植え付け部の不調、ここが壊れたら正直お手上げです。壊れる原因で多いのは、以下3点です。

①植え込み杆《かん》のダストシール（泥が入らないようにするシール、写真3-25）の不良。

②その奥にあるオイルシールの破損。

③植え込み杆の腐食などで泥が侵入し、カム、ベアリングなどが駆動しなくなる。

こうなる前に植え込み杆に腐食箇所がないか、オイル漏れ、グリス漏れがないか（写真3-25）、植え付け部の上部カバーにある注油栓を外し、オイル、グリスじゃなく、泥、サビが入っている場合があります。急ぎの場合はカバーを外し、パーツクリーナーで洗浄してグリスを注入。異音がしなければ一時的には使えますが、こうなったら早いうちに修理して下さい。

　また、田植え機を使い込んでくると、植付け爪（苗をちぎって植え付ける爪）が消耗して欠株ができたり、適量植え付けできなくなったりします（写真3－26）。そんなとき作業前にかき取り量、左右の調整は次のようにすれば簡単です。

　苗のせ台に段ボールか厚紙を置き、爪をゆっくり動かします。爪を段ボールに緩衝させ植付け爪の位置を確認する（写真3－27）。反対側も同じようにやり、低いほうを上げたりして調整する。調整は苗のせ台のスライドレールでするタイプと、植付け爪で調整するタイプがありますので、わからない場合は近くの農機具屋さんで訊いて下さい。

○エンジンバッテリーも見ておく

　その他では、田植え機はバッテリーが上がってしまうケースが多い。長年使ったバッテリーはとくに上がりやすいです。まず田植え機のキーを入れて、操作パネルのランプがつくか確認

写真3-25　植え付け部のチェック
オイル・グリス漏れ（矢印）があれば大きな故障につながるので、即交換

写真3-26　先端が欠けている爪（矢印）は欠株の原因になるので、即交換。曲がったり先が開いている爪も同じく交換

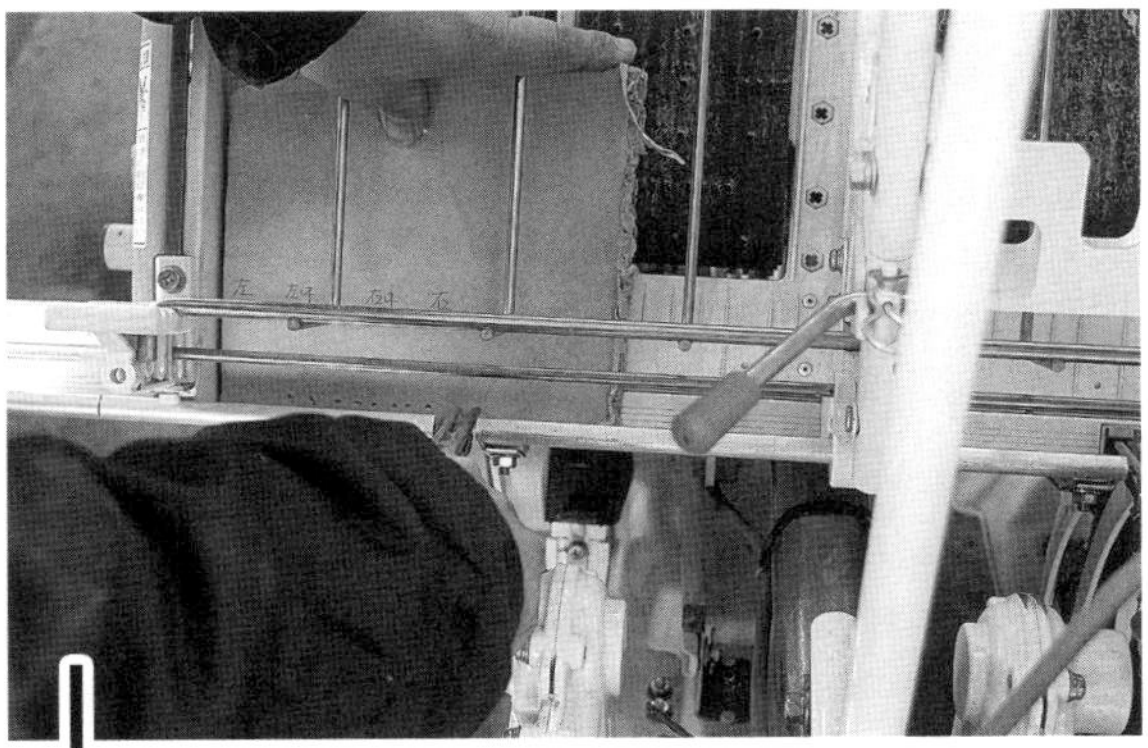

エンジン停止、植え付け部を下げ、植付けレバーを「入り」に。手で植付けアームを動かして、段ボールにそれぞれの穴の跡を付けていく

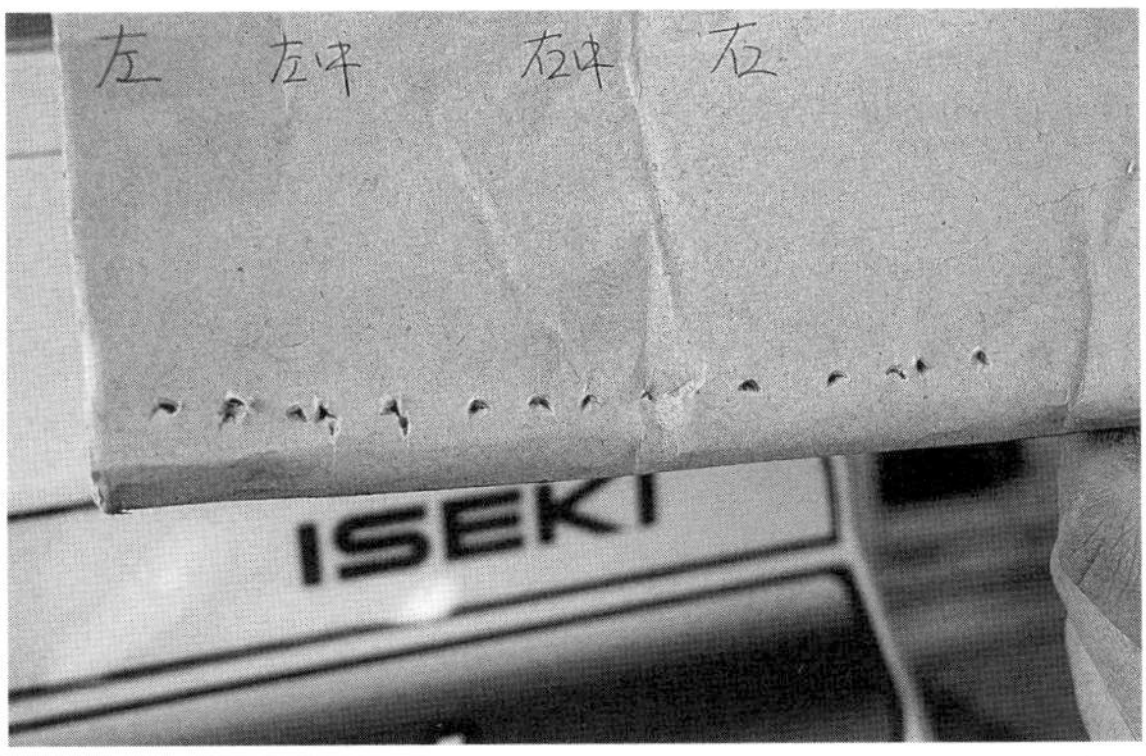

それぞれの爪の跡の高さを比べ、揃っていればOK。位置が低ければ爪の損傷や摩耗、高ければかき取り過ぎや故障の原因になる。そこの爪を再調整する

写真3-27　段ボールを使って植付け爪の簡単チェック

して下さい。つかないときは、上がっている可能性が高い。

ランプがつくなら、キーを回してエンジンを始動させるセルモーターをスタート。セルモーターが勢いよく回って始動すればOKです。勢いよく回らないようなら、バッテリーを外して充電器で充電するか、ブースターケーブルを使ってトラクタや自動車から電気をもらってエンジンをかけてみます。

なお、前年の格納時に、バッテリーのターミナル（プラス、マイナス）を外しておくと、自然放電が減ってバッテリーが上がるのを予防できます。

○キャブレター燃料の腐食

キャブレターの燃料が腐食して動かない、という故障も多いものです。これも、前年の格納時に燃料抜きをしておくことで予防できます。抜いていなかった場合は、キャブレターの底にある燃料排出ネジをゆるめて古い燃料を抜き、新しい燃料を入れます。これでエンジンが始動すれば儲けものですが、万が一かからなければ、キャブレターの分解清掃が必要です（4章で紹介）。

最後に、エンジンが焼き付いて田んぼで立ち往生しないよう、エンジンオイルも毎年必ず交換しておきます。

○施肥装置、駆動軸、ベルトの確認

エンジン、植え付け部が済んだら、次は施肥装置を点検。前年の使用後にきちんと清掃していないと、残った肥料が詰まったり固まったりしていることがあります。ホッパー、カバー、ロール、ブラシ、ホースを外して点検、清掃します。それから肥料を少し入れて空運転し、植え付け部付近から肥料がそれぞれ同じ量出ればOK。少なかったり、詰まって出ないところがあればエアーコンプレッサーで吹いて掃除するか、もう一度水でしっかり洗います。洗った後はよく乾かしてから作業します。乾いてないと詰まりの原因になります。

さらに、駆動軸や植え付け部のユニバーサルジョイントもチェックしてみて下さい。保護ブーツ（カバー）が割れていたり、ユニバーサルジョイント部がサビてガタつくことがあります。そのままだと、作業中にポキリと破損することも。事前の交換をお勧めします。

最後に、動力伝達用のベルトも確認します。摩耗や亀裂があれば即交換して下さい。

○空運転で最終確認

最後は空運転して最終確認します。

空運転をするには、まず苗のせ台を上げます。油圧昇降レバーをロック（止）にして、植え付けレバーを「植え付け」にセット、これで植え付けアームが素直に回るか確認します。異音がしたり、どこか引っかかったりしないか、よく見て下さい。

苗切れ・肥料切れのブザーが装備されている機種なら、ちゃんと鳴るか、ランプが点滅するかも確認します。また、苗のせ台が右あるいは左にきたとき、苗を送る苗送りベルトが動くようになっていますが、これもちゃんと動くか確かめておきます。

○忘れず注油も

各所に注油しておくことで故障を防ぐことができ、作業性もよくなります。チェック・メンテの際に、横送りレール部、苗のせ台を昇降させるリフト支点油圧シリンダー、縦送りローラーカム部、各ワイヤーにしっかり注油しておきます（写真3－28）。

8 バインダ

秋のおコメの収穫で使う機械、イネ刈り機。これも年に一度しか使わない組です。使われる場所はホコリっぽく、田んぼが軟らかいと泥の中で無理をさせる。それでいて刈り取り、束ねて、ヒモで結束し、一定間隔で吐き出す……、機械は思いのほか複雑な構造をしていて、壊れないわけがないのです。

写真3-28　各所の注油もしっかりと

植え付け部のグリス注入も必ず行なう

各所（矢印部）に注油することで、故障の予防、作業性の向上を

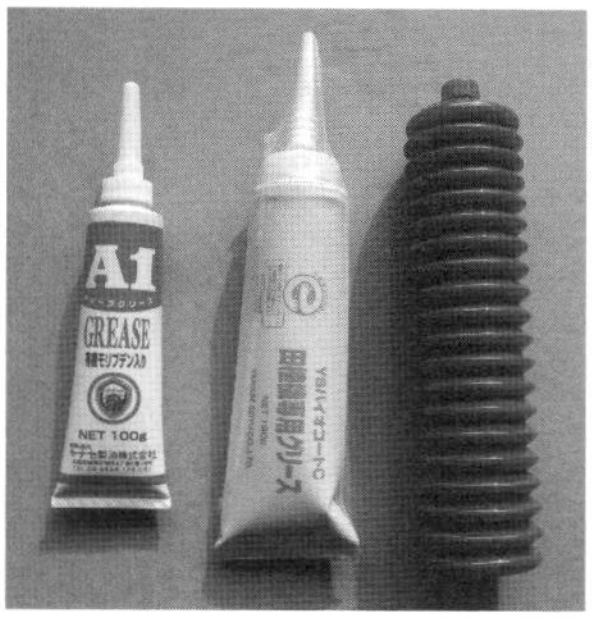

●潤滑・防サビグリス
左；少量使用するのに便利な「A1チューブグリース」
中；生分解性で田植え機専用の「YSバイオコートC」
右；グリスポンプに入れて使っても便利

小屋から出してきたらエンジンが始動しなかったり、チェーンがサビついていたり、または伸びきっていたり、刈り刃がサビて切れなかったり。作業前の点検整備はやはり必須です。

ただ、整備していてもなかなかわからないのが、結束不良。これだけは実際に作業してみないとわかりません。これは機械の結束部に異常がなくてもおこります。バインダについては、この結束不良を具体的に見ていきましょう。

○ヒモ通し、ヒモの質をチェック

初めは機械、結束部には異常がないケース。結束不良といわれて、われわれ農機具屋が一番に見るのが「ヒモ通し」です。ちゃんとヒモが通ってないと結束できませんから、ヒモブレーキ、ヒモ張り、ヒモガイド、ニードル、ホルダーと順番に通っているかどうかを確認します（次ページ図3－2参照）。ヒモ通しは、メーカー、型式によって異なるので取説（取り扱い説明書）をよく確認して下さい。

次はホルダー。象の牙のような部品に、ヒモやヒモクズなどが巻き付いていないか確認し、付いていたらマイナスのドライバーでこじ開け、細めのプライヤーで取り除きます。

図3-2　ちゃんとヒモが通ってないと結束できない

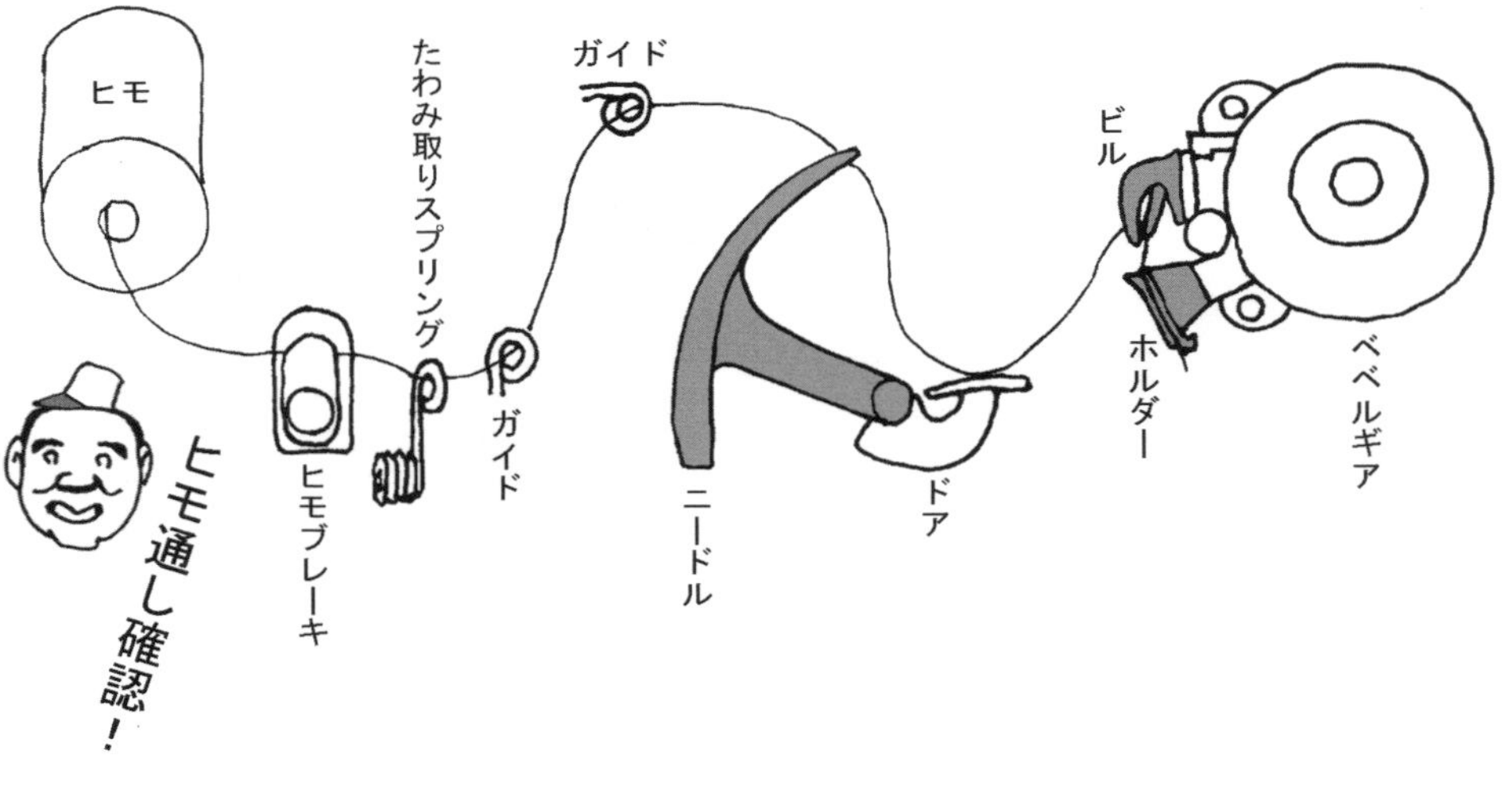

しょっちゅうホルダーにヒモが詰まるようなら、結束ヒモの不良も考えられます。ヒモが古かったり、劣化していたりすると途中で切れたり、クズが出たりで、結束不良を招きます。

ヒモそのものにも良し悪しが。細くて縒《よ》りが甘いヒモは、新品でもうまく結束しないことがありますので、価格は少々高くてもメーカーの純正品がお勧めです。

○右側への倒伏が原因の結束不良も

機械やヒモではなく、田んぼやイナ株の状態が原因の場合もあります。強風や台風などでイナ株が傾いていたり、べたゴケしていたりすると、結束不良をおこしやすい。とくに進行方向に対して右側に倒れていると、てきめんです。

イナ株が右に傾いていると、ニードルからイナ束を返してホルダーで受ける結束ヒモが下がってしまい、ビル（鳥のくちばしのような形）でヒモをうまくつかめず不良が出てしまうのです。この場合、搬送カバーやフレームに付いているイナ束を押さえるためのガイド（束押さえ）を曲げて強くするなどしてイナ束を傾かないようにすると、結束不良が出にくくなります。

また、進行方向に向かって右にイナ穂が倒れている場合は、面倒くさいですが、反対方向から刈り取るといくらかでもよいかもしれません。いずれにせよ、なるべくイネが倒れないようにするのがベストです。

刈り刃調整、結束不良解消については、このあとの5章7「バインダのイライラする結束不良」で紹介します。

9 コンバイン

これもイネの収穫機。刈り取り、収穫で、その年の結果（収量）がすぐ出

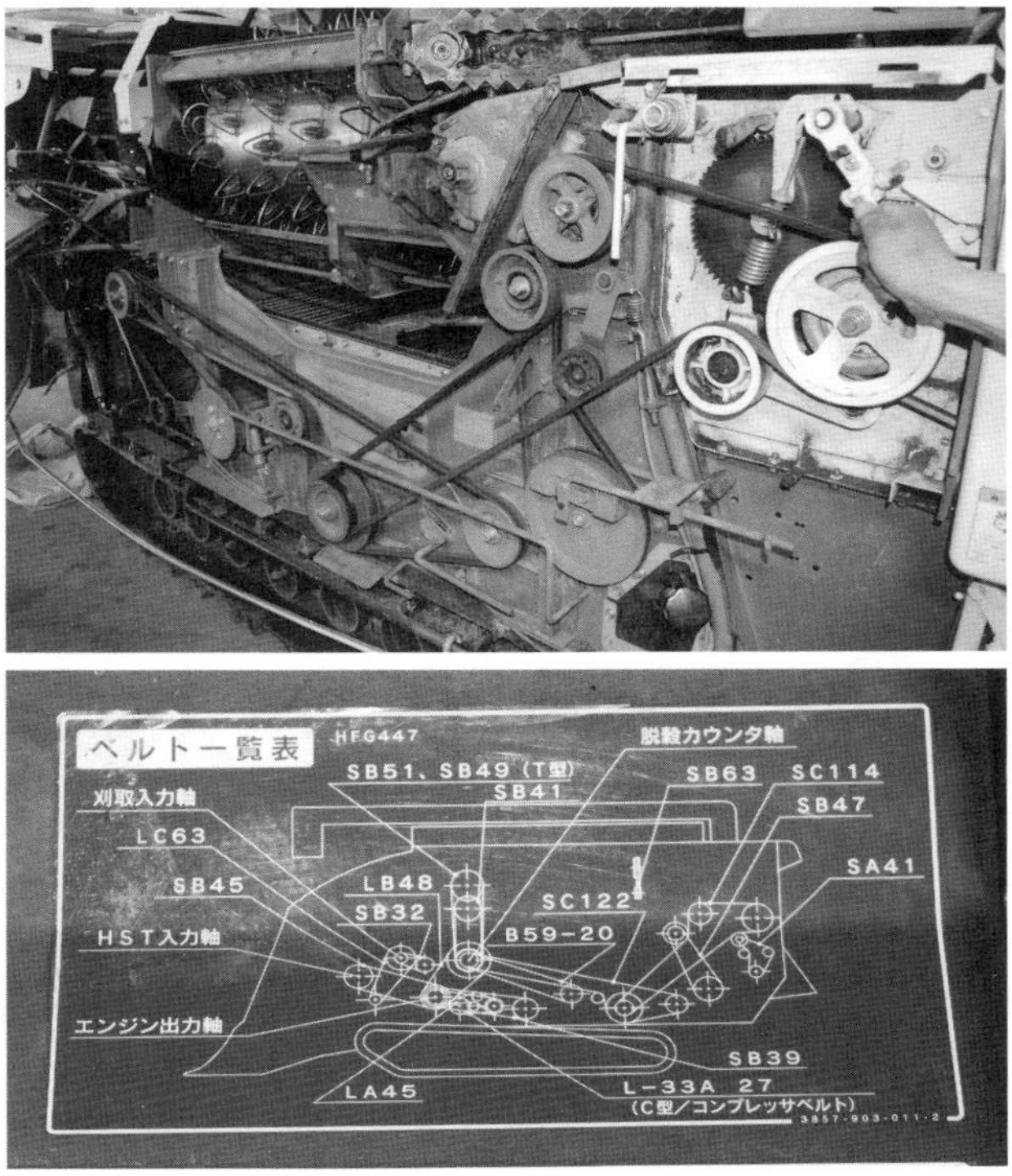

写真3-29　コンバインの脱穀・排ワラ部にはたくさんのベルトが使われている。下は機体にあるベルト一覧表。装着方法もわかる

写真3-30　使用しているうちに摩擦熱で写真のように摩耗してくる。放っておくと切れてトラブルに。早めの交換と、必要なベルトは予備を用意しておくとよい

るので作業していてなかなか楽しい大型機械。農機としてはとても複雑、足回りは運搬車で、その上に乗っているのは脱穀機の親分、前に陣取るのは刈り取り収穫部で、後ろにぶら下がるのはカッター、ノッターの結束部。これだけが一セットになった機械なので、使い込んでくると故障が多く、修理にも大金がかかるようになります。

ここではまず、これら機械部をつないで作動させているVベルトの破損と、原因を見ていきたいと思います。

○Vベルトが命

コンバインの動力の伝達はほとんどがVベルト。高価な機械なのでプロペラシャフトやチェーンなどで確実に動力を伝えているかと思いきや、コンバインは高出力、高負荷がかかりやすいためミッションなどに負荷がかからないよう、また過負荷がかかったときはその「滑り力」で逃げられるようにVベルトが使われます。

コンバインで使われるVベルトは数も多く、走行ベルトに、刈り取り部を動かすベルト、油圧関係を動かすベルトなど多いものでは一〇本を超えます（写真3－29）。

まず初めは走行ベルト。最近のコンバインはHST（Hydraulic Static Transmission　油圧自動変速）なので前後進の操作が簡単。そのためコンバインに慣れてくると操作が荒くなり、急発進、急加速などでベルトは消耗しやすくなります（写真3－30）。また圃場が軟らかいと負荷もかかりやすい。その結果、走行ベルトがいかれて、田んぼの中で動かなくなることも。そうなったら最悪です。

「あれ？　前に比べて動きが遅いぞ」などと感じたら、走行関係のベルトが消耗しているかもしれません。走行関係のベルトは、たいがいエンジン、ミッション近くに取り付けられていま

す。とても狭くて、カバー類を外しても腕しか入らず、半分手探りでの交換、調整になります。これはなかなか難しく、農機具屋に任せたほうが早いかもしれません。

　次は、こぎ胴のベルト。刈り取ったイナ穂から籾をかき落とすドラム、これが定格（定められた能力）で動かないとワラに籾が残ったり、こぎ胴で詰まったりします。ですので、作業前の点検は必至。こぎ胴のカバーを開け、こぎ胴の横に付いているベルトを目で見て亀裂を、手で触って張りを確認します。交換用のベルトをもっていると、いざというとき役立ちます。大型コンバインで一台分揃えると六〜七万、中型で二〜四万、小型で一〜三万円くらいです。

　コンバインは、四条刈りの機種で五条、六条刈り取らない、横刈りをする際は車速を落とすなど、負荷をかけない刈り方に気を付けることです。能力以上の作業をさせると、逆に能率が下がり、故障の原因にもなります。

写真3-31　刈り取り部から脱穀・排ワラ部にかけてイナワラを搬送するために数種類のチェーン（矢印）が使われているので、すべてチェックする

写真3-32　チェーンの確認と調整
左は、刈り取り部のチェーン。指で押してゆるいようなら、調整してもっと張りを強くする

チェーンについたバネのボルト（矢印）を締めることで張りを調整できる。
目安はスプリングの隙間が少し開くくらい

脱穀・排ワラ部のチェーン

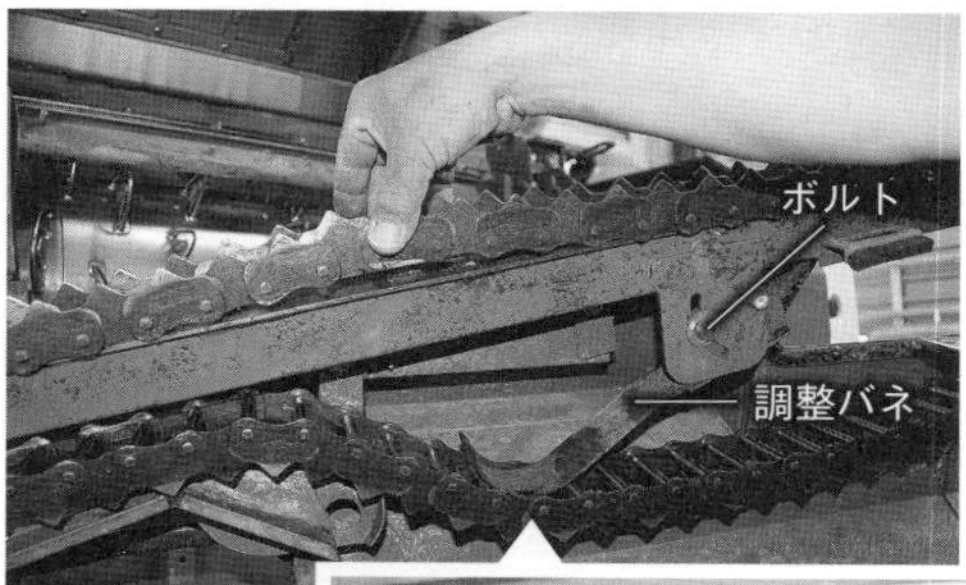

その他、脱穀・排ワラ部のチェーンは持ち上げて確認。少し持ち上がるくらいの張りになるよう、調整する

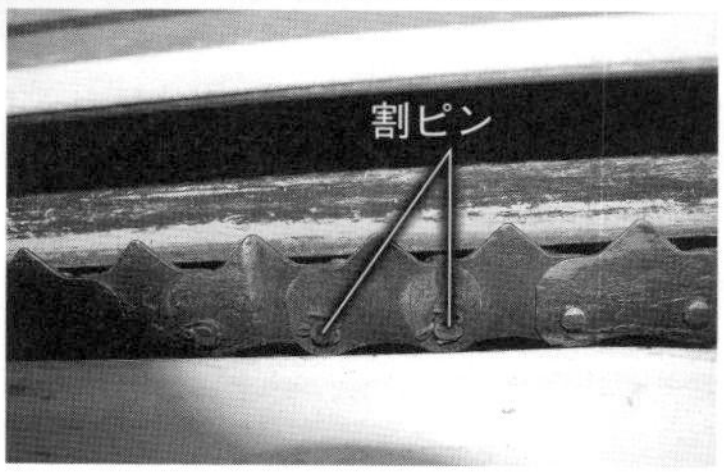

調整は調整バネのボルトを締め直して行なうが、ひどくゆるい場合はチェーンのコマを抜いてもよく、抜いた後は割ピンで固定する

○各種チェーンのチェック

刈り取り部から脱穀・排ワラ部にはイナワラを搬送するため、たくさんのチェーンが使われています（写真3－31）。これらのチェーンの張りをすべてチェックし、もしゆるいようなら、しっかりと調整しておくことでトラブルが防げます（写真3－32）。

また、確認とあわせて油もたっぷり注しておきます。とくに、イネを引きおこしながら刈る刈り取り部は、コンバインの中でも大きな負担がかかっている部分の一つです。引きおこし爪の摩耗の確認も含め、念入りにチェックして下さい。

脱穀・排ワラ部には、作業の仕方も大きく影響します。よくあるのは、ワラの入れ過ぎで詰まらせ、ベルトが焦げたり切れたりするケースです。無理させないのが一番ですが、もし切れてしまったらサイドカバーを開き、交換します。ワラを入れ過ぎない、露の付いた湿ったワラは少量ずつ刈り取り処理する、これがベストです。

その他、硬い籾の脱穀で部品が消耗します。こぎ胴のこぎ刃の摩耗や変形、ワラ切り刃の摩耗、受け網の破損がないかも確認。いずれも不具合があると、選別不良につながるので交換が必要です。

刈り取り作業前に各カバーを外し、点検できるベルトは点検し、ついでに各部の清掃、注油をしておくと快適作業ができます。

○刈り刃のチェックも

刈り刃も負担がかかりやすい部分です。刈り取り部を上に上げ、刈り刃にガタつき、摩耗、破損がないか一つひとつ確認して下さい（写真3－33）。

刈り刃に問題があると、収穫ロスにつながります。農機具屋に頼むと「まとめて全部交換」といわれがちですが、ガタつきや隙間の調整なら刈り刃と刈り刃の間にあるシムの枚数を減らすことでできます。また、刈り刃は個別に交換することも可能。特別な工具は不要ですし、安上がりで済むので、自分でメンテナン

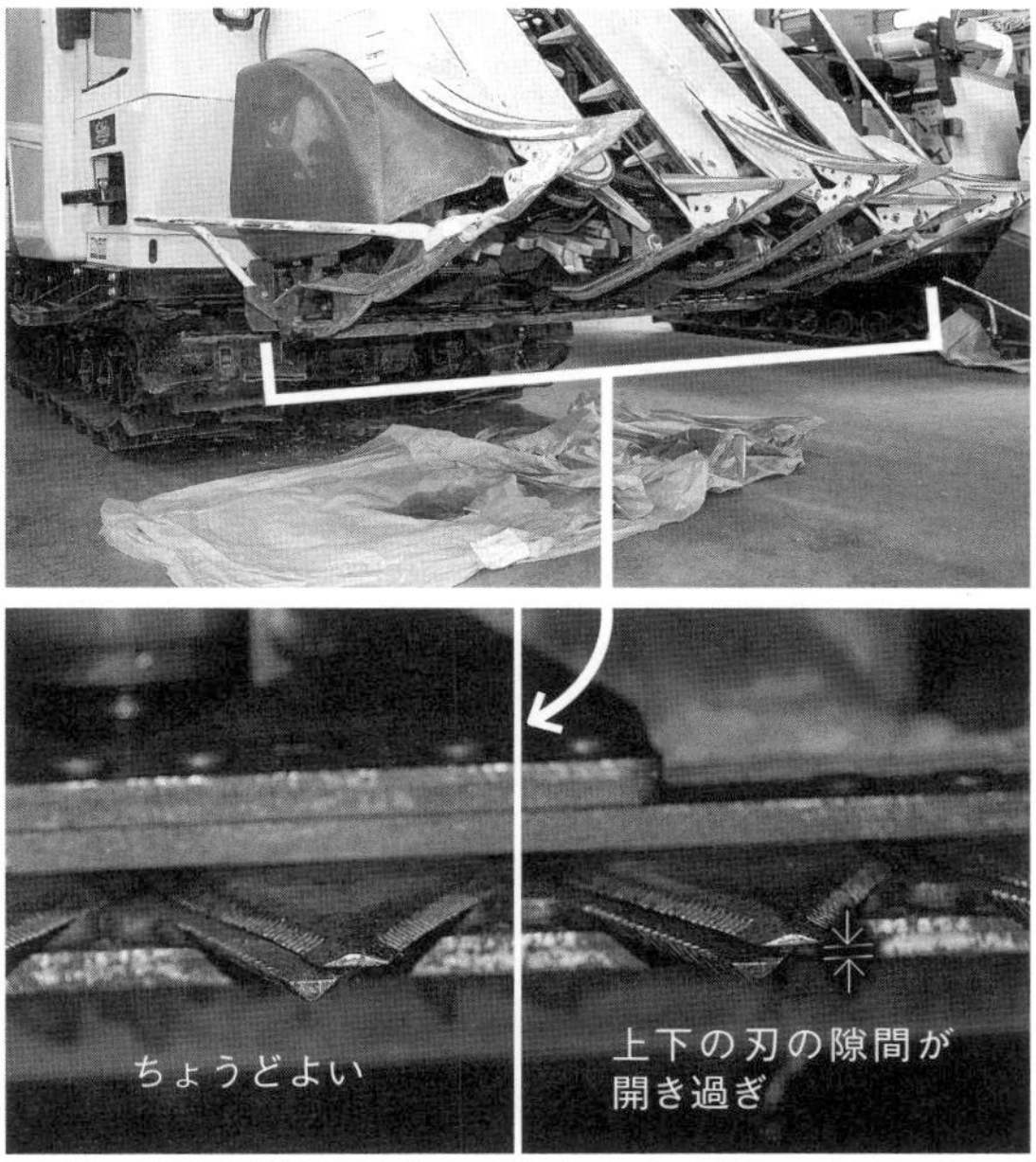

写真3-33　刈り取り部を上に上げて刈り刃のガタつきや隙間を確認
右のようならガタつくので、調整が必要

写真3-34 刈り刃の調整

刈り刃はノコギリ刃を2枚組み合わせた構造になっている。上の刃を押さえる上刃押さえの下に、隙間を調整する薄い板（シム）が数枚入っている

刈り刃の押さえを外して、間のシムを抜けば、隙間を調整できてガタつきも解消できる

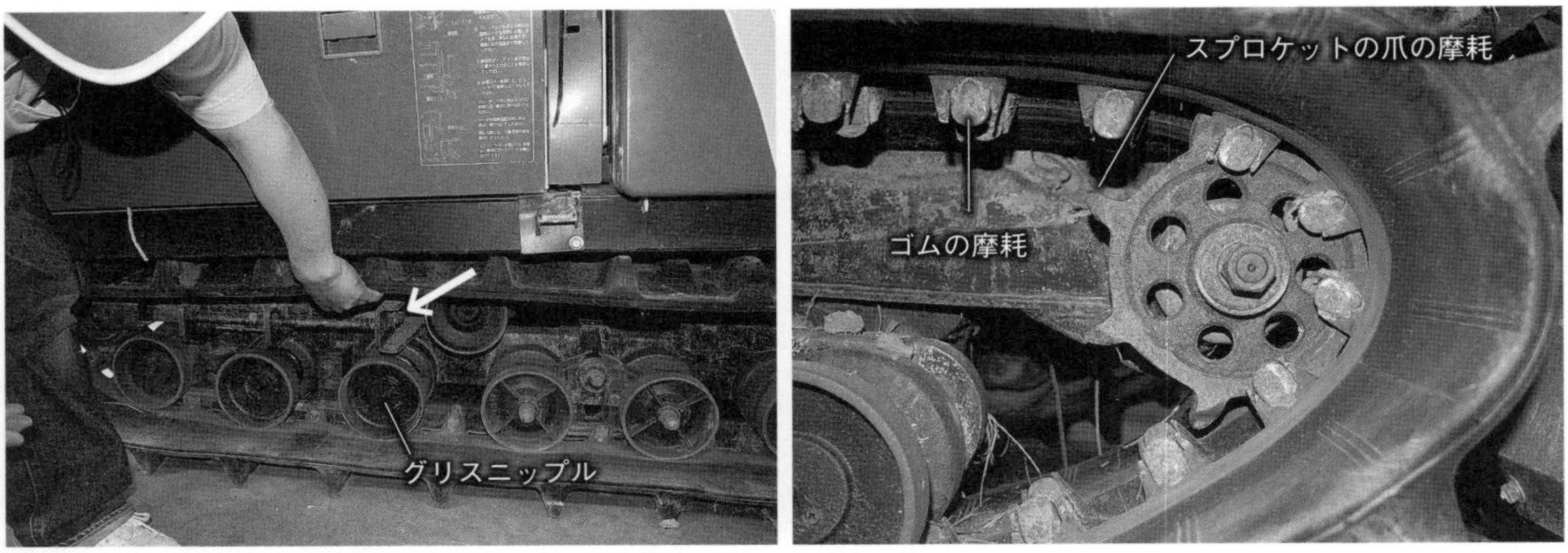

写真3-35　コンバイン走行部（クローラ）のチェックも
左は、クローラの張りを手で持ち上げて確認。少し持ち上がるくらいがちょうどいい。調整は矢印のボルトで。右は、ゴムの摩耗で金具が見えてきているクローラ。スプロケット（駆動輪）も、通常なら爪の形は左右均等だが、片側だけ摩耗して波のような形になっている。そろそろ交換、修理を検討する

スしてみるとよいです（写真3－34）。刈り刃のメンテは5章でも触れます。

なお、コンバインの点検、調整は必ずエンジンを止めてから行なうようにして下さい。

○走行部、足回りも見ておく

走行部にトラブルがおきて、田んぼで立ち往生。これも毎年現地で見かけます。

クローラも消耗品です。トラブルがおきると走行不能で、たいへん困った事態になってしまいます。張りや各部の摩耗について事前チェックを必ずやります。また、大量の泥と接する部分なので、グリスアップも使用前に必ずやることをお勧めします（写真3－35）。

10 ハーベスタ

○ハーベスタでも大事なVベルト

バインダでイナ穂を結束、ハザがけして乾燥したらハーベスタにかけて籾を脱穀。運搬車の上に乗る自走タイプがほとんどです。このハーベスタの故障もVベルトがらみが多い。切れたり伸びてしまったりして、動きが悪くなったところが詰まります。

ハーベスタでは、数本のVベルトでこき胴、ファン、籾搬送ラセン、ワラ送りのチェーン、籾を選別する振動斜面などを動かします。このVベルトはコンバインと同様、過負荷がかかり消耗しやすいので、点検、調整、交換は作業前に必須です。張り、亀裂などをチェックし、ベルトの調整がうまくできないようなら交換します。

○サイドパッキンの損傷

「ハーベスタで脱穀中なんだけど、下から籾がこぼれ落ちてくるんだよ」。

こんな電話があり、田んぼに行ってみたところ、けっこうな量の籾が落ちている。もっと早く気付いてもよさそうでしたが、排塵のワラクズなどで、なかなか見付けづらかったのでしょう。エンジンを止めてもらい、脱穀部のカバーを外し調べてみると、脱穀機内の籾を選別する振動斜面のサイドパッキンが、長年の使用により消耗、劣化していました（写真3－36）。そのため本体と振動斜面との間に隙間ができ、大事な籾がこぼれ落ちていたのでした。中にはネズミがパッキンをかじってダメにした例もあります。

この修理はけっこう面倒です。脱穀部を台車から下ろし、振動斜面を外してパッキンを交換しなくてはなりません。その場ではなかなか修理できないので農機具工場に持ち込み、新しいパッキンと交換。元通りに組み立てて完成になりますが、部品がなければ、その間一〜二日は脱穀作業も中断です。

本当はこうなる前に振動斜面を点検しておきたいところですが、前の年にとくに問題がなければ、なかなか見付けられないかもしれません。

写真3-36 長年の使用で経年劣化したサイドパッキン（点線部分）

○サイドパッキンの応急処置

振動斜面のサイドパッキンからの籾もれの応急処置としては次のような方法があります。ホームセンターなどで売っている隙間テープ。サッシの窓枠の隙間に貼るテープですが、こちらをパッキンの破損しているところにうまく貼り付けます。手の入りにくい狭いところなので、無理しないように慎重に行なって下さい（写真3－37）。

ホームセンターなどで売っている隙間テープ。籾漏れしそうなところに貼り付け養生

写真3-37 隙間テープ（右）でサイドパッキンを応急処置

○異物混入で、こき胴破損、修理

ハーベスタでイネを脱穀中、「ガチャン、ガタガタガタ……」。何やら怪しい音が。作業クラッチを切り、エンジンを停止して脱穀部のカバーを開けてみると、なんと壊れたカマが出現。ハザ杭積みの縄を切るのに使っていたのが、何かのはずみで混入したらしい。嘘のようなホントの話。ときどきあります。

壊れたカマを除き、こき胴（ドラム）を手で回してみて確認します。こき歯やササリ落とし（ワラの間に残った籾を叩き落とす部品、写真3－38）、こき胴が曲がったり凹んだりしているようですが、取りあえずは使えそうです。今シーズンはこのまま使い、終わったら修理に。ただ、こき刃、ササリ落としはまだしも、こき胴の交換に

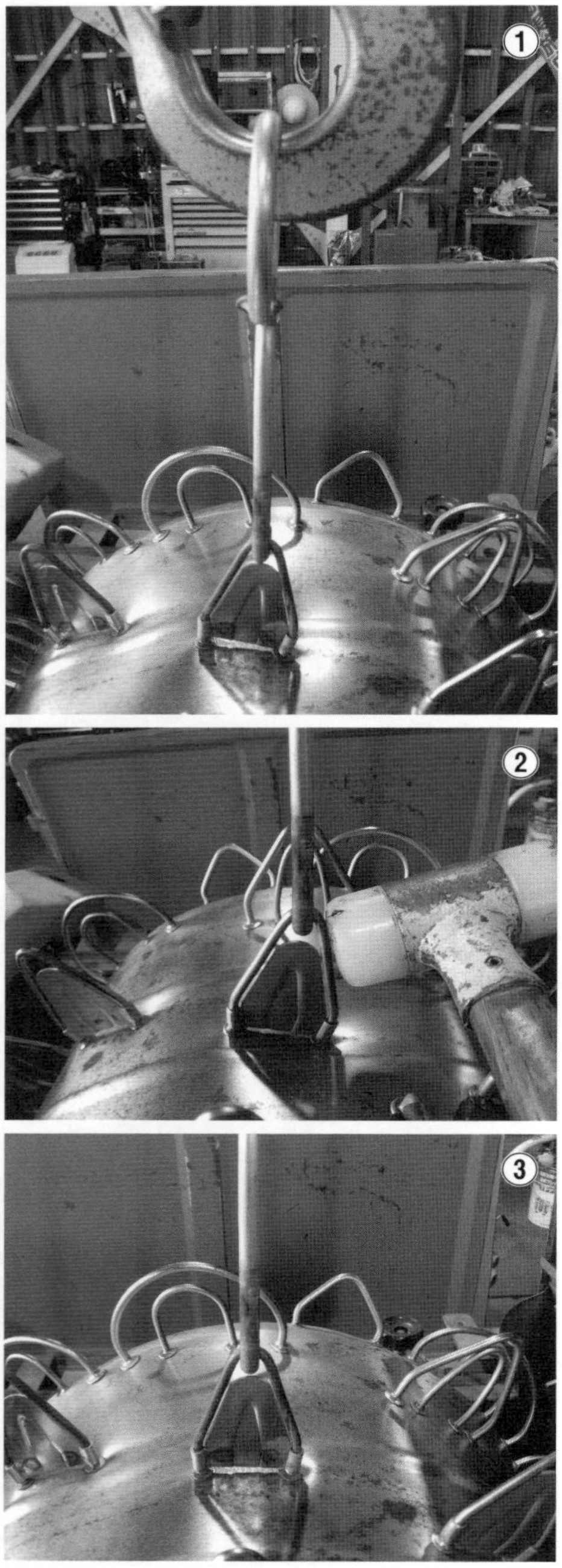

写真3-39　こき胴の応急処置
①ドラムごとゆっくり吊り上げ、②トンカチで軽く叩く、③凹みが矯正される

写真3-38　ハーベスタドラムのササリ落とし（矢印）

は大金がかかります。かといって、隙間から手を入れトンカチで叩いて凹みを直すわけにもいきません。そのままで構わないという人もいるかもしれませんが、案外簡単に直せます。

どうするかというと、チェーンブロックやワイヤーウインチでこき胴ごとハーベスタを吊り上げるのです。といっても一気に吊り上げない。こき胴の曲がったところのこき歯にフックを引っかけ、少し引き上げる程度。引き上げ過ぎるとちぎれることがあるので、慎重に行ない、ワイヤーが張ったところで、トンカチで軽く叩くと簡単に直ります（写真3-39）。

チェーンブロックやワイヤーウインチのフックが大きくてこき刃に入らない場合は、小さめのフック（引っかけ）をつくるか、ホームセンターなどでフックやシャックルなどを買ってきて使うといいです。

11 籾摺り機

ハーベスタなどで収穫してきた籾を籾ガラと玄米に分け、選別する機械ですね。この機械も年に数日しか動きませんから故障やトラブルは少ないかと思いきや、細かなトラブルがあります。これも作業前にここだけはチェックしておいたほうがよいポイントをいくつか紹介します。

○Vベルトをまずチェック

動かす前にまずカバー類を外し、Vベルトを点検します。亀裂が入っているようでしたら交換、伸びて張りがゆるいようでしたらベルトテンションのネジを引っ張って調整します。

○ロール厚も見ておく

次は籾摺りロール。籾摺りロールには、ロールの大きさが左右同じもの（同径）と違うもの（異径）があります。同径タイプは左右の回転が違い、回転が速いほうのロールが先に早く減ります。ある程度減ってきたら左右のロールを入れ替えてやると長持ちし、作業能率アップ、脱ぷ率も落ちない。異径ロール（写真3－40）の場合は大きさの違いで回転を変えているので、ロール入れ替えはできません。作業量にもよりますが、どちらかゴムの部分が五㎜を切ってきたら新しいロールに交換します。

籾摺りロールは、ロールのゴムがなくなってしまうと籾摺りできません。農機具屋に在庫があれば交換し作業を継続できますが、なければ一～二日籾摺りができません。そうならないように事前の点検が大事です。

○スロワの跳ね上げゴム板も

選別された玄米（精品）を排出したり、籾をもう一度張り込みホッパーに戻す（返り籾）両スロワの跳ね上げゴム板（羽根）のチェックも忘れずに。

ケースに跳ね上げゴム板があたっていると摩擦でケースが熱をもって回転が遅くなり、詰まります。逆に隙間があり過ぎてもおコメが処理できなくて詰まります。すると籾の戻りが悪く

写真3-40　同径のロールなら左右を入れ替えて長もちさせられる。写真は異径の籾摺りロール。どちらかゴム部分が5㎜を切ったら交換

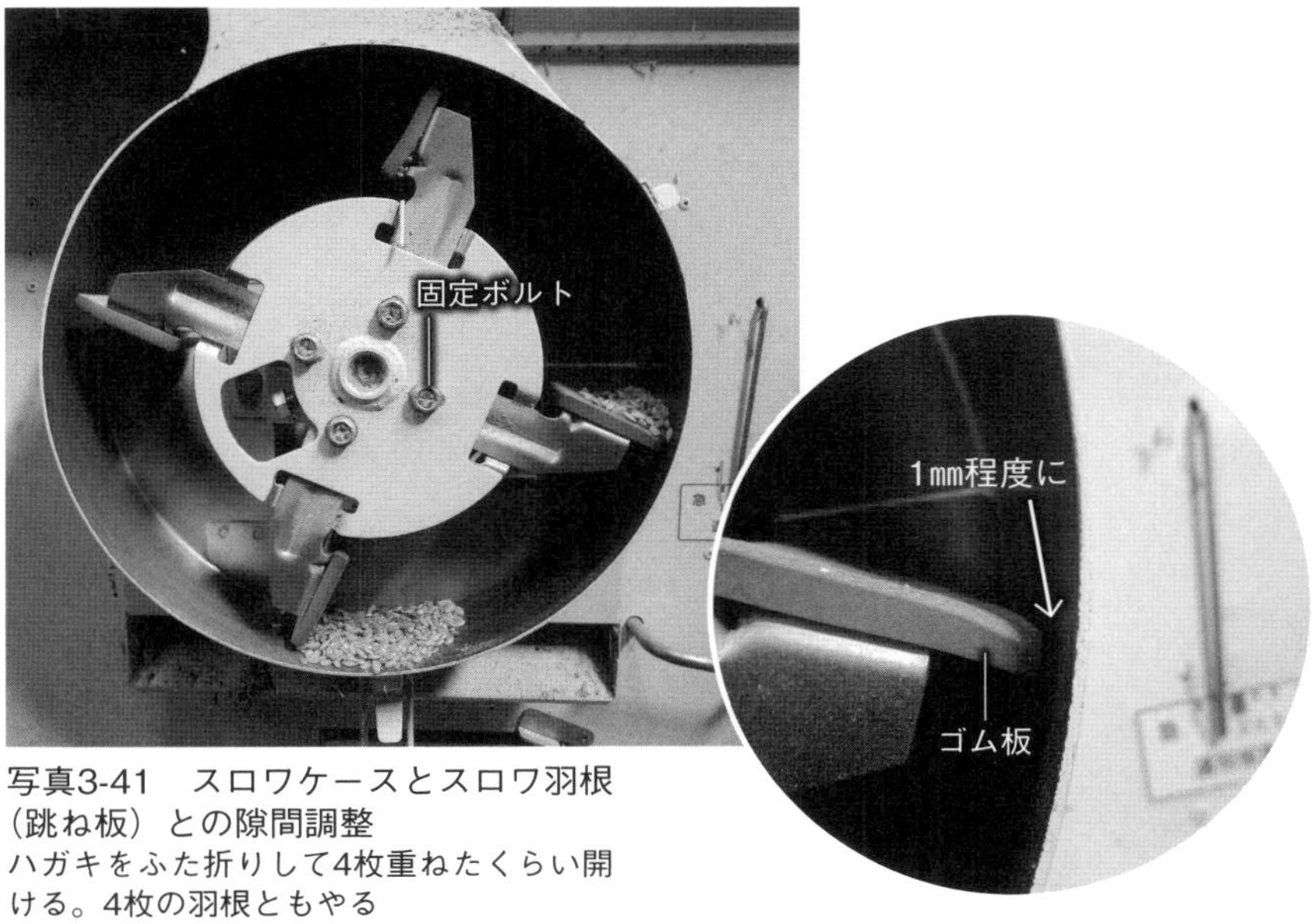

写真3-41　スロワケースとスロワ羽根（跳ね板）との隙間調整
ハガキをふた折りして4枚重ねたくらい開ける。4枚の羽根ともやる

なったり、仕上げ米の出が悪かったり、最悪の場合は籾が詰まってVベルトが焼け、籾摺機そのものがダメになることも。そうなる前に、ケースと跳ね上げゴム板の隙間を、目検討でいいので調整します。

ポイントは一番狭いところの調整。ケースが真円でなく楕円なので、調整は一番下くらいから吹き上がるところ（おコメが出ていくところ）でやるといいです。ネジ一本で調整できるように、ゴム板の取り付け金具の取り付け部は長穴になっています。間隔は、ちょうどハガキを二折して四枚重ねたくらい、一㎜ほどに合わせて下さい（写真3－41）。

最後に、カバーを取り付ける前に掃除口を開きネズミの巣、フンなどがないか確認し、掃除をしてから作業に取りかかります。ネズミの巣などが機械に詰まり作業を中断させるので、作業前のチェックが必要です。

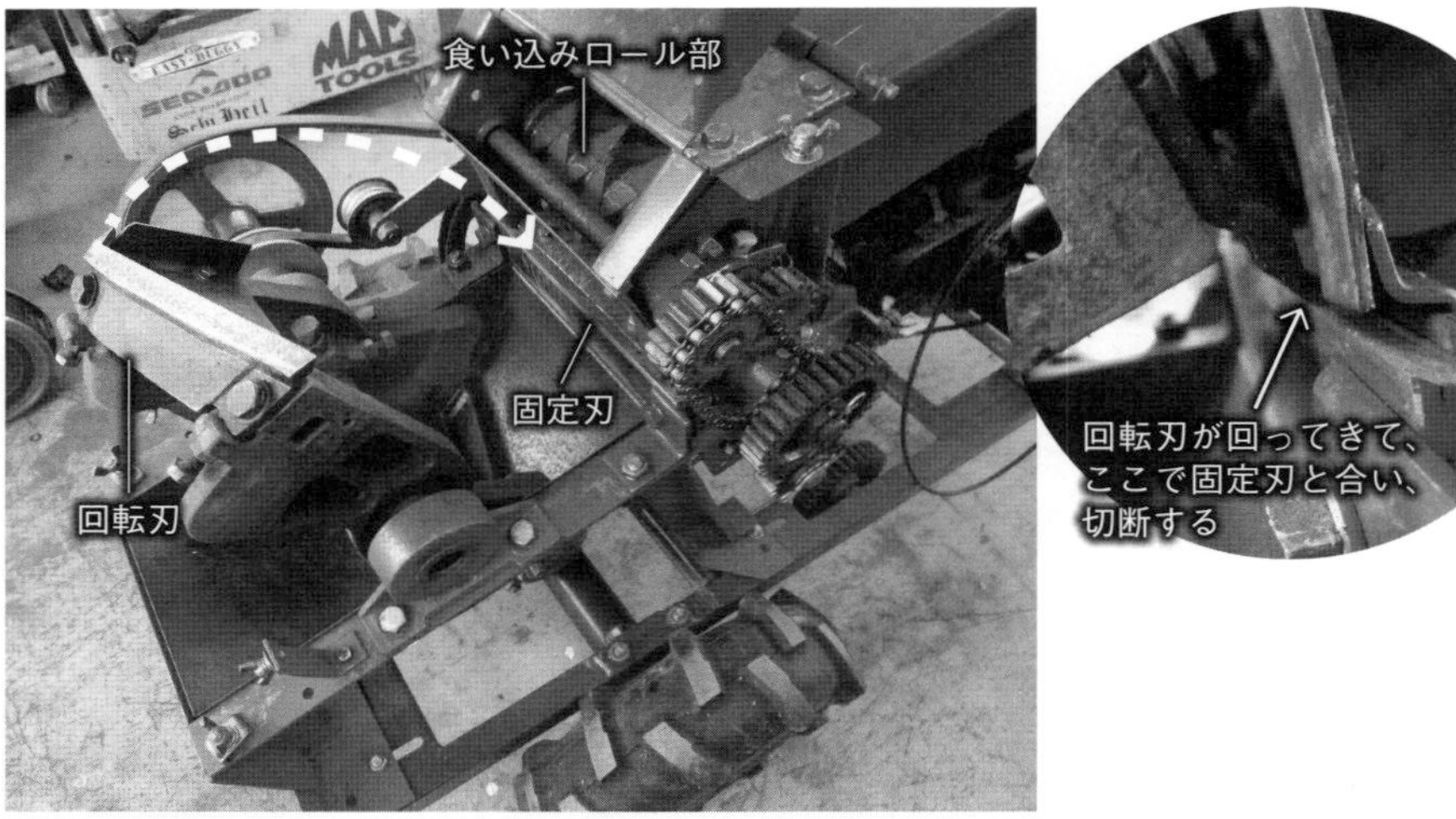

写真3-42　カッターの回転刃と固定刃（カバーを開けた状態）
回転刃を、この状態のまま表側を研ぐと固定刃との隙間が広がり、うまく切れなくなる

12 カッター

略農家、コメ農家、野菜農家、果樹農家、農家全般に使われているカッター。ワラを細かく刻んで畑に入れたり、田んぼに入れたり、畜産の飼料用にカットしたり、また残幹カッターは直径一～二㎝の剪定枝なんかも細かく切断してくれます。カッターは切断する条件がよければ、回転刃、固定刃とも長持ちします。ところが悪条件、ワラが湿っていたり、泥、砂などが付いていたりすると、刃の切れ味は徐々に悪くなります。また、よい条件でも長年の使用により切れ味はだんだん悪くなります。

「最近どうも詰まりやすい」「長いままワラが出てくる」などの症状が出てきたら、回転刃、固定刃を研磨する時期。問題はその仕方ですが、よくやる間違いから紹介します。

○回転刃の表側は研がない

とある日、農家が軽トラにカッターを積んでやってきて、「お～い機械屋さん、刃を研いでみたけど全然切れないんだよ」。訊けば自分で研磨したらしい。カバーを開けて見るとエラいことに。回転刃を付けたまま表側をハンドグラインダーで研いだとのこと。修正できればいいが、ダメなら回転刃は交換です。回転刃の表側を研磨すると、固定刃と回転刃の隙間が広くなってしまい、逆に切れなくなります。間違っても回転刃の表側を研磨しないで下さい（写真3－42）。

研磨は、回転刃、固定刃をそれぞれ

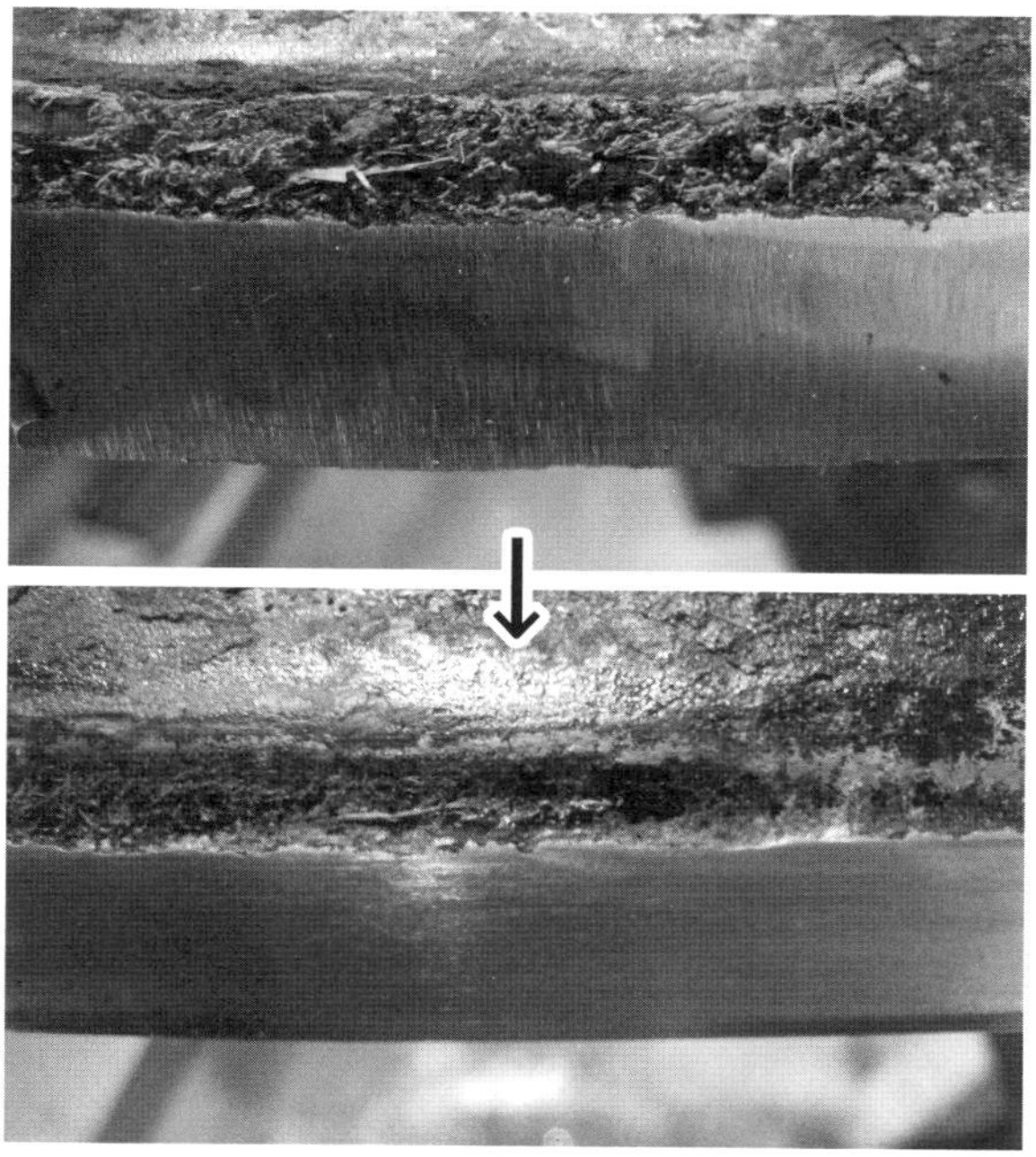

写真3-43　回転刃の仕上げは砥石で仕上げる
グラインダーで磨いただけだと表面がギザギザで（上）、使っているうちギザギザの山が欠けて切れ味が悪くなる。砥石仕上げなら欠けることなく、切れ味抜群（下）

機械から外し、卓上グラインダーで均等に研ぎます。その後、砥石で仕上げます。この仕上げをやるとやらないのでは、切れ味、耐久性が違ってきます。グラインダーで研磨しただけだと表面が荒れていますが、これを均すと新品に近い状態になるのです（写真3－43）。料理に使う包丁も最初は粗目の砥石で研ぎ、次いで中目、仕上げと砥石を替え、刃を整えていきます。カッターの刃もこれと同じです。

研磨後は固定刃、回転刃を機械に取り付けます。固定刃と回転刃との隙間

低速グラインダーがあれば早く、きれいに仕上がる！

刃物の研磨は砥石で仕上げるのがよいですが、それなりに時間がかかります。そこでお勧めなのが、低速グラインダーで仕上げるやり方。今回、一〇〇均ショップで見付けた二四〇番のディスクペーパーを付け、荒砥、仕上げとやってみました（写真3－b①～③）。番数のもっと高いものを使えば、もう少しきれいに仕上がるでしょうが、これでもまずまずです。

グラインダーは研磨用の低速タイプか、回転調整ができるものは「低速」にセットして使います。できないグラインダーでも、スピードコントローラーを接続すれば低速になります。高速だと、回転刃先端に焼きが入って色が変わってしまいます。

初めからディスクペーパーを使ってもよいですが、やはり時間がかかります。最初の荒砥は卓上グラインダーなどで行ない、仕上げに使うのがよいかもしれません。

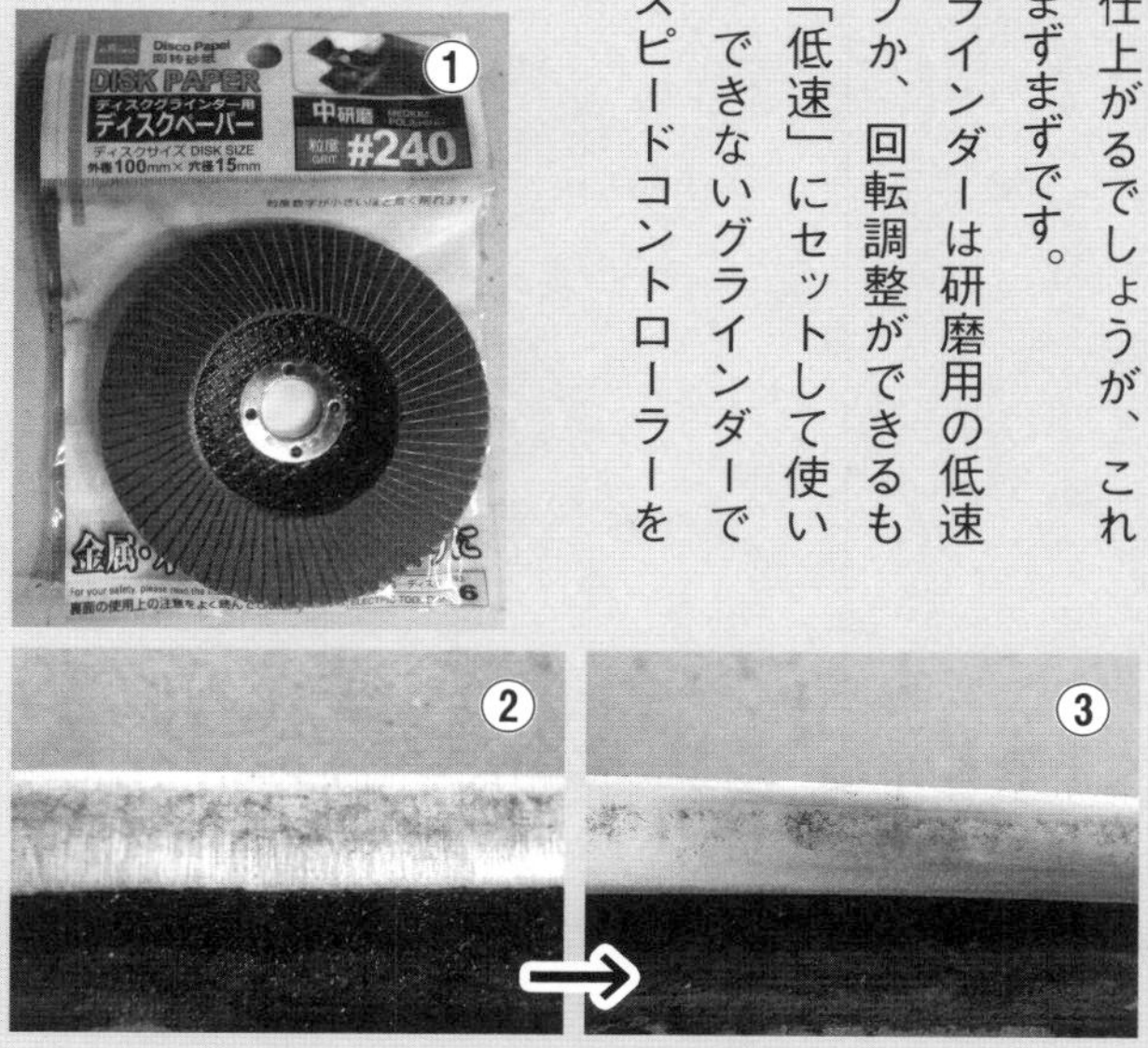

写真3-b　低速グラインダーで仕上げてみた！
中研磨（240番）のディスクペーパー（①）をグラインダーに付け、低速で回転。まずまずの仕上がりに（②→③）。最初の荒砥は卓上グラインダーでやり、ディスクペーパーは仕上げに使うのがよいかもしれない

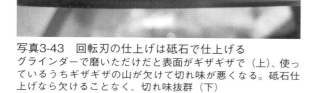

写真3-44　ホコリにまみれたワラ切りカッター
ギヤとチェーン、各軸の掃除と注油は大事。これをやらないとすぐにガタが出てしまう

は〇・二五㎜くらい（ハガキの厚さ程度）、固定ネジをしっかり締めてでき上がり。これでスパンスパンと切れるでしょう。ここまでの手入れ、けっこう時間と手間がかかります。やってくれる農機具屋さんはなかなか丁寧なお店です。

○軸と軸受けにはしっかり注油

カッターの故障をもう一つ。カッターは非常にホコリが多く、それが機械にも影響します（写真3-44）。こまめに注油しないと、軸と軸受けにガタが出ます。とくに食い込みロールの軸とその軸受けにはしっかり注油します。

最近は軸にベアリングを使って注油しなくてもよいカッターもあります。ホコリを入れないようにするシール、ベアリングの精度がよくなり、強度も上がっています。かといって何もしないと壊れるので、年に一度はカバーを開いて点検、清掃、ギヤやチェーンなどにグリスアップや注油をします。このひと手間でカッターの寿命は延びます。

13 運搬車

小さなボディーで数百キログラムの荷物を運搬する力持ち、一台あるととても便利な機械ですね。

車輪とクローラ、二タイプあります。車輪タイプは振動が少ないため、果実に傷が付いたら困る果樹園などで用いられます。ただ、タイヤで駆動するので、傾斜地や田んぼの軟らかいところ、不整地などでは不向きです。最近はクローラタイプが多く、振動が軽減され、いろんなところで使われています。

これら運搬車は他の農機と異なり、つくりが単純、操作も容易なので、壊れることは少ないですが、長年使っているとクローラの伸び、転輪、駆動輪の消耗、駐車ブレーキの不良などが出てきます。こうした症状を放っておくと大きく壊れていきます。運搬車は動かなくなったらどうしようもありません。そうなる前に点検、調整をして使います。

ここでは最近多いクローラタイプの運搬車について見てみます。

○クローラの調整

長年使用するとクローラは消耗してゆるんできます。重い荷物を運搬中に、「あれ？　動かないよ」てなことにも。見るとクローラが脱輪。左右どちらかに旋回した際、駆動輪から外れたようです。クローラは消耗品なので仕方ない面もありますが、伸びて外れる前に調整したいです。

やり方は、調整輪（写真3-45③）を動かしクローラの加減を見ながら張ってやればいいのですが、機種によって調整の仕方が異なるので取り扱い説明書を読んで確認するか、近くの農機具屋さんに訊いて下さい。また、使用中にクローラが外れてしまった場合は、調整ロッドを固定しているナットをゆるめ、調整輪を限界まで縮めて、調整輪、誘導輪、駆動輪の順に入れます。

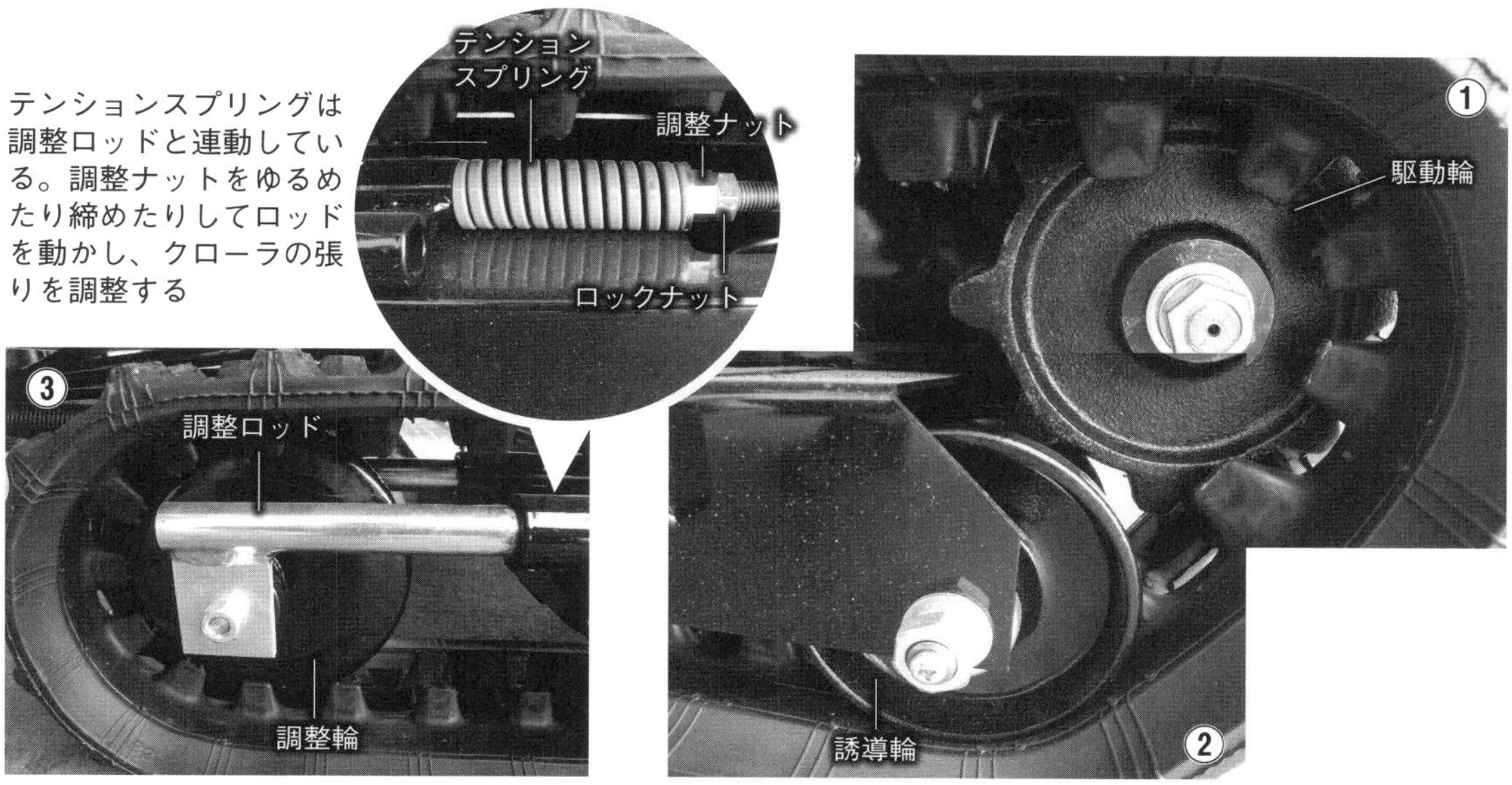

テンションスプリングは調整ロッドと連動している。調整ナットをゆるめたり締めたりしてロッドを動かし、クローラの張りを調整する

写真3-45　運搬車クローラの各輪（上は各部のアップ写真を合成）
右上から駆動輪（①）、その下に誘導輪（②）、後方に調整輪（③）がある。それぞれガタつきやサビつきなどをチェックし、早めに修理、更新するようにします

クローラが硬くて入らなかったら車体を浮かせ駆動輪を回しながら（一速のアイドリング回転で）やると入りやすいです。ただ、クローラが動き出すので慣れていないと危険でお勧めしません。クローラが入ったら先の手順で調整し、張ってやってでき上がりです。

○駆動輪は早めに交換

駆動輪（写真3-45①）はクローラを動かすスプロケット、これは動くたびに消耗していきます。とくに進行方向、前進方向側が消耗します。たいがいの運搬車は左右対称なので、左右の駆動輪を入れ替えればまた使えますが、クローラや、サビついて取れなくなった駆動輪を外さなければならないので結構面倒くさい。見て、消耗し過ぎていたら（スプロケットの前進側が減る）交換をしたほうが早いです。

○誘導輪はガタがくる前に調整

次は誘導輪（写真3-45②）。駆動輪と調整輪の間にあってクローラが外れないようにし、運搬車を安定させるための車輪です。滅多に故障しませんがダメになると高いものにつくので、点検整備はやはり必要です。

点検は車輪にガタがないか、スムーズに動くか？　ガタがなければグリスアップをして完了ですが、最近の機種にはグリスアップをするところがないのもあります。ベアリングやシールなどの材質、強度がよくなり、完全密閉なのでグリスを注油できないのです。キーキーなど嫌な音がして、点検してガタがあるようでしたらベアリング、シールの交換を勧めます。重症になる前、誘導輪にガタが出始めたら早めに修理を行ないます。

14 チェンソー

果樹園のせん定、老木伐採、山林では枝打ちをはじめ、間伐、伐採など、これがなければ仕事になりません。最近のチェンソーは軽量、ハイパワー、消音、防振、始動性もよく、中にはハンドルにヒーターが付いた機種もあります。

燃料、オイルとともに消耗し、ランニングコストがかかるのはソーチェーン（チェンソーの刃）です。上手に使えばかなりもちますが、中には交換したばかりなのに、また新品に交換とい

写真3-46　ソーチェーンの補修

遊びが出たドライブリンクがスプロケットホイール内のクラッチドラムで傷つき、バリが出たり、変形したりする

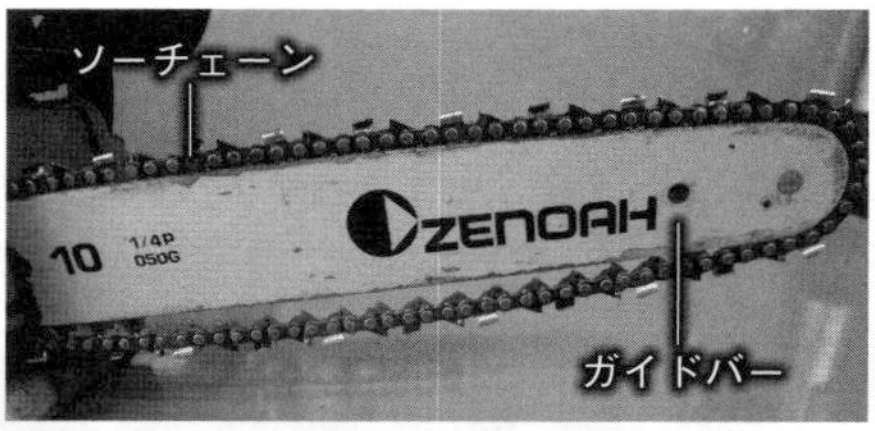

ドライブリンクがガイドバーに馴染むまで新しいソーチェーンは伸びやすく遊びが出て、外れやすい

（ドライブリンクの不備を見付け、マーク）

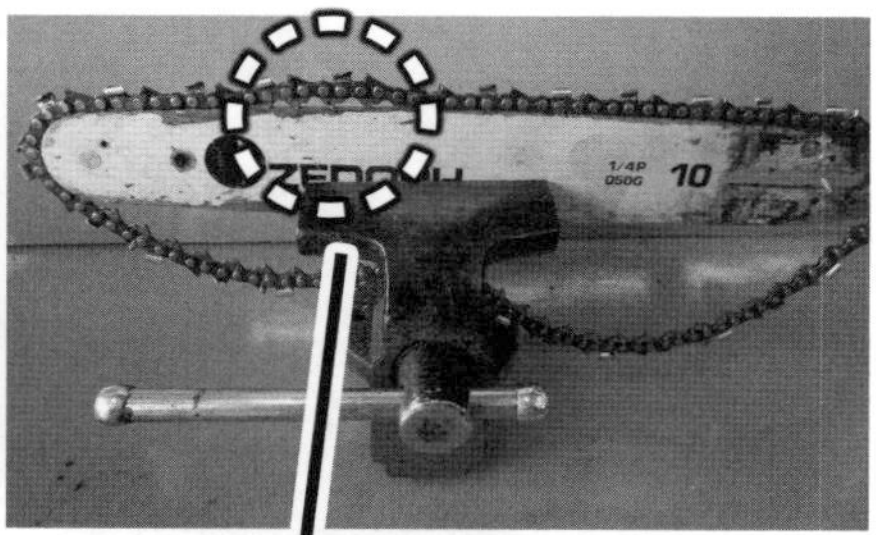

ソーチェーンをガイドバーに沿って回していくとうまく入らないところがあり（右丸印）、見るとドライブリンクの変形やバリが見付かる（上）

（調整・補修する）

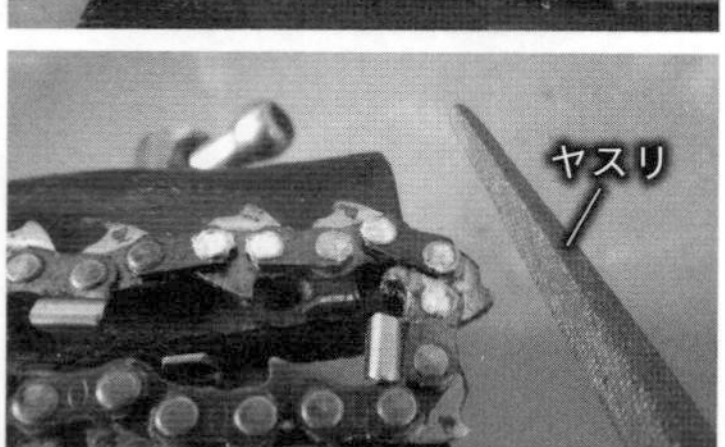

ハンマーで軽く叩いて形を整える（上）、ヤスリでバリを削り落とす（下）などして、ガイドバーの溝に入るようにする

修理補修のドライブリンク（左）を再度ガイドバーに入れ、すんなり回れば完了。1周回して抵抗があるようならもう一度修正する

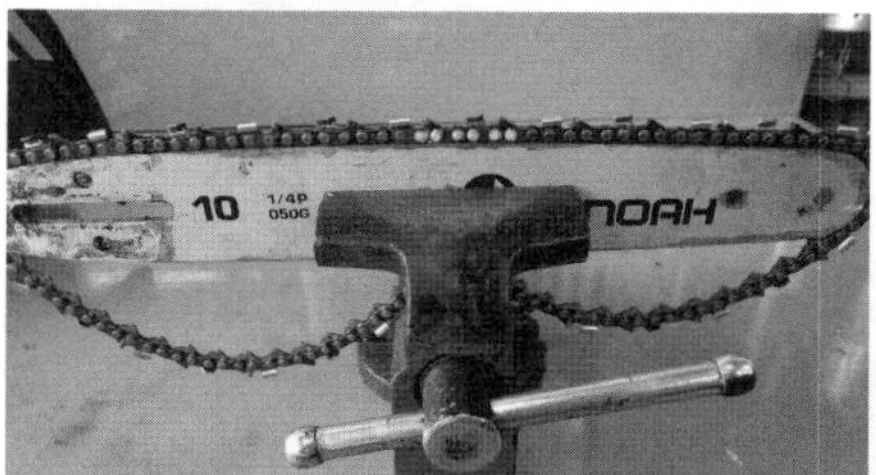

ガイドバーとソーチェーンを本体に取り付け、調整して完了。試運転しても問題ない

うケースも。

例えば、しっかり使い込んで切れ味がもう一つ、というので新品に交換。でもこのソーチェーン、新品のときは伸びやすく（ガイドバーに馴染むのに時間がかかる）、こまめに調整しないと遊びができてしまう。そうすると作業中に外れたり、そのまま使っていて、クラッチドラムでドライブリンクを叩いて変形させたり、バリを出してガイドバーに入らなくなってしまう。というので、農機具屋さんに持ち込んでまた「交換ですね」といわれることに。でも、刃もそんなに減ってないのに交換は勿体ない。その前にできる調整、修理を教えます（写真3-46）。

まず、本体からガイドバーと破損したソーチェーンを外します。万力などでガイドバーを固定し、その溝にソーチェーンを入れていき、収まりの悪いところを確認。そこが、ドライブリンクに破損、変形、バリの出ている箇所です。わからなくならないようにマジックで印を付けておいて下さい。

ドライブリンクの修正は、バリが出たり、変形しているところをヤスリで削ったり、ハンマーで軽く叩いたりして整えて下さい。ガイドバーに入れてみて、抵抗なくソーチェーンが動けば完了です。

ソーチェーンの価格は、短いもので二〇〇〇円ぐらいから、長いものだと五〇〇〇円とか七〇〇〇円とかしますが、自分でやれば安く上がります。棒ヤスリとハンマー、小さな万力があれば作業ははかどります。

15 モア、乗用モア

歩行モア、乗用モアなどの草刈機には、刈払い機と違い、非常に頑固な刈り刃が使われています。おもに一枚の板刃もの（固定刃）と、刃を板の先端にボルトで取り付けるフリー刃のタイプがあります（図3-3）。不整地や石のあるところなどで使うとこれらの刃が丸くなり、切れなくなります。どちらのタイプも刃の研ぎ方は同じです。

○刃の研ぎ出し

たいがいのモアの回転刃は裏と表が使えます。片面が減ったら裏返して、もう片面を使います。両方を使って切れ味が悪くなったら、刈り刃を本体から外して研ぎ出します。

取り外しは、板刃（固定刃）はボルト三本か、センターナット一個とボルト二本かで取り付けられているのでそれを、フリー刃のほうは、一台のモアにボルトとナット、カラー、ボルトガードのセットが二つ取り付けられているので、これらを外します。板刃はモア本体を持ち上げないと取れませんが、フリー刃はサイドカバーを開ければ取れます。

外れたら研ぎ出しですが、固定刃は刃の角を出すのがコツ。これで切れ味がよくなります。そのぶん勿体ないけど、角がなくなった先端は少しカットします。

手順としては、まず初めにボルトの穴から測って左右同じ長さのところに線を引き、そこをグラインダーでカットします（切断用刃を使用）。高速カッターを使うと簡単にできます。切断の際は左右対称に。でないと振動が出ます。また短くし過ぎると、切れ味はよくても作業能率が悪くなります。適度なところでカットして下さい。

カットできたら、卓上グラインダーか、万力に固定してハンドグラインダーで刃を付けます。

このとき、刃の角度をあまり付けない（薄く鋭くし過ぎてしまう）と、切

図3-3　モアの回転刃と固定刃

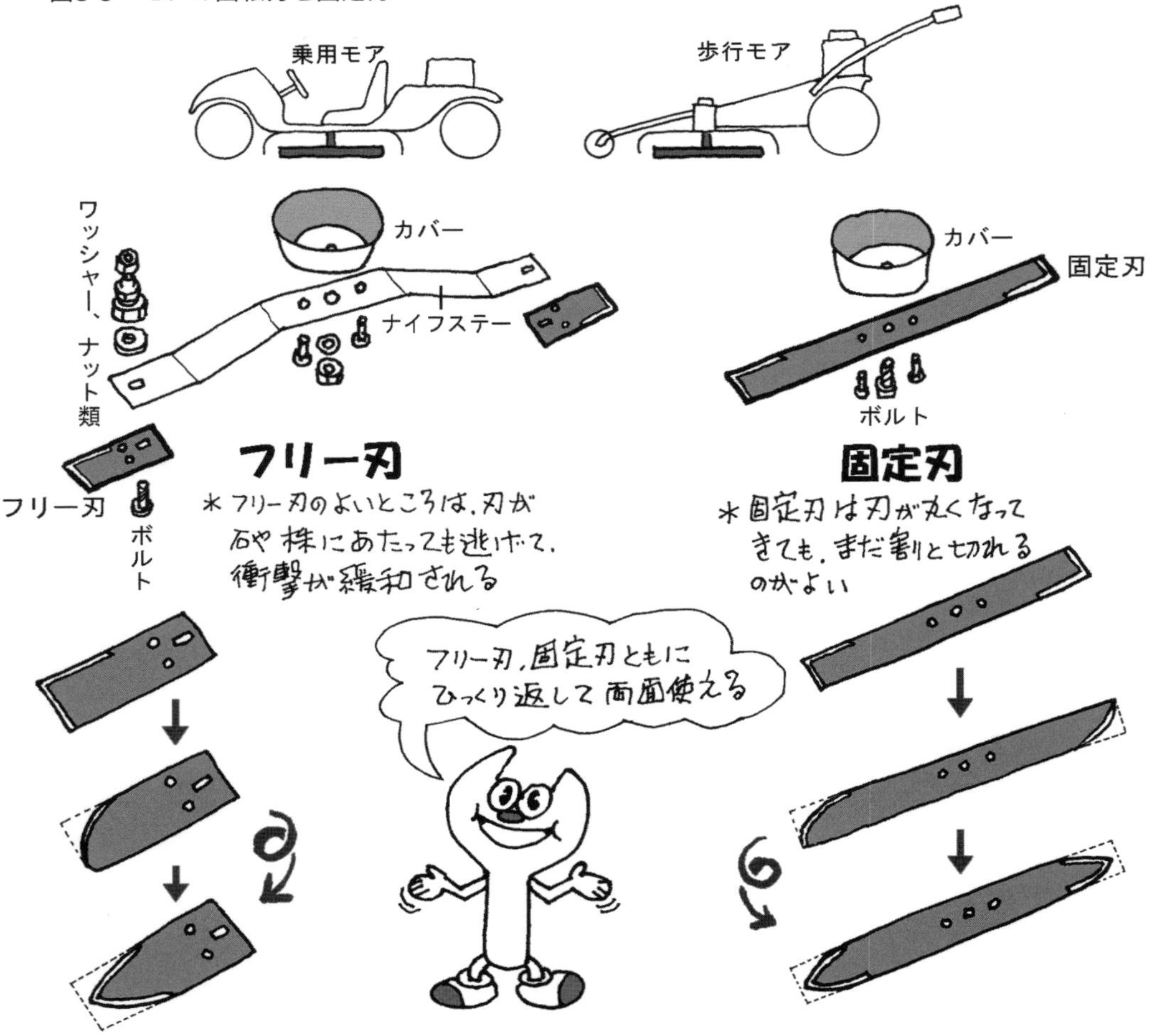

＊フリー刃は両面使い切ったら交換、研磨は難しい

＊固定刃は刃の出すのがコツ。ただし、刃幅の角度がなくなったら、先端は少しカットするので、草刈りの能率は悪くなる

＊両刃とも、刃を交換するときはボルトも取り替えること

れ味はよいものの耐久性がなく、すぐに刃が丸くなります。刃を上から見て幅一cm程度で、角度を付けると耐久性は出ます（角度があると刃幅が狭く、ゆるやかだと幅が大きくなる。写真3－47）。

フリー刃の場合は刃が短いので万力に挟み、固定して、ハンドグラインダーで研磨すると安全で確実です。

○刃の取り付け

刃の取り付けの際、取り付けボルトの頭（六角の部分）が擦り減っていたら交換します（写真3－48上）。

フリー刃の場合、地面側のボルトの頭が減りやすいので一八〇度反対側に取り付けるといいですが、安全のためにはボルトセット（写真3－48下）での交換を勧めます。作業中に回転する刃が取れて飛んでいくととても危険です。後のことを考えると安いものです。

16 高所作業台車

せん定、花摘み、摘果、袋かけ、収穫など、おもに果樹園の作業で欠かせない農機です。

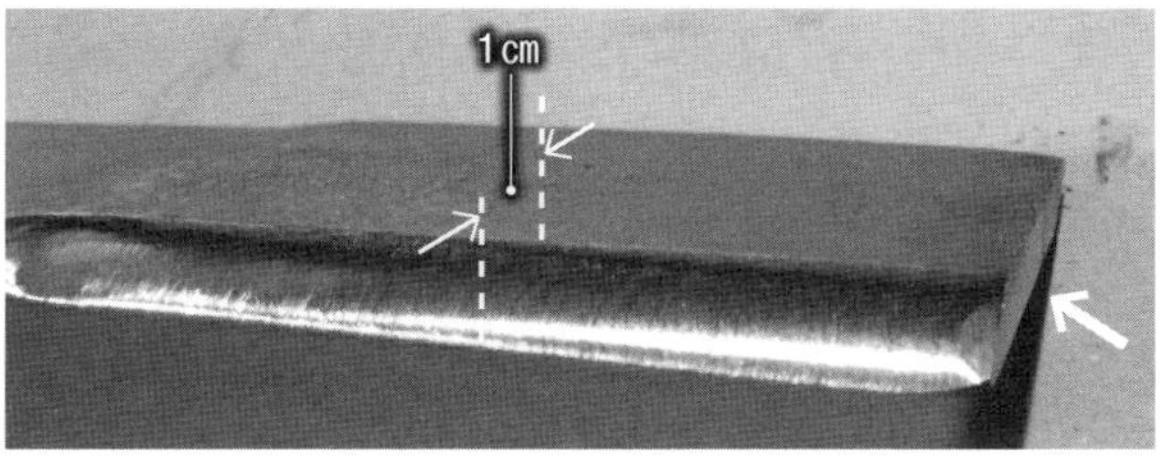

写真3-47　モア回転刃（板刃）の研ぎ出し
あまくなった先端部を若干落とし、1cm程度の幅で角度を付けながら研ぎ出すのがコツ

写真3-48　上は、モア回転刃（フリー刃）の消耗した刃。さすがにここまで使ったら交換。下は新品のフリー刃とボルトセット（左からボルト、カラー、ボルトガード、ナットが2個）

○ガタがきやすいバッテリーとセルモーター

農家は所定の位置にゴンドラやデッキが達するとエンジンを止め、ラジオを聴きながらひと作業。手が届く範囲の仕事を終えると、エンジンをかけ上下左右にゴンドラやデッキを動かし、またエンジンストップ。この繰り返しでダメージを受けるのが、台車のバッテリーとセルモーターです。どうしてもセルモーターを回す回数が多いのでバッテリーがなくなり、元気よくセルモーターが動かない。そのためエンジンの始動も悪くなります。

「五分くらい、エンジンかけておけばいいんじゃないの？」という人もいますが、車と違って農機単体のエンジンの発電量は微々たるもの。五分程度ではセルモーターで消費した電力をバッテリーに充電することはできません。三〇分ほどかけっぱなしにしてやっと充電できるかどうかなのです。

一〇分くらい停止するならエンジンは止める。二～三分でまた動かすならかけっぱなしのほうがいいです。

バッテリーもセルモーターの回し過ぎは、新しいものでも電気を消耗させます。一緒にセルモーターも消耗します。セルモーターを回すことによって内部にある給電ブラシが擦り減って電気を通さなくなり、セルモーター自体が回らなくなるのです。セルモーターのブラシ交換くらいなら修理代はたいしたことありませんが、ベアリング破損、モーター焼き付けなどになると高くつきます。第一、セルでエンジンを動かせなくなったら、いちいちリコイルスターターを引っ張って始動しなければなりません。

しかし、セルモーターの点検というのはなかなかやれません。何らかの症状が出なければ不調もわかりません。そこで対策としてはエンジンのかかりをよくしておくこと。少しの回転でかかるようにしておけばセルモーターへの負担も軽減されます。エンジンの点検・整備はこまめに行なうことを勧めます。また、セルモーターの回転が悪くなってきたらバッテリーの充電も。その際、バッテリー液も少ないようなら補充します。

写真3-49　ミッションケースシャフトの取り付け付近に力がかかり、割れやすい

○クローラの凍り付きから ミッションケース破損

もう一つ、ちょっとしたことで防げるトラブルもあります。

冬場のせん定作業。「今日も頑張るか！」とエンジン始動、目的の樹に向け動き出したとたん「パキン！」。

実際にはエンジンがかかっているので聞こえないはずですが、ふだんに比べてギヤの入りが悪かったり、オイルが漏れていたりと、何かおかしい。調べてみたらミッションケースが割れていた、というトラブルです。

このトラブルは冬場にありがちです。原因は、クローラが地面に凍り付いてしまっているのに気付かずそのまま動かし、過負荷をかけたため。その結果、一番弱いミッションケースシャフトの取り付け付近（写真3－49）に力がかかり、ケースが割れてしまったのです。クローラの接地面がすべて凍り付いてしまうので無理はありません。こうなるとミションケースの交換が必要で、莫大な修理代が発生します。

対策としては単純に、地面の上に直接クローラを置いて保管しないことです。作業が終わったらその場にシートをかけて置きっぱなしという方が大半ですが、地面とクローラの間に何かを敷くだけで違います。せん定枝を敷いてその上に作業台車を置くとか、軽トラックなどに乗せ下ろしをする際に使うブリッジ、またはコンパネなど、作業台車を地面から離して置いておけばクローラが凍り付くことはありません（42ページ、管理機・耕耘機の項参照）。

○作業前にはペダルの確認を

高所作業車は足元のペダル（フットペダル）で、ゴンドラを操作するのが一般的です。よくある事故としては、せん定クズなどが詰まって、ペダルが自由に動かなくなってしまうこと。ゴンドラの上昇が止まらなくなって枝にぶつかったり、危ないです。

こうした事故を防ぐには、作業を始める前にゴンドラの底のカバーを外して掃除するのが一番です。もしくは作業前にペダルを前後左右に動かしてみて、引っかかりがないか確かめるだけでもいいです（写真3－50）。

17 乾燥機

この機械も使うのは年に数日ですね。単純そうでじつは結構複雑で、しかも温度センサに風量センサ、乾燥機を壊さないための負荷センサなど、センサ電子基板がやたら多く使われている機械です。

乾燥には火力を使うので、点検整備が十分でないと火事になったり、そうでなくても乾燥に時間がかかったり、あるいは、籾は入れたけど乾燥できない、乾燥できても搬出できないなどのトラブルに見舞われます。乾燥できないとおコメは蒸れてダメになるは、次の収穫籾の搬入、籾摺りの作業が滞るは、こいつのトラブルの影響はとにかく大きい。また、作業終了後の清掃をしっかり行なわないと、ネズミが居着く。ネズミは乾燥機の天敵です。

乾燥機がワンシーズン順調に機能するかどうかは、事前の点検整備、清掃にかかってます。乾燥機でよくあるトラブルとその対策、各センサの役割などを紹介します。

走行クラッチレバー。踏むと作業車本体が動く。矢印の部分に油を注しておかないと、踏んだレバーが戻らず止まらなくなることもある

ゴンドラを操作するフットペダル。見えなくても中に枝などのゴミが詰まっていることがあるので、作業前に確認する

ゴンドラタイプの高所作業車（ブーム式）。他に広い作業台が上下するタイプ（デッキ式）などがある

ゴンドラの底のカバーを外した様子。ペダルの動きを本体に伝えるワイヤーケーブルなどがサビると動作に支障が出るので、油を注しておく

（赤松富仁撮影）

写真3-50　作業前に作業台のペダル、レバー、ケーブルの確認をして下さい

○毎年徹底してネズミ駆除

昨シーズン終了後の清掃はしっかりやったつもりでも、今シーズンが始まる前にもう一度、各清掃口を開きコンプレッサーでゴミを吹き飛ばしてみて下さい。

「あれ？　何か黒い米粒みたいなものが……」

そう、ご承知の通り、ネズミのフンです。またネズミのオシッコによるサビてるところは見付かりませんか？　最悪の場合、穴があいて部品を交換しなくてはなりません。

ネズミの巣を放置すれば、てきめんに詰まりが発生します。そのまま動かしてVベルトを切らしたり、搬送用のラセン（スクリューコンベア）などが曲がったりします。

また、ネズミはやたらかじりつきますが、配線類やベルトなどにガリガリかじった跡があるかもしれません。それが原因で乾燥機が動かないこともあります。

対策は、シーズン終了後の徹底的な掃除。乾燥機の周りも掃除してエサになるような籾は残さないようにします。ネズミ除けスプレー（おコメには影響しない）を吹き付けておきます。

図3-4　乾燥機（熱風タイプ）点検箇所3つ

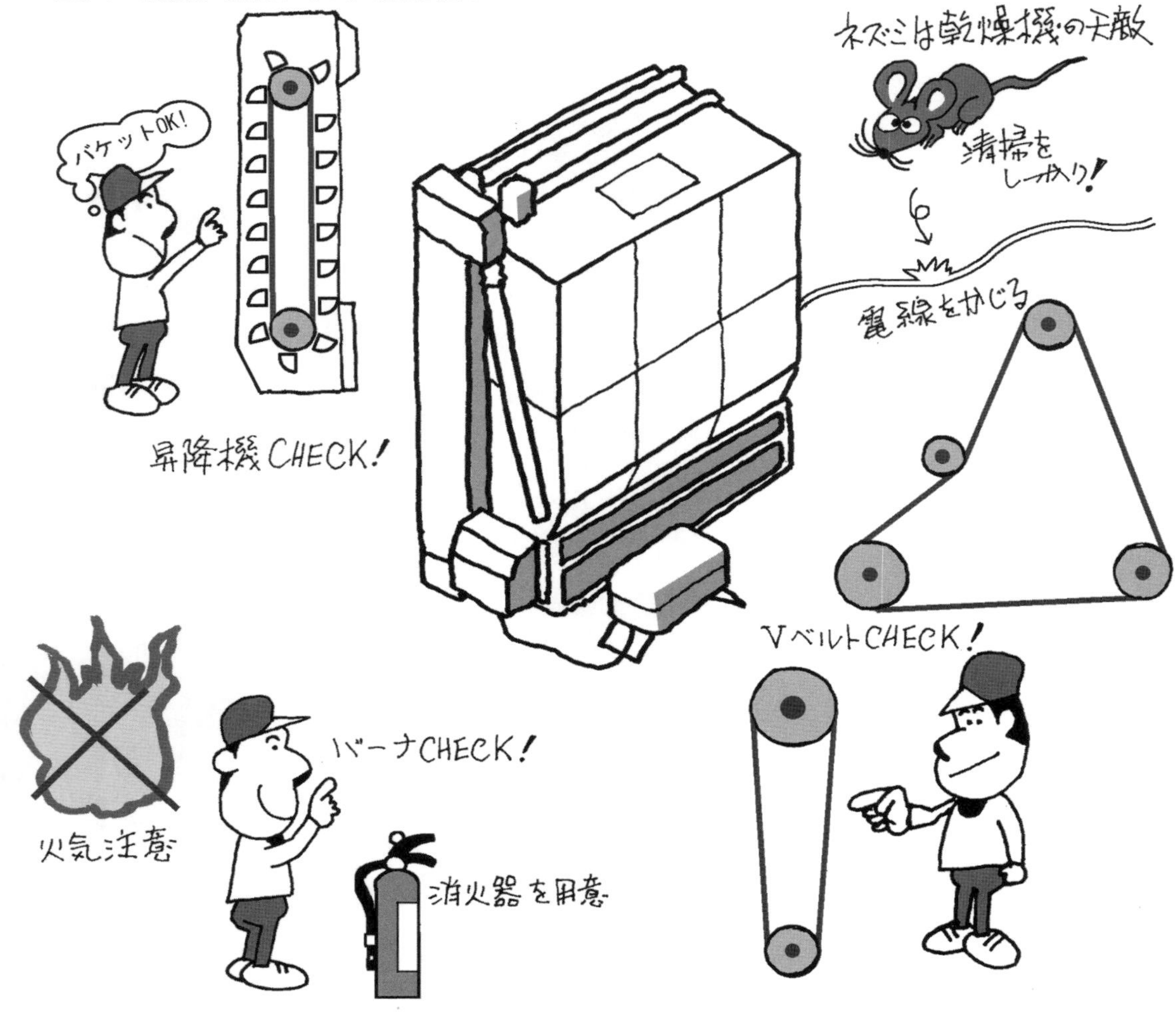

一本二〇〇〇～三〇〇〇円くらいです。エタノールとハッカ油を混ぜたものをスプレーするやり方もあります。配線類にもネズミが嫌がるトウガラシ入りのテープを巻いておいて下さい。ただし効き目は持続しないので定期的な巻き直しが必要。ネズミ捕りをいくつか仕掛けておくのも効果的です。

○作業前の点検箇所三つ

さて、今シーズンの掃除ができたら作業前の点検。とくに確認しておきたい箇所は、Vベルト、昇降機、バーナです。

Vベルトは機種によって異なりますが、一台の乾燥機に四～五本使われています。ファン、昇降機、搬送ラセン、シャッターなどカバーを外し、一本一本点検します。その際にテンションプーリも確認しておきます。プーリのベアリングやテンションの軸にガタがあるようならば、修理、交換します。

昇降機は平ベルトの張り具合とカップの消耗を点検します。

バーナの点検は、バーナを外して火をつけるのは非常に危険なのでプロの農機具屋さんにお任せして、次のようにします。操作ボタンの「乾燥」を押し、籾がない状態で空運転。この状態でバーナに火がついているか？ 火の状態はどうか？（最初はオレンジ、徐々に青くなる） ノズルから生の灯油が出てないか？ 灯油タンクからの配管に燃料漏れはしてないか？ などを見てもらい、不良箇所があれば修理、部品交換をします。火を取り扱うものなので十分な注意が必要です。消火器も用意しておきます。

○各センサの役割とチェック事項

これも機種によって異なり、一台でだいたい四～六個のセンサが使われていますが、それぞれ次のような働きをしています。

籾満量センサ　タンクに籾が満タンに入ったら知らせてくれるセンサで、不良になると籾をタンク内に入れ続けてしまい、籾の横送りや昇降機が詰まります。そうなったら手作業で籾を出さなければなりません。

風量センサ　機械後面のファンが何らかの原因で回らなかったり、空気の取り入れ口がふさがれたりすると、風量が減り、乾燥機内に熱がこもって火事になる可能性があります。このセンサが働けば乾燥機が止まり、警告ランプ等がつきます。

籾流れセンサ　だいたい上部の横送りに取り付けられ、籾が順調に流れているかを見ているセンサ。これが壊れると籾を横送りできないので昇降機で詰まりが発生します。

熱風温度センサ　バーナで温めた空気をファンで流す際にその温度を常時監視、異常に上がれば火災防止のため自動停止し、警告ランプが点灯します。

この他、センサではないですが、動きをモニター、あるいはコントロールしているものとして、次のものがあります。

自動水分計　籾の水分を測定し、事前に設定した数値にまで乾燥して、自動で停止させます。多少誤差が出ることがあるので、穀物水分計で再度測ります。使用年数にもよりますが、設定水分に誤差が多いようなら修理交換を勧めます。

バーナ　火がつかなくても仕事になりませんが、逆に異常燃焼しても困ります。そうならないようにサーモスタットが付いており、温度が上がり過ぎた場合には自動停止します。

乾燥機は長い時間火を使い、ホコリも多い。作業はだいたい夕方から朝方にかけてで、その間は人の監視も付きません。何かトラブルがあればおコメもダメにしてしまうし、大きな事故につながりかねません。監視センサその他の点検は、ぜひシーズン前にやっておいて下さい。

18 発電機

○燃料抜きが不十分で腐食

電気のない山や畑へ持っていって便利な機械ですが、使わないときは一年、二年もそのままということも。納屋から引っ張り出して燃料を入れ、リコイルスターターを引いてはみたものの、ウンともスンともいわない。

「おいおい、これじゃ仕事に行けないよ」というので軽トラに積み込み、私のところに持ち込まれた発電機。原因はキャブレター内の腐食でした。

どうしていたのか訊いてみると、タンクの燃料を抜いてコックを締め、エンジンをかけてあとは止まるまで放っておいてから納屋に収納した、とのこと。一見、正しいやり方のようですが、コックを締めエンジンが止まるまで放っておく、このやり方が落とし穴。「え！　いいんじゃないの?」って思っている方、じつは間違いです。「いやいや、でも、バインダや田植え機、ハーベスタなんか他も同じようにやってるけど何でもないよ」という人がいるかもしれませんが、それは保管場所、保管状態がたまたまよく、運がよかったにすぎません。

では、なぜコックを止めるやり方がダメか。端的にいえば、こうするとフロートタイプのキャブレターの構造上、燃料が残ってしまうからです。キャブレター内部にあるメインジェット（最初に燃料が吸われる穴）は、フロートカップの底からゴミや水を吸わないよう少し高い（一～二cm）位置に取り付けられています。このためメインジェットより下の燃料は吸われません。その残った燃料が腐食して各ジェット類を詰まらせることになります。長期保管する際には、キャブレター底やフロートカップに付いている燃料抜き用のネジを回して燃料を抜き（図3-1参照）、もう一度チョークを締め、エンジンを始動します。そしてエンジンが止まってから四～五回リコ

コラム

オーバーヒートの原因あれこれ

【ディーゼルエンジン】

ラジエターの目詰まり　ホコリまみれ、草まみれ、……農機具は過酷な条件で作業します。その中でトラクタやSSなどはエンジンを冷媒液（クーラント）で冷却しますが、この液はまたラジエターエンジンが回すファンで冷やされます。しかしラジエターのコアが目詰まりしているとうまく冷えず、オーバーヒートの原因になります。

ファンベルトのゆるみ　ラジエターの水を冷やすファン。扇風機の羽根のようなものです。このファンを動かしているのがファンベルト（Vベルト）です。これがゆるんでいるとファンが勢いよく回らず、うまく冷えません。ゆるいようなら調整します。

サーモスタット不良　冷却用の水をコントロールするのがこれ。エンジン内にあり目視で確認できませんが、ラジエターのキャップを開き、水が流れているかどうかで確認できます（確認できない機種もあり）。

冷えているときは水は流れず、温まってくるとサーモスタットが開き、水が流れ出す。エンジン修理の際、このサーモスタットを取ってしまうこともあるのですが、そうすると水が温まらず、エンジンも温まりにくくなって回転が上がりにくかったり、アイドリングが安定しなかったりします。

ウォーターポンプ不良　エンジンを冷やす水を循環させる部品。エンジンからラジエターへ、またエンジンへ。ファンベルトでポンプが回され水を動かすのですが、フィン（羽根）が減っていたり、ベルトがゆるんでいたりすると水を回さなくなります。

また、ファンベルトを強く張り過ぎるとウォーターポンプに負荷がかかり、水漏れやベアリングの破損につながります。適正な張り調整をして下さい。

水漏れ　ラジエターの腐食やウォーターポンプの破損による水漏れがあります。作業中に水が漏れ出したり、エンジンの下付近が濡れたり、またサブタンクに水（クーラント）が入ってない場合は、水漏れが疑われます。なお、真水をクーラント（不凍液）代わりに使っている農家がいますが、一時的にはよくても長期にわたると、エンジン内をサビさせたり、冬場には凍結してエンジンのブロックやラジエターを破損させたりする恐れがあります。クーラントにはサビ止め、冷却、不凍結などの効果があり、使う頻度次第ですが一度入れておけば五〜一〇年くらいはもちます。

【ガソリンエンジン】

冷却フィン詰まり　リコイルスターターのところにあるアミ、ここから冷却用の空気を吸い込み、エンジンブロックのフィンを通ってエンジンを冷やします。しかしホコリや草、ワラなどがアミに付着していると空気が入らなくなり、オーバーヒートしやすいです。とくに多いのはコンバイン、モア、ハーベスター、ワラ切りカッターなど、刈り取り作業を行なう機械は念入りに掃除します。

燃料が薄いとダメ　チェンソーや刈払い機などはキャブレターで燃料の調整ができ、回転を上げたり力を出したりできます。

高速（ハイニードルスクリュー）の調整は、エンジンの回転を全開にしておいて一番回転が上がったところから少し開いて回転を落とします。エンジン回転が一番上がったところ（ピーク時）で調整して作業をすると燃料が薄く、エンジンが焼き付くことがあります。とくに、燃料の中に潤滑用のオイルが入っている2サイクルエンジンの場合は調整で薄くすると、焼き付く可能性があるので注意が必要です。また、最近は排ガス規制の関係で回転数の調整ができない機械もあります。

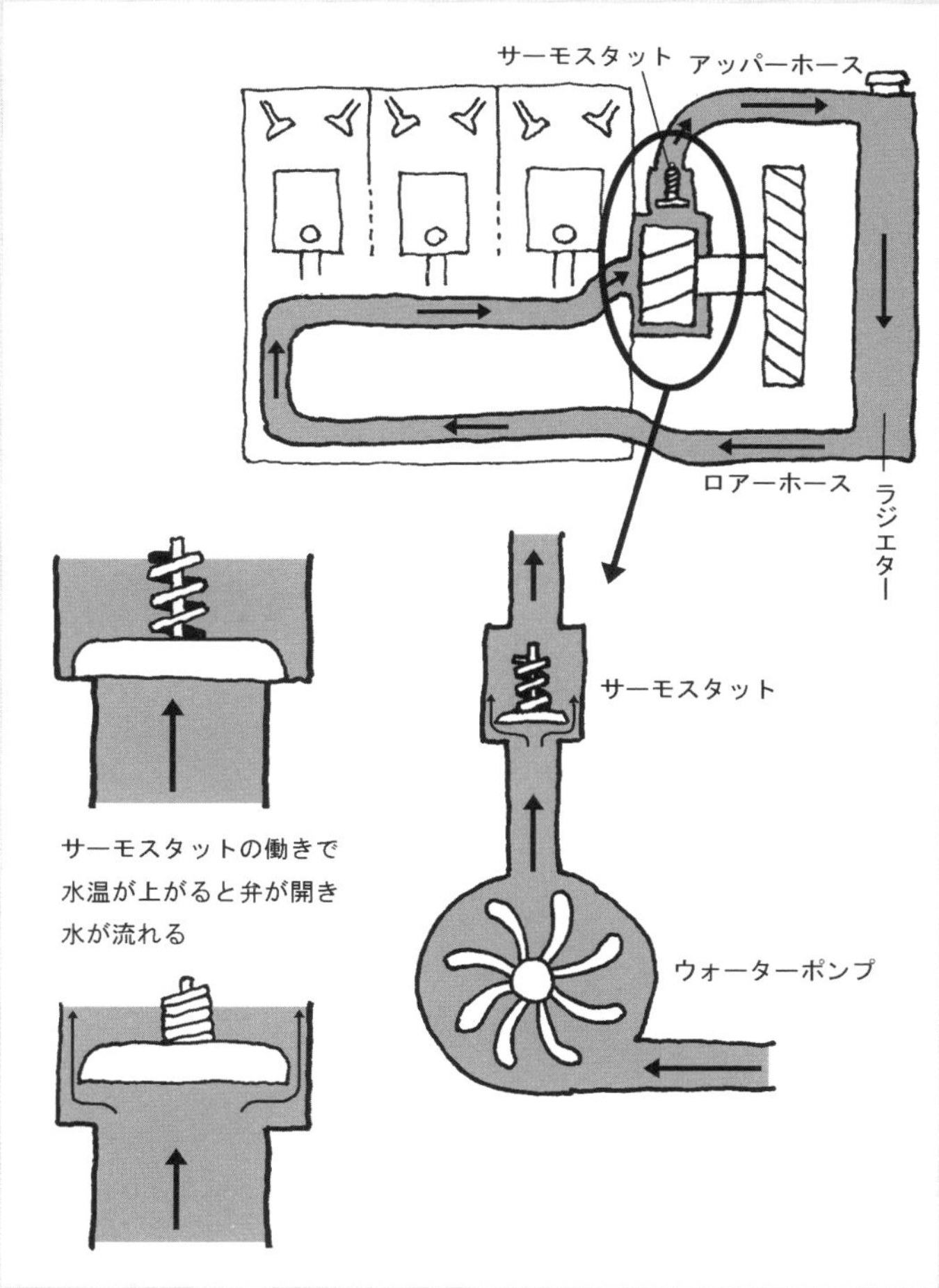

イルスターターを引き、キャブレター内のガソリンを完全に抜いておくようにして下さい。エンジンが冷えたのを確認したらカバーやシートをかぶせ、次回まで保管します。

○エンジンの焼き付け

これも結構多いのが、エンジンの焼き付けです。始動前にオイルの確認をしておけば済むことなのですが……。

原因で多いのは長時間の使用によるオイルの消耗です。発電機は電圧を確保するため高回転で長時間使用することが多く、使用中はなかなかエンジンを止めてオイルの点検ができません。しかしオイルが少なくなればエンジン内部を傷めてオイル消費をますます加速させ、使用中にエンジン停止、再始動しようとリコイルを引いても、引けないという状態になります。エンジンの焼き付けです。

対策としては使用前、使用後のオイルの点検、オイルが少なくなっているなら注ぎ足しではなく交換をします。そうしたほうが鉄粉、不純物が抜け、潤滑のよいオイルが入るので、エンジンのためにはいいです。

コラム

「バラす」のでなく「分解」で

私が新人だった頃は、「修理のやり方、技術は、先輩のを見て盗んで覚えろ！」なんてことをいう頑固親爺もまだいました。直接訊くことができないので、代わりにメーカーのサービスマンさんなどに教えてもらうなどして、中には「そんなことまで訊くの？」といわれるような、随分初歩的な質問もしたものです。

でも、こんな先輩もいました。ある農機の修理作業中に手伝いで私が、「これバラしときましょうか？」と訊いたときのことです。先輩は「バラすだって、バラすの意味を知っていっているのか！〝ころす〟だぞ。そんな言葉は使うな!! 俺たちは機械を修理して、直す立場の者なんだから」といわれ、「分解」といい直させられました。

確かに私たちは農機具を直すのであって、壊すわけではない。できる限りの修理をしてよい状態にして農家に戻すのが仕事。なるほどね。これ以来、私は「バラす」という言葉を使うのはやめ、「分解」というようになりました。

皆さんも農機を修理するときは「バラす」のじゃなくて「分解」して直すようにしてみて下さい。今よりうまくいくようになるかもしれません。

4章

農機別　トラブル前の部品交換編

農作業をしていて、「あれ？ なんかおかしい！」と思ったら放っておかないで、必ず点検して下さい。そのまま作業を続けて機械を壊してしまえば、修理に大金がかかるだけでなく、作業も計画通りにいかなくなります。

ここでは自分でできる部品交換、メンテナンスの実際を紹介していきます。「そんなのできない」なんていわず、ぜひ挑戦してみて下さい。「できる」やり方をお教えしますので。

1 キャブレターの分解、清掃

1章や3章でも見ましたが、エンジンアイドリング中に、エンジンの回転が波を打つ（エンジンの回転が安定しない）、また作業中に力が出ないのは、これはもう、たいがいキャブレターの不良が原因です。プラグ点検や燃料調整他、エンジン点検きほんのき、をやっても様子がおかしかったらオーバーホールし、問題のある部品は交換します。その際は、イネの苗箱に段ボールか新聞紙を敷いて、その中で作業をすると部品がなくなる心配がありません。

例えば2サイクルも4サイクルも同じですが、キャブレターの前後に入っているガスケット（パッキン）、これを入れ忘れると、そこから空気を吸い込んでしまい、エンジンが始動しても回転が不安定だったり、力が出なかったりします。なくしたり、順番を間違えたりしないよう、外す際もよく気を付けて下さい。

では、やってみましょう。まず2サイクル、刈払い機のエンジン、ダイヤフラムタイプのキャブレターの場合から。

○2サイクルエンジンのダイヤフラムタイプ

①キャブレターを刈払い機のエンジンから取り外す。

②キャブレターの下側、プライミングポンプの側からネジを外し、順に分解していく（写真4－1）。部品は、イネの苗箱などに分解した順に並べておくとわかりやすいし、なくさなくてよい。またガスケット（パッキン）を取り外す際は、破らないように気を付けて下さい。

③メータリングダイヤフラム、ポンプダイヤフラムは硬くなってないか確認。硬くなっていたら交換。一時的な応急処置としては、ダイヤフラムをキャブレタークリーナーに浸けて指でモミモミ軟らかくなるまでほぐします。破れないように注意。破れたらアウト、交換になります。

④キャブレター本体は、キャブレタークリーナーを使い、通気口、燃料の通り道を清掃、コンプレッサーがあればエアーガンで吹いて飛ばす。パーツクリーナーで洗い流せば最高です。

⑤清掃ができたら、分解した逆の順に組み立てていく。その際、パッキンの順番と向きを間違えないように（写真4－2）。

では次に、フロートタイプのキャブレターの場合。4サイクルエンジンも、フロートバルブの調整などで直らない場合は、分解、清掃します。

○4サイクルエンジンのフロートタイプ

まず、キャブレター周辺の邪魔なものから外します。エアークリーナー、

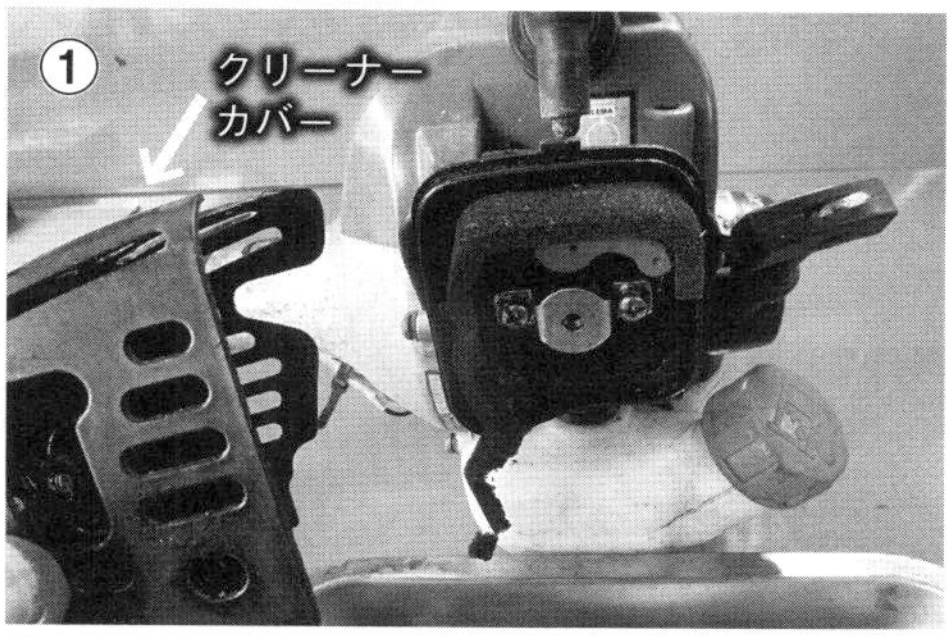

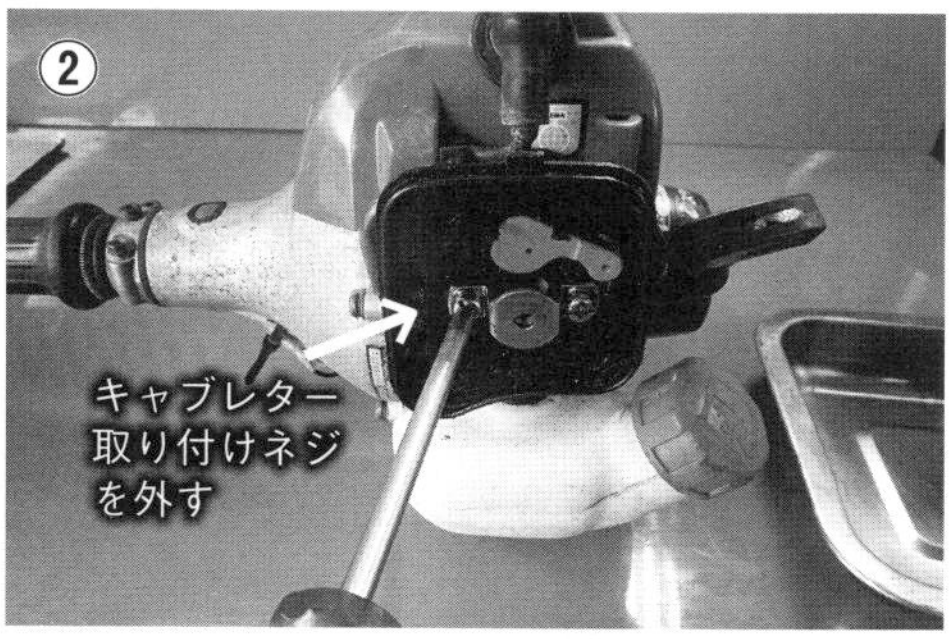

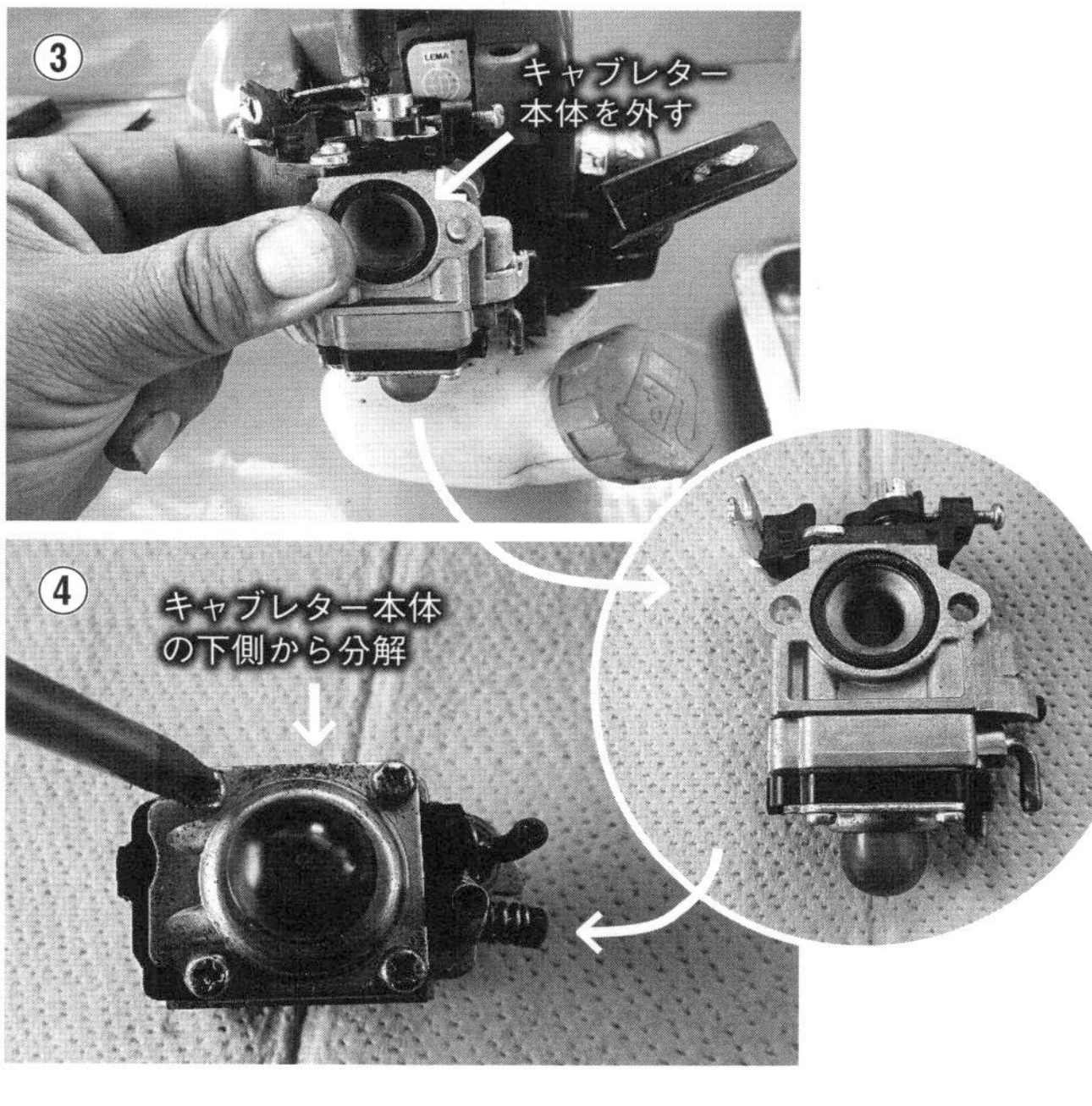

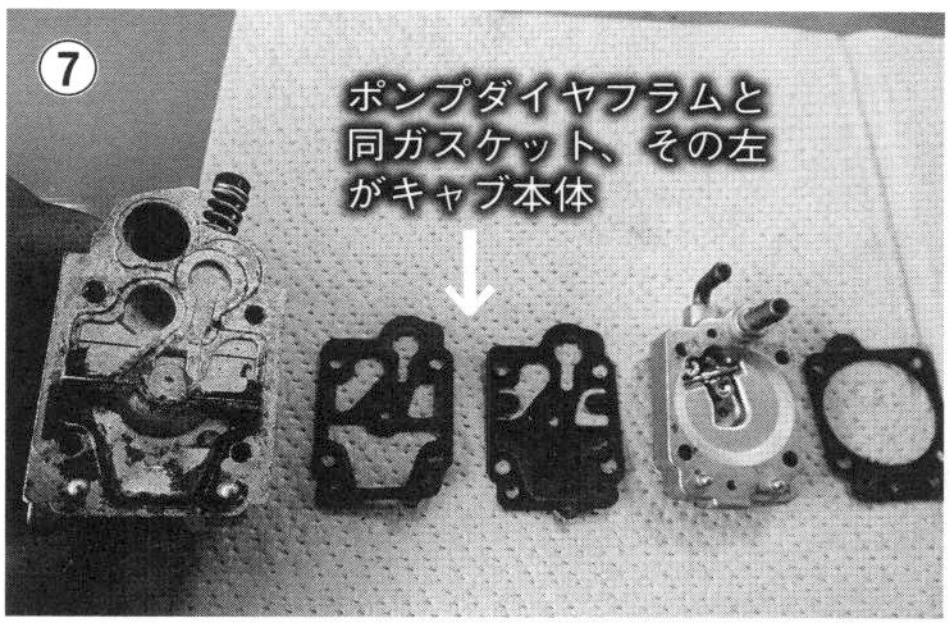

写真4-1　ダイヤフラム式キャブレター（刈払い機）の分解・清掃手順
クリーナーカバーを外し（①）、取り付けネジを回してキャブレターを取り出す（②、③）。キャブレターの下側から（④）ネジを外して分解していく。順にプライミングポンプカバー、プライミングポンプ（⑤）、エアーパージボディ、メータリングダイヤフラム、同ガスケット、ポンプボディ（⑥）、ポンプダイヤフラム、同ガスケット（⑦）と外していく

燃料ホース、……燃料タンクも邪魔だったら外しちゃいます。次にキャブレター本体を外しますが、まずエンジンに取り付けられている二本のネジを取り、次いでスロットルバルブを開閉するロット（棒）とスプリングを外せば、比較的簡単に外れます（以下、写真4ー3参照）。

ここからキャブレターの分解清掃になりますが、2サイクルのときと同様、田植え機の苗箱に新聞紙を敷き、その中で行なうようにします。それでは始めましょう。

①キャブレター下のフロートカップのネジを外し、カップを外す。カップの中にゴミ、水などが入ってないかを確認します。

②キャブレタークリーナーを吹きかけ、カップ内を清掃。中にある

フロート（うき）、フロートバルブ（うきに付いている燃料を止めるハリ）をノズルプライヤーで外し、一緒にキャブレタークリーナーに浸けておく。

③キャブレター本体に付いている各燃料ジェット（燃料が適量送られるようにする穴、取り外し可能なものとそうでないものがあり）にキャブレタークリーナーを吹き付け、細かな穴が詰まっていないかを見る。腐食などで詰まっているようなら細い針金やワイヤーの切れっぱし、荷札の針金などで突いて詰まりを解消。やりにくかったら各ジェットをマイナスドライバーで外して、清掃して下さい。

④ここで一緒にフロートバルブもきれいにしておきます。

燃料が漏れる原因の多くは、フロートバルブの先端にゴミが詰まったり、腐食によって気密性が悪くなって燃料が止まらなくなるから。フロートバルブが入るとこ

写真4-2　ダイヤフラム式キャブレターの分解・清掃手順（続き）
キャブレターボディー（①～④）、ポンプボディ（⑤、⑥）にキャブレタークリーナー、パーツクリーナーをかけ、綿棒、ブラシを使ってきれいにする。燃料の通り道にはノズルをあててクリーナーをスプレー（④）、ニードルバルブも外して掃除する（⑥）。清掃ができたら分解した順の逆に組み立てていく。今回は新しいポンプダイヤフラムガスケット、ポンプダイヤフラムを取り付け（⑦、⑧）。この順番は間違えないように注意。次にポンプボディを付け、こちらも新しいメータリングダイヤフラムガスケット、メータリングダイヤフラム（⑨）を取り付ける。続けて、エアパージボディ（⑩）、プライミングポンプ、ポンプカバー（⑪）を取り付け、ネジで締めて終了（⑫）

写真4-3　管理機エンジン不調でキャブレターの分解清掃
（88ページまで続く）

キャブレター取り外し

エアーエレメントとキャブレターを取り付けている長ネジ2本をゆるめて外す

エアーエレメントを外し、キャブレターに付いている燃料ホース、スロットルバルブを開閉させるロットとスプリングを外す

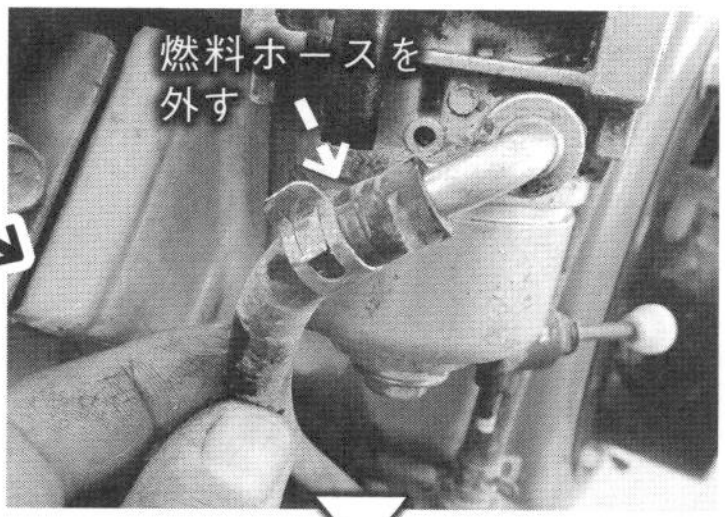

キャブレターとエンジン本体の間に付いているパッキン、インシュレーター、もう1つのパッキンをなくさないよう、また取り付けの際に順番を間違わないように注意する

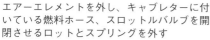

◉まずフロートカップを外す

キャブレターのフロートカップを外す際は、元の位置を間違えないようマイナスドライバーなどで印を付けておく

またフロートカップ底のボルトを外す際は、パッキンもしくはオーリングをなくさないように注意する

◉フロートカップを外す

◉フロートバルブを外す

フロートカップをとるとフロートが出てくるので、バルブと一緒に外す

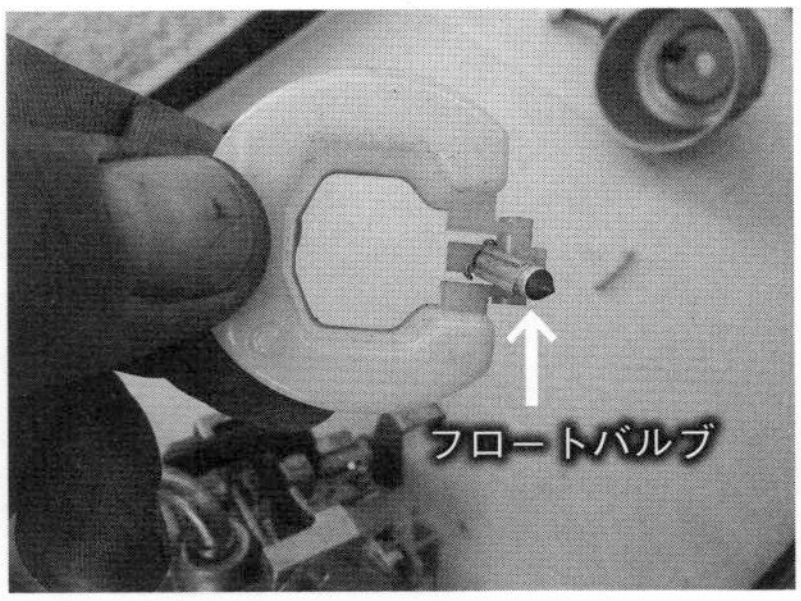

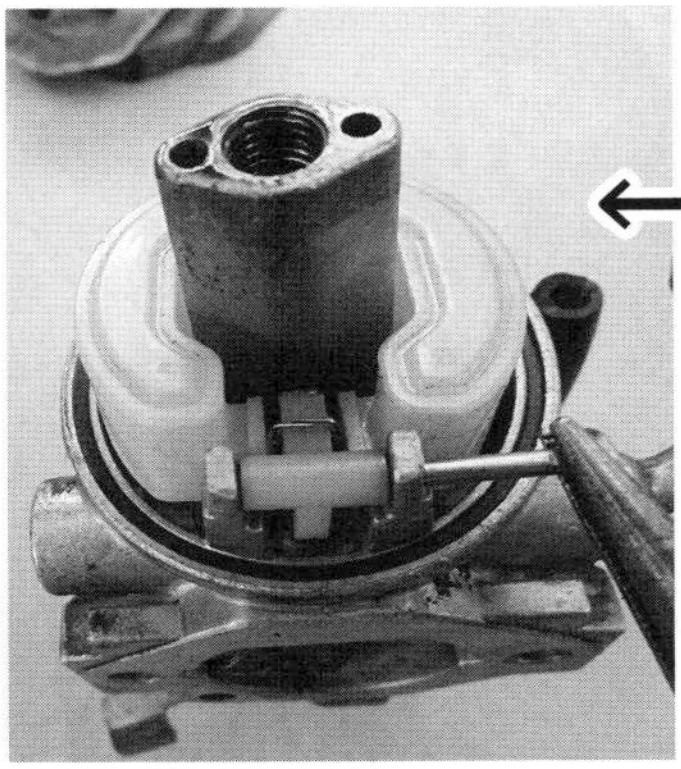

フロートを外すとボディ中の燃料汚れが目に付く。これをきれいにしていく

◉メインジェット、メインノズルを外す

煙突のように立っているボディからプライヤーとマイナスドライバーを使って外す

外した部品を並べた様子

左からボディ、アジャストスクリュー、スロージェット、メインノズル、同ジェット、フロートとフロートバルブ、カップ、同パッキンとボルト。上はボディとエンジン本体との間に付いているパッキンとインシュレーター

◉スロージェット、アジャストスクリューを外す

キャブレター部品洗浄

◉洗浄

外した各部品をフロートカップの中に入れ、キャブレタークリーナーを吹き付けて洗う

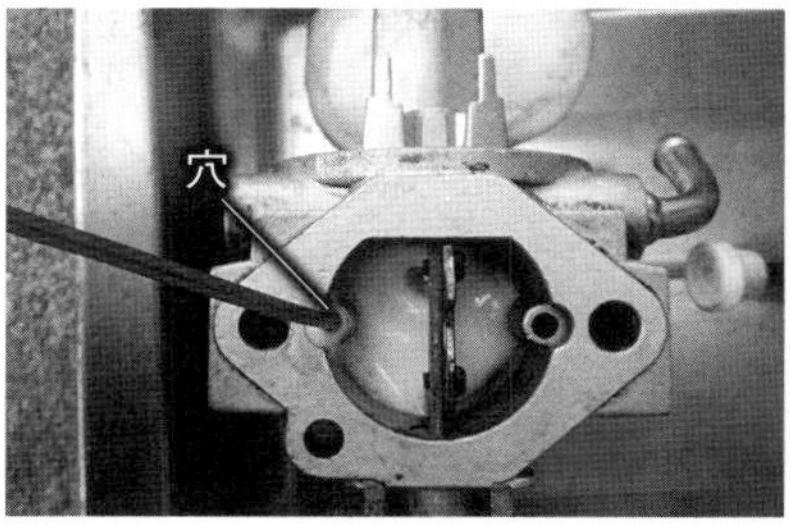

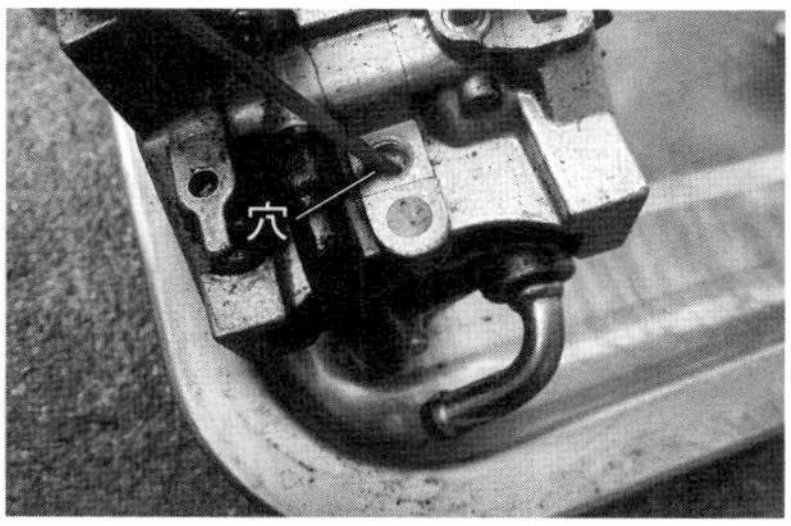

◉穴と綿棒

キャブレターの穴という穴にキャブレタークリーナーを吹き込み、徹底的に掃除する。またフロートバルブが入るところは綿棒で汚れをきれいに拭きとっておく

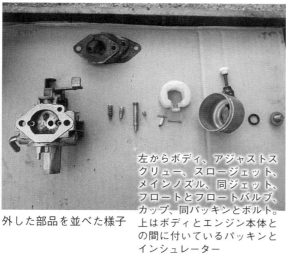

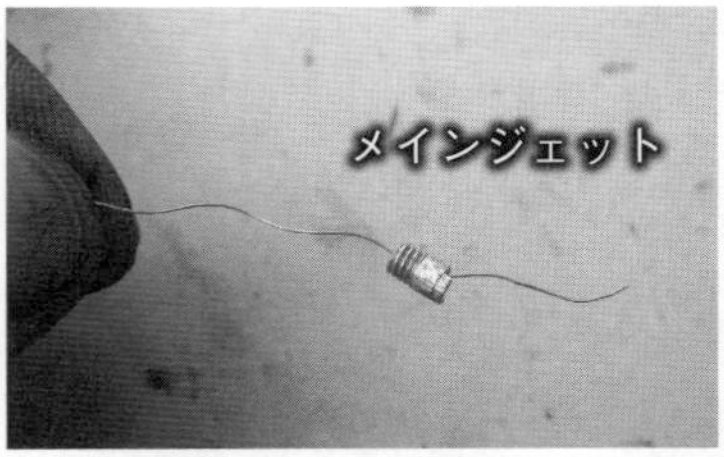

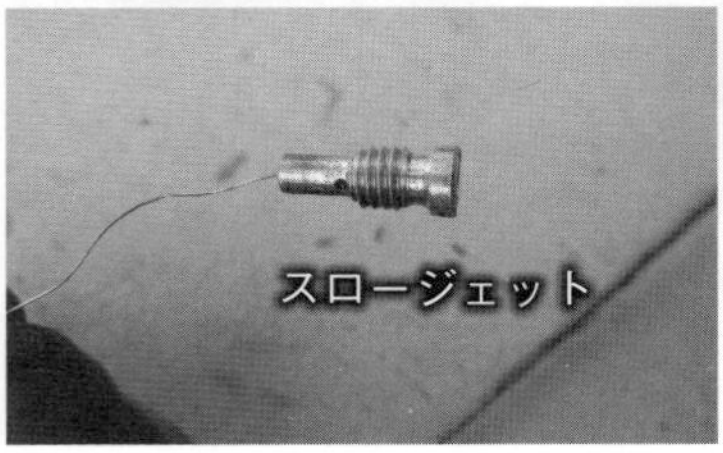

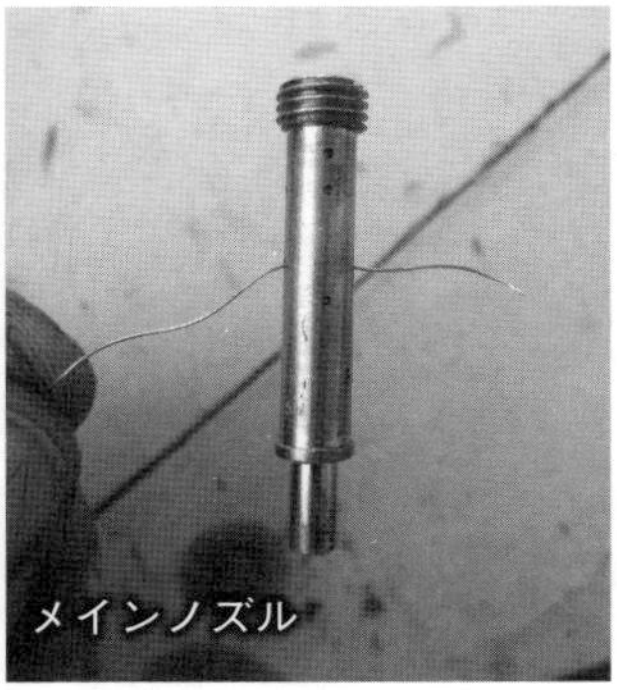

◉ワイヤーで掃除
メインジェット、メインノズル、スロージェットの小さな穴はワイヤーの切れ端で突いて掃除

◉外装もきれいに

キャブレター本体の外装も清掃（上）。その後パーツクリーナーで汚れを落とし（下）、エアーガンで吹き飛ばせばきれいになる

キャブレター組み立て

清掃してきれいになったバルブ。先端のゴムに使用痕などが残っていたら交換

◉まずフロートの動きを確認
バルブをフロートに取り付け、フロートの動きを確認する

ボディを逆さにして（上）フロートが平らに、正置して（下）傾いた状態になればOK。正しい位置にこない場合は、バルブにゴミがまだ詰まっている可能性がある。もう一度洗浄する

◉フロートカップの取り付け位置の確認
メインジェット、メインノズル、スロージェット、アジャストスクリュー、カップなど外した部品を順に組み立てていく

これでキャブレターの分解清掃完了！　あとは外した逆の順に管理機エンジンに取り付けていけばよい。その際にパッキンが落ちないよう注意してね！

ろにキャブレタークリーナーをしっかり吹き付け、綿棒でクルクル。これを二～三回繰り返せばきれいになります。

　腐食やサビがひどい場合は、ビニール袋に入れてキャブレタークリーナーを吹きかけ、袋の口を締めて数時間、もしくはひと晩寝かすとほぼきれいになります（写真4-4）。このときゴム類、パッキン類は外しておかないと伸びてしまうので、注意。最後にパーツクリーナーやエアーコンプレッサーでもう一度掃除すると効果的です。

写真4-4　キャブレターをビニール袋に入れキャブクリーナーに浸け込み、清掃。クリーナー液は1回で捨てるのは勿体ないので、ガラス瓶に入れ、何度か浸け込むとよい

⑤組み立ては分解した通り、逆にやっていけばいいわけですが、外した部品を順番に置いておくとよいかもしれません。

　キャブレターの調整は機種によって違いますが、基本はキャブレターの調整ネジのところで述べた通り（34ページ参照）、アジャストスクリューはいっぱいに締め込んで一回転半戻す。機械の状態や使う条件によっても違うので少しずつ調整してみて下さい。

2 ワイヤーの注油、調整

　農機具の操作、作動のほとんどはワイヤーで行ないますが、こんなことがありました。

　ある農家が管理機で作業中、クラッチを切って止まろうとしたところ、切れずに機械が動いていってしまう。左右のサイドクラッチを握ったり、主変速をニュートラルにしたり、ストップスイッチを押したりして、何とか止めることはできたものの、「あせったよ」とのこと。原因はワイヤーのサビつきでした。交換が必要となり、在庫がなかったので一～二日待ってもらいましたが、その間、作業は中断です。できれば、こうなる前にこまめな注油、調整をしておけばよかった……。

　また、サビついて動かなくなったワイヤーでも動くようになる注油法があります（図4-1）。

　サビついたワイヤーを機械から外して、その先端部分を、角を小さく切ったビニール袋の中に差し込み、輪ゴムかテープで固定します。そして、ビニール袋の大きく開いている口から潤滑スプレー（KURE CRC5-56）をワイヤー先端の二～三cm上まで吹き込み、高いところに吊るしておきます（写真4-5）。ひと晩置いてワイヤーの反対側から潤滑スプレーの油がにじみ出てきていればOK！　ワイヤーを持ってアウターチューブを動かし、サビが出てきたり、チューブが軽く動くようであれば機械に取り付けて、調整します。

　調整はアジャスタースクリュー（調整ネジ）でやります。ネジのスクリューをゆるめていくとワイヤーの遊びがなくなり、ベルトなどはしっかり張れますが、クラッチが切れなくて機械が動きっぱなしになったり、またベルトの張り過ぎは寿命を短くしま

写真4-5　ビニール袋の中に潤滑油を入れる

図4-1　サビついたワイヤーのメンテナンスの仕方

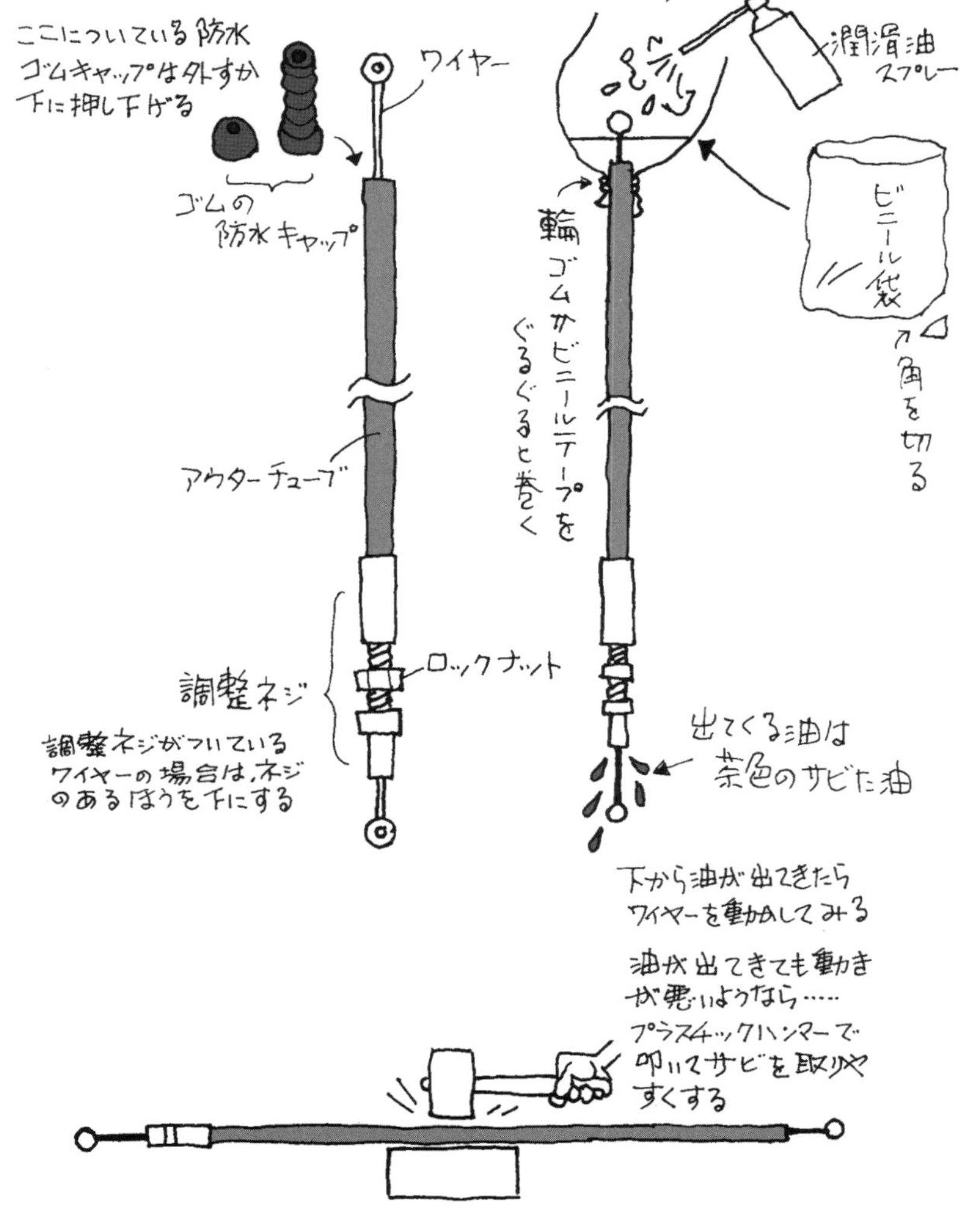

す。それぞれのワイヤーにかなったバランスがありますので、その範囲で取り扱い説明書などを参考に調整して下さい。サイドクラッチなどのミッションや、ギヤを操作するワイヤーは若干の遊びをもたせて調整するとよいです（図4－2、写真4－6）。

3 オイルシールの交換

「あれれ？　管理機の軸からオイルが漏れてるよ……」

　見ると、ロータリの爪軸に草やらビニールヒモやらが巻き付いてオイルシールが壊れ、そこからミッションのオイルが漏れてきているのでした。

「オイルシールの交換は自分じゃ無理、無理」なんていわないで、簡単な機械から挑戦してみて下さい。例えば、爪軸タイプの管理機は案外簡単にできます。

○塩ビパイプを使った簡単圧入法

　まず、管理機のハンドルを杭など安定したところに引っかけ、片側の爪軸を浮かせます。次に、爪を軸から外し、ケースカバーも外します。この時点でオイルシールが見えてきます（写真4－7）。

　オイルシールを外す前に泥や汚れを落とします。きれいになったら、細めのマイナスドライバーとハンマーを使い、オイルシールを抜き取ります。このとき、ミッションケースは極力傷を付けないように注意して下さい。オイルシールが外せたら新しいものと交換。オイルシールが入るところはきれいにして、グリスも塗っておきます。取り付けるオイルシールにもグリスを塗って下さい（写真

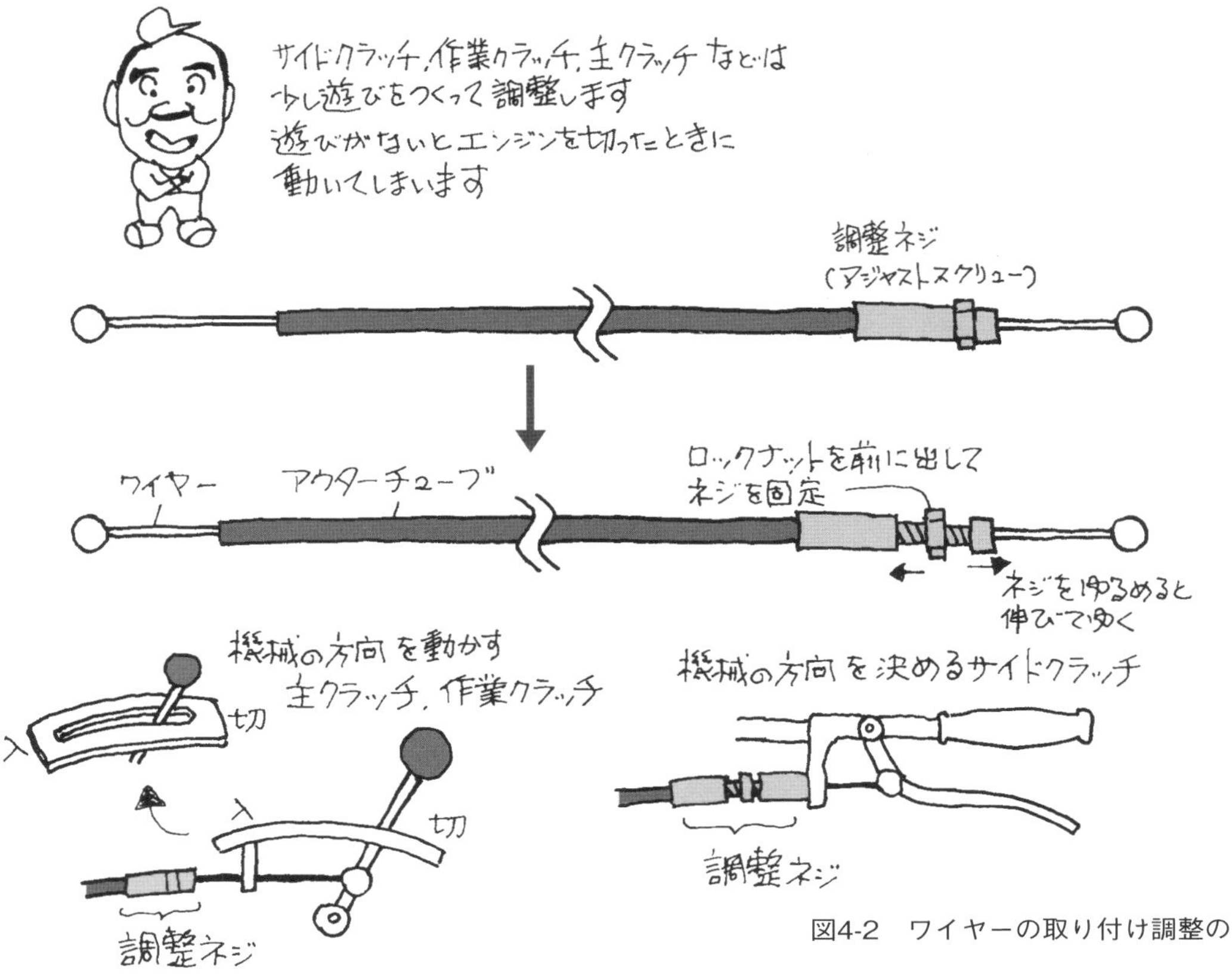

図4-2　ワイヤーの取り付け調整の注意点

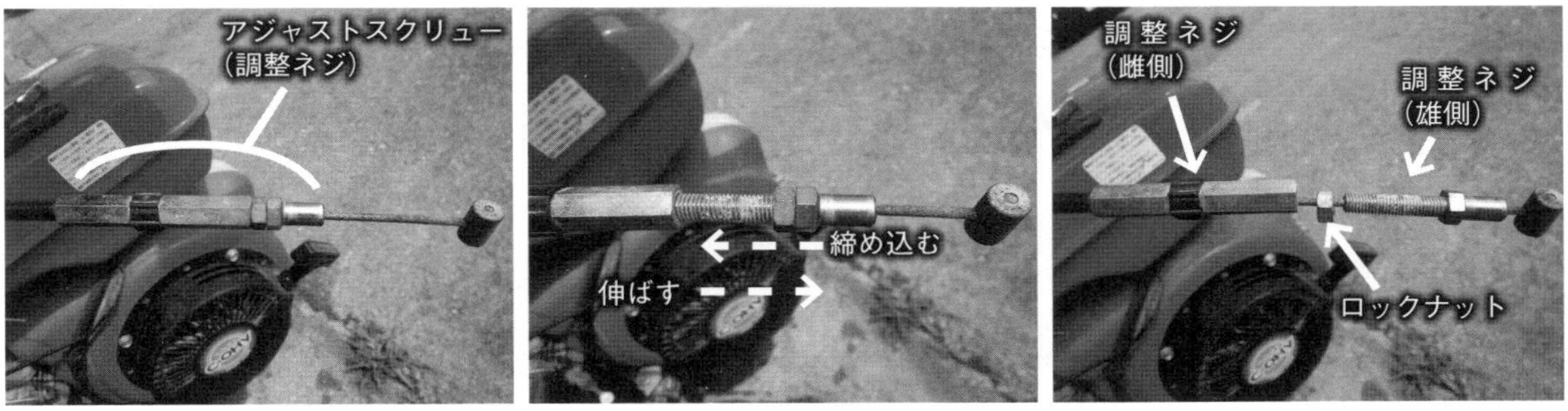

写真4-6　サイドクラッチのワイヤー例（クボタ管理機）
左；調整ネジをいっぱいに締めた状態（ワイヤー取り付け時）、中；調整ネジを締め込んでいくとレバーの遊びは増える。逆に伸ばしていくとレバーの遊びは少なくなる、右；調整ネジの3つのパート

4-8）。

　オイルシールの取り付けに便利なのは、オイルシールの外径と軸に合った塩ビパイプ。これで叩き込めば（叩き過ぎは禁物ですが）オイルシールが傷付かない。また、写真4-9のような工具をつくってもいいです。塩ビパイプか単管パイプを一五cmくらいに切り、幅一～二cmほど縦に切り込みを入れてC字形のパイプにします。ホースバンドを使えば、シールやベアリングなどを入れる外径の微調整が可能で（図4-3）、うまく調整すればぴったり合い圧入しやすくなります。ぜひ一つ自作してみて下さい。

　オイルシールが左右交換できたらギヤオイルを入れて動かし、オイル漏れがないかを確認して終了です。どうでしょう、難しくないでしょう？「オイルシールの交換は農機具屋さんの仕事」と決めつけないで、挑戦してみて下さい。

　なお、オイルシールそのものは行きつけの農機具屋さんに、メーカー、型式をいって発注してもらって下さい。

写真4-7　オイルシールの破損と交換
管理機（左、ネギ専用タイプ）の爪軸からオイル漏れ。見てみると、ビニールヒモやワラなどが巻き付いている。おかげでオイルシールが破損、ミッションオイルが、漏れ出して……。
これは汚れを落として交換。細めのマイナスドライバーを使い、抜き取る。このときミッションケースには傷を付けないよう、要注意

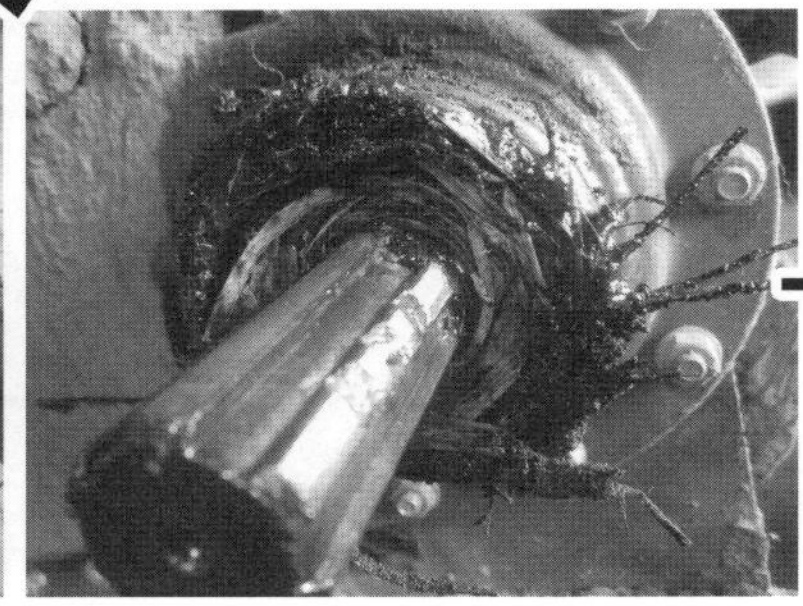

図4-3　オイルシール交換用具

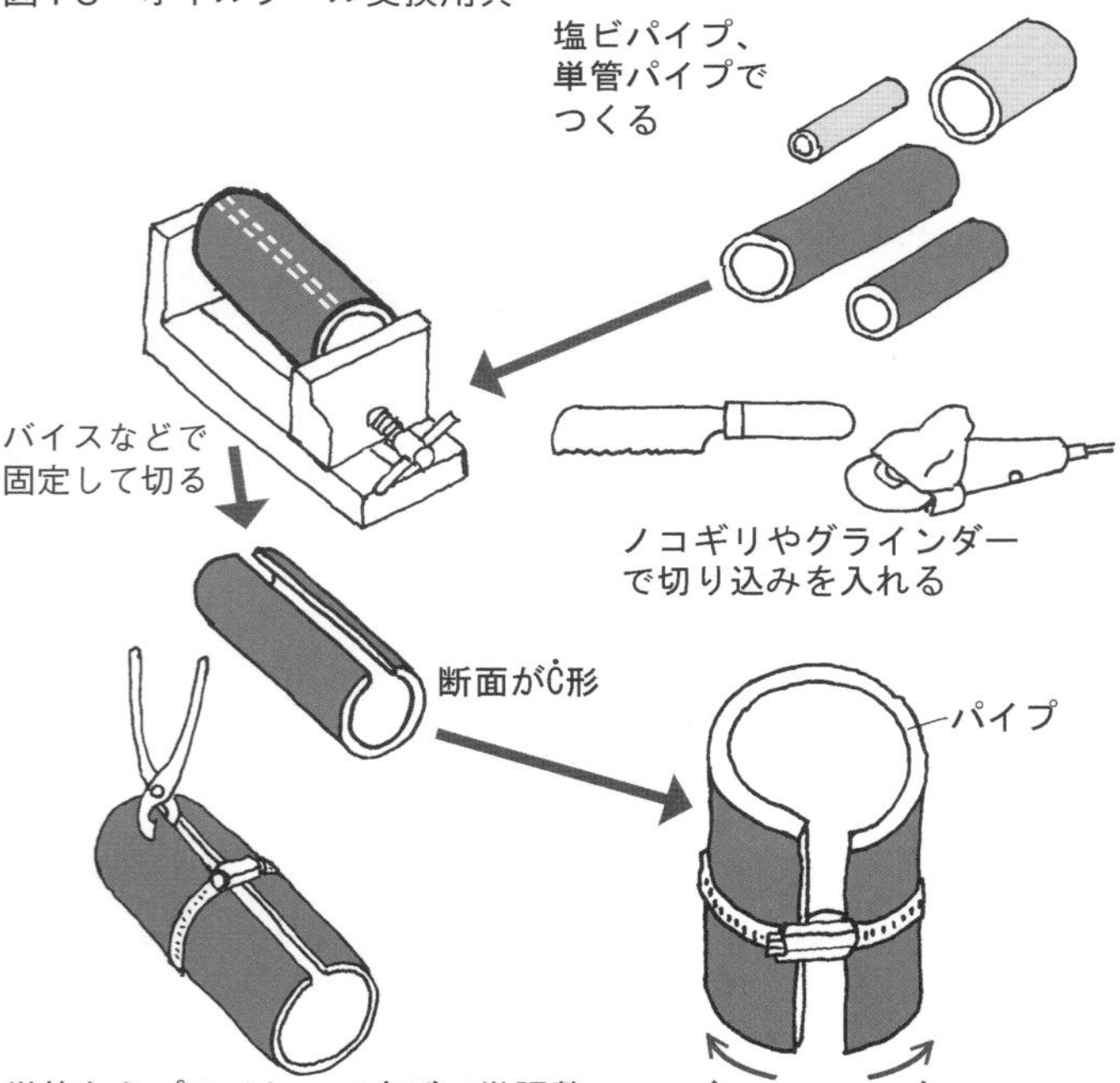
単管ならプライヤーで広げて微調整
（塩ビはできない）
ホースバンドで径の調整

写真4-8　取り付け先や新品のオイルシールにもグリスを塗る

写真4-9　塩ビ管や単管パイプを切ってつくるシール取り付け用の工具（左図参照）

図4-4　Vベルトの調整

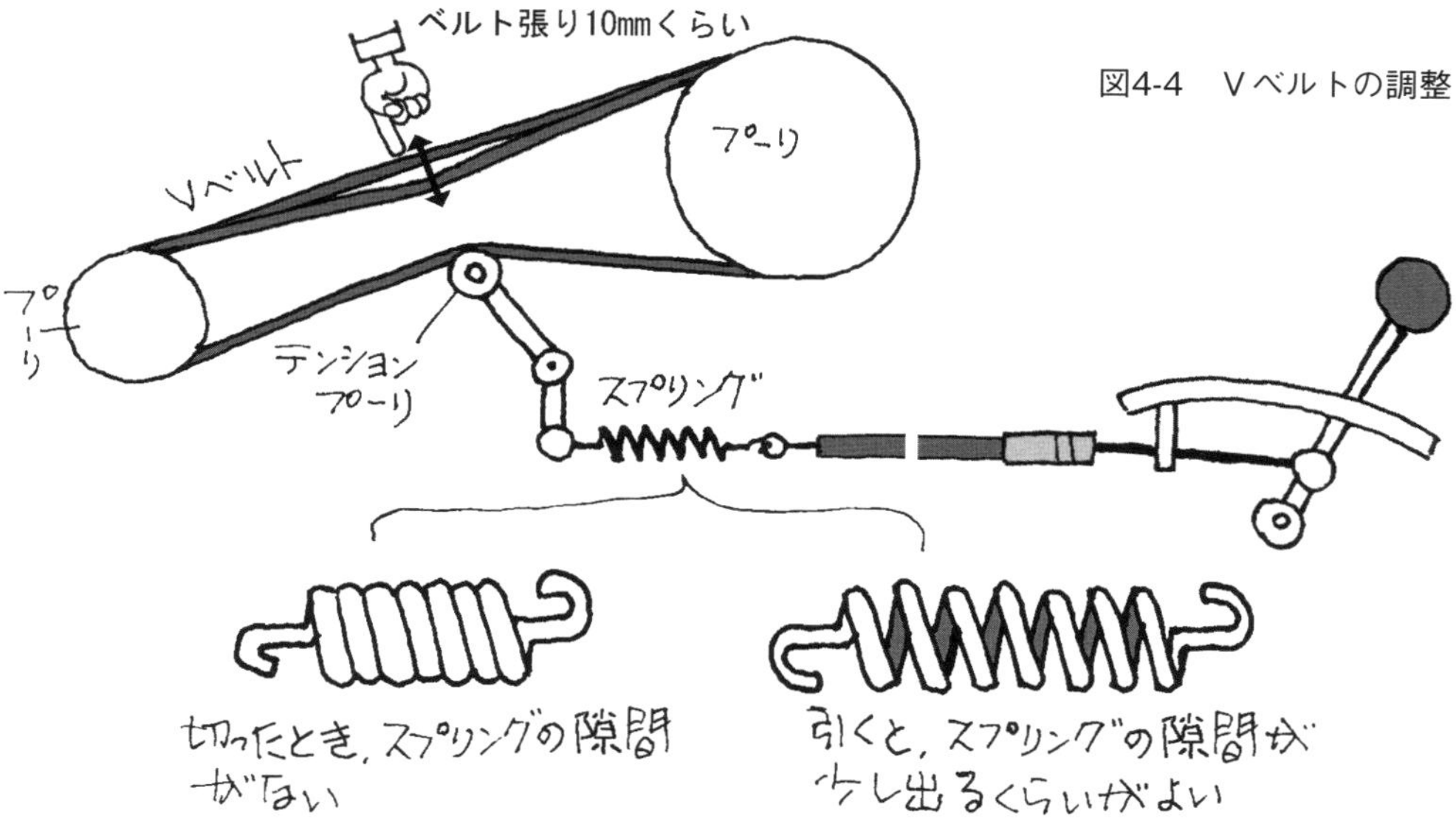

スプリングで張るタイプでは、レバーを「入」にしたときスプリングの隙間が少し開くくらいに調整します

4 Vベルト交換、調整

農機具の動力を伝えるのに一番使われているVベルト。Vベルトは消耗品で伸びたり減ったり、ときには切れたり。たいがい作業中におこります。そうなると作業は中断、農機具屋を呼んでもなかなかこない。だったら、自分で取りに行って自分で交換。やってみましょう。

①エンジンを停止してから安全カバーとベルト押さえを外します。

②テンションのワイヤーをゆるめ、Vベルトを脱着しやすくします。Vベルトが外れたらサイズを確認。Vベルトの内側と外側にサイズが書いてあります。削れて見えなくなっていることもあるので、そんなときは古いVベルトを持って行き、現物合わせをして確認してきます（囲み参照）。Vベルトが用意できたら早速取り付けをします。

③取り付けは小さなプーリ側から入れ、大きなプーリ側は後から入れると入りやすいです。どうしても入らない場合は、動力側のプーリにVベルトを入れ、作動側のプーリに引っかけてリコイルスターターをゆっくり引き、Vベルトを回し入れていくと入りやすくなります。

④Vベルトが入ったら、次は調整です。スプリングで張るタイプのものはスプリングが少し開くくらいに（図4－4）、ワイヤーで調整

Vベルトサイズの出し方

ベルトが切れてどこかへ行ってしまったり、あっても印字がすれてよく見えなかったりした場合のVベルトのサイズは、次のように求めます。Vベルトがかかっていたプーリにロープを通し、その全長を測ります（cm）。Vベルトはインチ表示なので、二・五四でそれを割ればサイズが出ます。

例えば、全長が一三〇cmなら五一・一八……、サイズは五一です（有効ピッチ周長さ五一インチ）。これにA、B、C等六タイプある形（ベルト幅・高さの形状）から品番を指定して購入して下さい。

するタイプはワイヤーに付いているアジャストスクリューで調整します。ワイヤーの取り付け位置をレバーから遠くするか近くするかで張り具合が変わりますので、やってみて下さい。

⑤最後に、エンジンを始動してクラッチを切った状態でVベルトが回らなければOK　安全カバーを付けて作業完了！　です。

調整は機種によって違うので、詳しくは取り扱い説明書を見るか、近くの農機具屋さんに訊ねて下さい。

5 オイル点検、交換

○エンジンオイル点検は作業前に必ず

どんな農機具にも必ず入っているオイル。エンジンオイルにミッションオイル、トラクタなどで使われるパワーステアリングオイルに、ロータリオイル、フロントアクスルオイル、SSにはポンプオイル、サブミッションオイルなど、農機具にはホントたくさんのオイルが使われています。潤滑、洗浄、冷却、防サビ、圧縮など、どのオイルも機械にとっては重要な役割を果たしています。ですので、農作業前の点検は欠かせません。中でも動力で動く農機に必ず入っているエンジンオイルは、作業前の点検が必至です。

○注ぎ足しでなく交換、入れ過ぎに注意

小型エンジン、4サイクルエンジンでは、エンジンが平らになるように置いて注油栓を開け、オイルが適量入っているか？　汚れていないか？　確認します。規定量入っていなかったら、注ぎ足しではなく全量交換します。

やり方は機械によって若干違いますが、エンジン下部にあるドレンボルトを外し（写真4－10）、オイルを抜く。このときドレンボルトのパッキンをなくさないように気を付けて下さい。オイルが出なくなったらドレンボルトを装着し直し、オイルを注油口から注ぎ入れます。量は六馬力クラスで〇・七ℓ程度、ビール大瓶一本くらいを注油したら、注油栓のゲージで確認（写真4－11）。オイルの入れ過ぎはかえって機械を壊しかねないので、適量に注意して下さい。

○大型農機も手順は一緒

トラクタやSSなどの大型農機なども、エンジンはディーゼルエンジンですが、オイル交換の仕方はガソリンエンジンが大きくなっただけで、エンジンの下にあるドレンボルトを外し、オイルを抜くのは同じです。

大型農機になるとオイルをきれいにするオイルフィルターが付いていますが、エンジンオイルはエンジン始動時間で五〇時間ごと、フィルターは一〇〇時間ごとの交換を勧めます。ただし、作業量が多ければ早め早めに交換するか、年に一度の交換を決めておいたほうがいいかもしれません。

人に例えると血液のようなものがオイル。汚れたり、少なくなったりすると機械の調子が悪くなります。まめに点検、交換することが大事です。

6 プラグの清掃、交換

2サイクル、4サイクルガソリンエンジンに必ず付いているプラグ。エンジンが始動しないとき、最初に見るのがここです。専用のプラグレンチでエンジンから抜き、先端を確認します。

キツネ色なら燃焼もよく、いい状

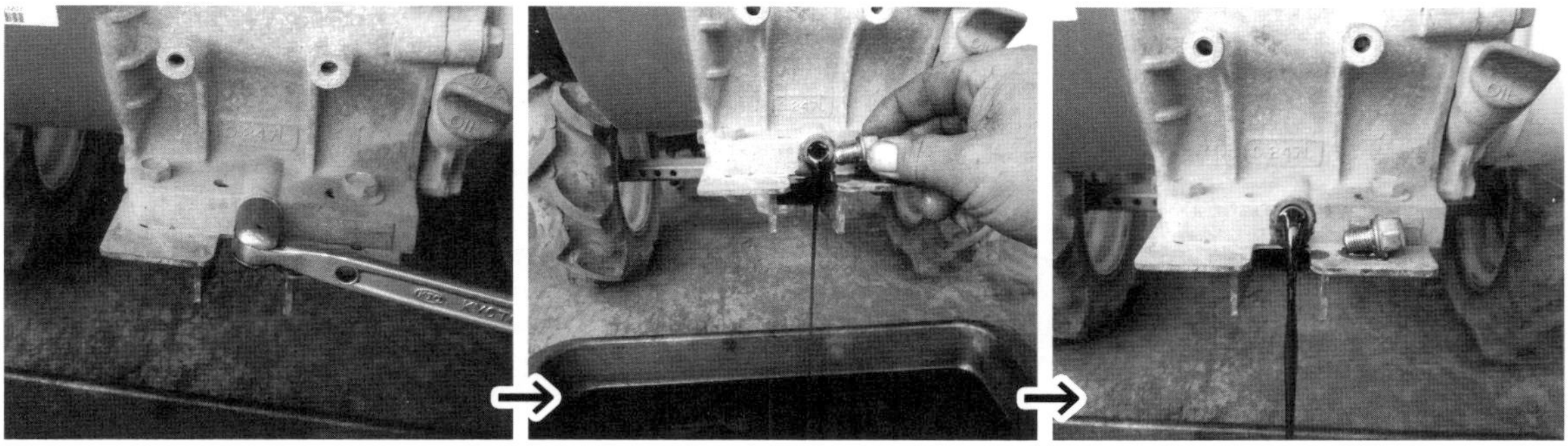

写真4-10　小型耕耘機のエンジン下部にあるドレンボルトを外し、オイルを抜く

態。ススで真っ黒（写真4-12）だと燃料の行き過ぎで、よくいう「（燃料が）濃い」というやつ。いいかえると、燃料に対して空気が足らない状態。こうなるとプラグはスパーク（火の飛び）が悪くなったり、スパークしなくなったりします。

　原因はいくつかありますが、多いのはキャブレターの不調（オーバーフロー）やエアークリーナーのホコリ詰まりなど。また、始動時のチョークの戻し忘れで燃料が濃くなる、行き過ぎることもあります。初爆したり、エンジンが始動したら、速やかにチョークレバーを開かないとプラグが黒くなってしまいます。

　黒くなったプラグはワイヤーブラシで掃除するか交換して、再始動。キャブレターやエアークリーナーも分解、

写真4-11　オイルを入れたら注油栓のゲージで量を確認。入れ過ぎは禁物

写真4-12　先端が真っ黒なプラグ（左は正常）
原因は始動時のチョークの戻し忘れやエアーエレメントの詰まり、キャブレター不調などで燃料が濃くなる（行き過ぎる）ため。エンジンピストンの消耗によるオイル上がりでオイルが燃焼し、黒くなることもある

写真4-13　こちらは先端が濡れたプラグ
プラグを外して掃除し、そのままでリコイルを数回引っ張ってシリンダー内の燃料を吐き出し、内部を乾かしてから取り付ける

清掃、場合によっては交換します。

反対に、プラグがビショビショ（写真4-13）に湿っていたら、これは燃料の吸い過ぎ。プラグの中心電極と外側の接地電極にガソリンが付着してやはりスパークしなくなります。

原因は、キャブレターの不良（分解、清掃を）もありますが、多いのはチョーク弁の締め過ぎ。ブルンッというエンジンの初爆を見逃し、チョークを締めたまま何度もリコイルを引っ張ってしまうと混合気のガソリン比率を高めて、プラグが濡れてしまいます。

チョークを戻し、濡れたプラグはワイヤーブラシとパーツクリーナーで掃除、一分ほど乾かしてから取り付けますが、その前にリコイルを五～六回引いて中の燃料をいったん追い出しておいて下さい。

その他、プラグが濡れてビショビショになる原因としては、燃料コックを締め忘れたままトラックなどで運び、揺られているうちに燃料がキャブレター漏れしてしまったり（オーバーフロー）、燃料タンクキャップに付いているエアーブリーザー（タンク内の圧力を下げたり真空になるのを防ぐ）の不良でタンク内で膨張したガソリンがキャブレターのほうに行ってしまい、吸い過ぎになることもあります。対策は、必ず燃料コックを止めておくことです。

また、ビショビショの逆でプラグがカラカラに乾いていたら、燃料が行っていないのが原因です。これはキャブレターの不良が疑われます。

プラグを見れば始動不良やエンジン不調の原因がだいたいわかります。プラグレンチは新車購入時にだいたい付いてきますので、機械に縛り付けておき、いざというときにこれでプラグを点検、様子を見て下さい。そして場合によっては交換も。そのための予備のプラグももっておくといいです。

7 グリスアップ

過負荷のかかりやすいところや回転部などに大事なのがグリスです。

耕耘機にはミッションとロータリをつなぐチェーンケースにグリスが注入されています。一年に一度はチェーンケースを外して確認、グリスが少なくなっていたり、乾いていたりしたら注油します。

トラクタやSSにはグリス注入箇所がたくさんあります。フロントの足回り、つまりブレーキペダルやクラッチのペダル、ベルトテンション、ユニバーサルジョイントなど。このうち、とくにやっておきたいのは、本体とロータリをつなぎ動力を伝えるユニバーサルジョイントと足回りを駆動させるプロペラシャフト。こいつが壊れると高額修理が待っているだけでなく、その場で動かなくなってしまいます。そうなる前にグリスアップ。壊れないようにします。

まず、トラクタのロータリを回すユニバーサルジョイント。ロータリを上げ油圧をロック、できればブロックやジャッキなどを入れ、ロータリが下がらないようにします。そのうえで、ユニバーサルジョイントの十字部に付いているグリスニップルにグリスポンプで注油します。低馬力のトラクタにはグリスニップルが付いていない機種もありますが、その場合は、無注油なのですが、十字部とスプライン（後方出力シャフト）部にグリススプレーを吹き付けておけばいいです。

次はSSなどのプロペラシャフト。

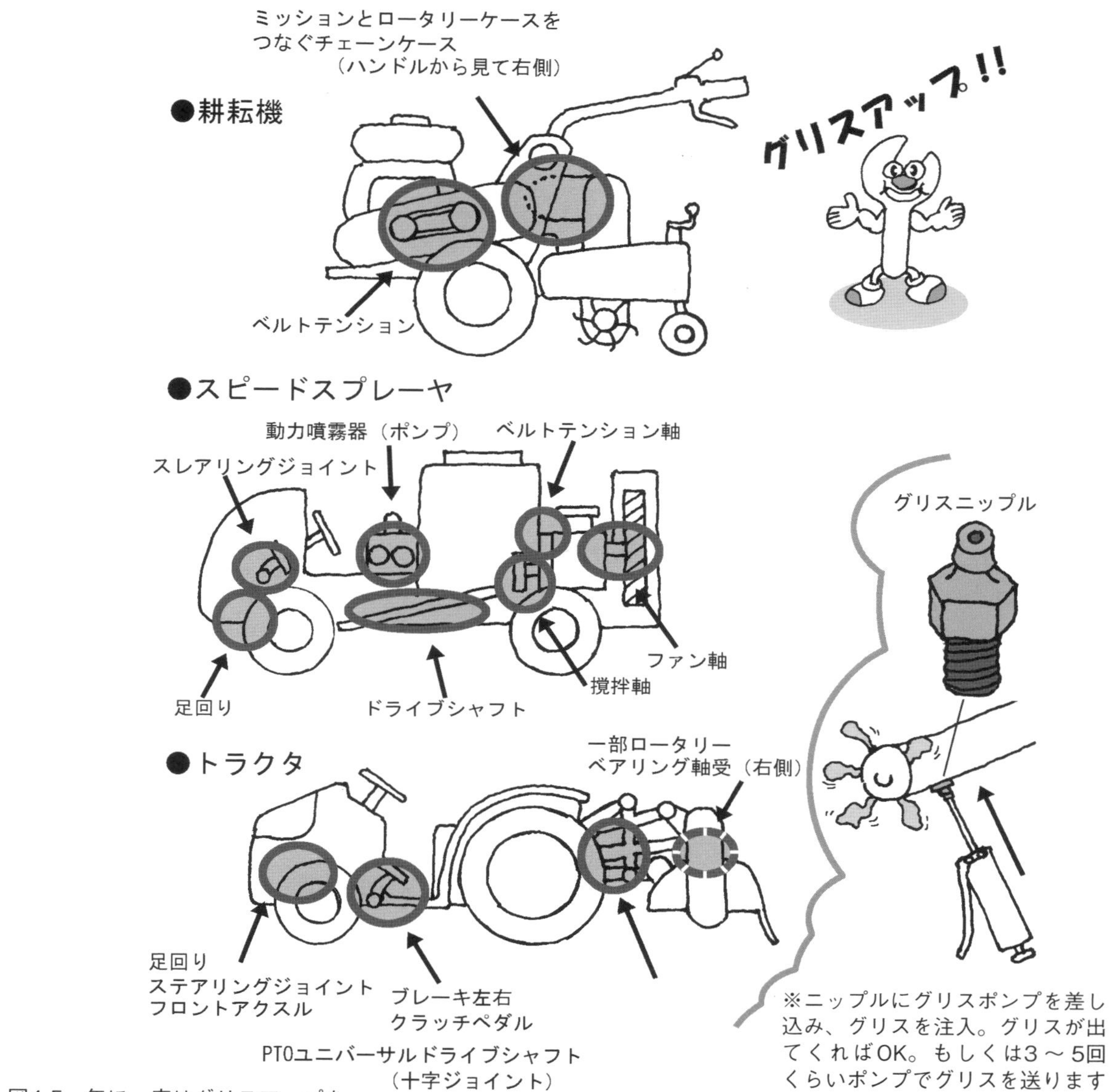

図4-5　年に一度はグリスアップを

車体の下に潜り込んでプロペラシャフトの十字ジョイントにグリスアップします（図4-5）。

トラクタは田んぼの代かき前に、SSは年一回の整備時に一度でいいので行なって下さい。

8 スターターロープの交換

エンジンを始動する際に使われるリコイルスターター。リコイルロープは消耗品で切れてしまいます。エンジンのかかりが悪いと、つい強く引っ張ってしまいがち。そんな瞬間「プチン！」。

農機はエンジンがかからなければ鉄の塊まり。「エンジンかけるヒモが切れちゃった！　畑まで修理にきてくれんかなー」と、切れたヒモと握りを持って飛んでくる農家もいます。ホント、多い事例ですが、まずはヒモが切れにくい引き方をすることが基本。リコイルスターターのヒモの出口から、極力まっすぐに引っ張ることです。斜めに引くとヒモが擦れて切れやすくなってしまいます（写真4-14）。

交換するにはまず、リコイルスターターをエンジンから外します。ネジ三

写真4-14　リコイルスターターのヒモはまっすぐ引く
左のように出口から斜めに引くと擦り切れやすい（赤松富仁撮影）

リコイルスターターをエンジンから外す。ネジ3、4本で取れる

新しいヒモを、元のヒモと同じ長さに切り、プーリの穴に通す。ロープの端はライター等で炙って固めておくと、ボサボサにならず通しやすい

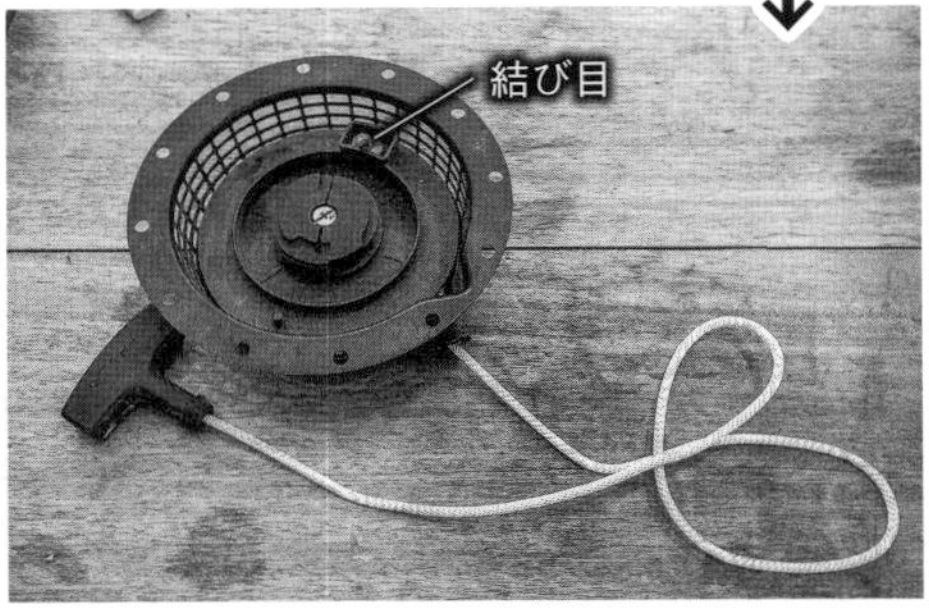

取っ手を付ける。ヒモの端は結び目をつくる（左上写真に続く）

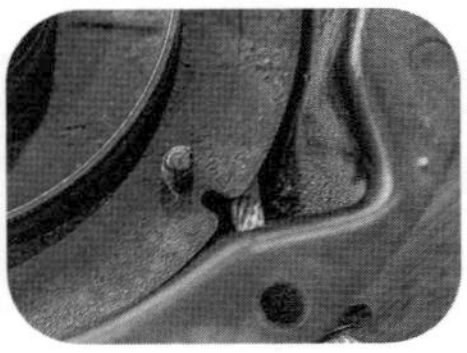

ヒモを引き出して溝に引っかける

ヒモを溝に引っかけたまま、引っ張る方向にグリグリと巻くと、プーリが回って中のスプリングに負荷がかかる。機種にもよるが、3～5回巻く

プーリを押さえてスプリングに負荷をかけた状態のまま、ヒモを溝から外す。プーリを押さえる力をゆるめると、プーリが矢印のように回転してロープが中に巻き取られる

完成

写真4-15　リコイルスターターのヒモの交換
（赤松富仁撮影）

本か四本で取れます。リコイルスターターをやたら分解すると中のバネが飛び出し組み立てが困難になることがあるので、注意して下さい。

最近のリコイルスターターはプーリを外して分解しなくてもヒモの交換ができるようになっています。ヒモの長さを合わせてリコイルプーリに通し、ヒモが出る方向にヒモとプーリを三〜五回転スプリングを巻くとでき上がり（写真4－15）。ついでに油を付けておくとスムーズに巻き取ります。なお、ヒモが太いと巻き取りが少なくなりヒモが短くなり、エンジンが始動しにくくなります。

○中のバネが飛び出してしまったら……

あるとき、「自分で入れ替えるからヒモだけ売ってくれ」と買っていった農家のおじさん。数時間して、分解され組み立てられなくなったスターターを持って、やってきました。見るとリコイルケースからスプリングが飛び出していて、「このスプリングが入らないんだよね」とのこと。

では、スプリングをケースの中に入れて組み立てるやり方。こんなふうにやります（写真4－16）。

①スプリングが入るところよりも少し小さめの輪を針金か結束バンドでつくり、その中にスプリングを外側から巻き込んでいきます。

②針金か結束バンドの中にスプリングを巻き込めたらケース内に入れます。その際、注意することは入れる方向にちゃんと入っているかです。よくチェックして下さい。

③スプリングが入ったらヒモをプーリに巻き付けていきます。リコイルラチェット、ワッシャー、カバーなどを組み付けてオイルを注油、そしてヒモが巻ききるまでスプリングを巻き直します。

④何回か引っ張ってヒモが入りきればでき上がり。入りきらなければスプリングを巻き直すか、ヒモを短くします。

9 燃料フィルターの清掃、交換——裏ワザ的に

燃料タンクのサビやら、燃料腐食などの不純物をキャブレター（燃料気化器）内に入れないようにしているフィルター。燃料コック内に付いており（写真4－17）、燃料カップで沈澱させていますが、燃料ホースから燃料が出ない、そんなときはこのフィルターを点検して下さい。サビやゴミなどが詰まっているだけなら、外して掃除すればオーケー。でも、燃料の腐食でフィルターが詰まっていたらちょっと厄介です。布などで拭こうものなら余計に詰まる。交換するのが手っ取り早いですが、「農機具屋さんが休み」だったり、開店していても「在庫がなかった」りしたときは、こんなやり方できれいになります。

①まず燃料コックからフィルターを外します。

②針金に引っかけるか、ノズルプライヤーなどで挟んでフィルターをライターで炙る。近くにガソリンなどの発火物があると火事になり危ないので、気を付けて下さい。また、プラスチック製のフィルターがあるのでこれを炙ってしまうと溶けてしまいます。金属製のフィルター限定で考えて下さい。

③赤くなるまで炙ったら冷えるまで待ち、指で擦るときれいになりま

写真4-16　リコイルスターターのスプリング取り付け
(写真は管理機のスターター)

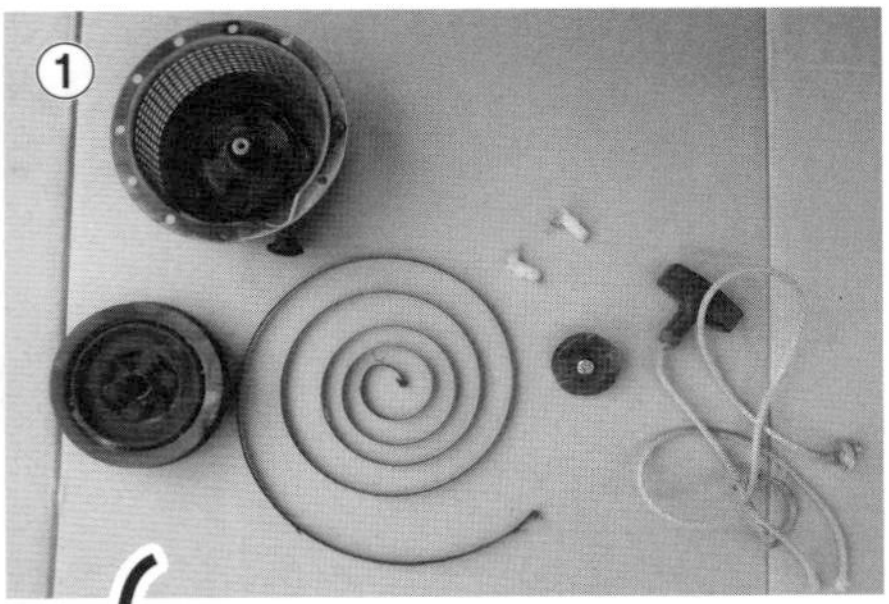

持ち込まれた管理機のリコイルスターター。「スプリングが飛び出て入んない！」

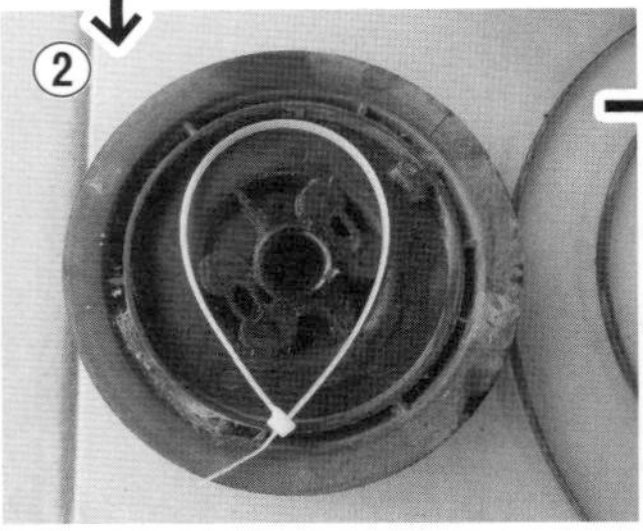

結束バンドを用意。スプリングが巻かれる部分より少し小さめに輪をつくる。その中にスプリングを巻き込んでいく

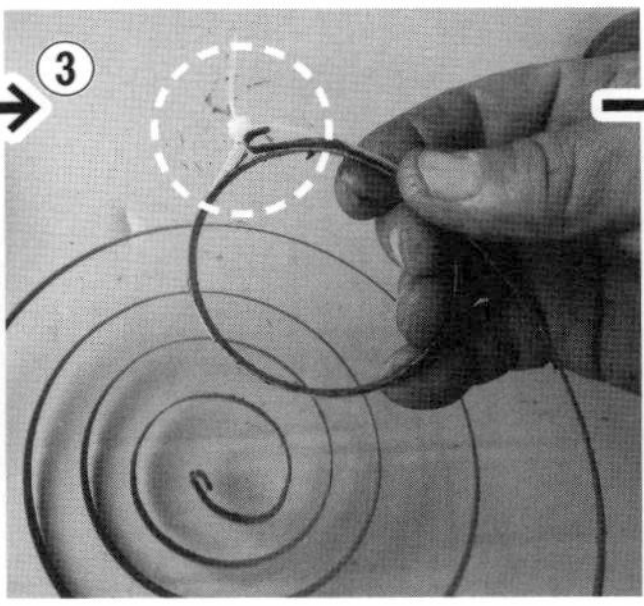

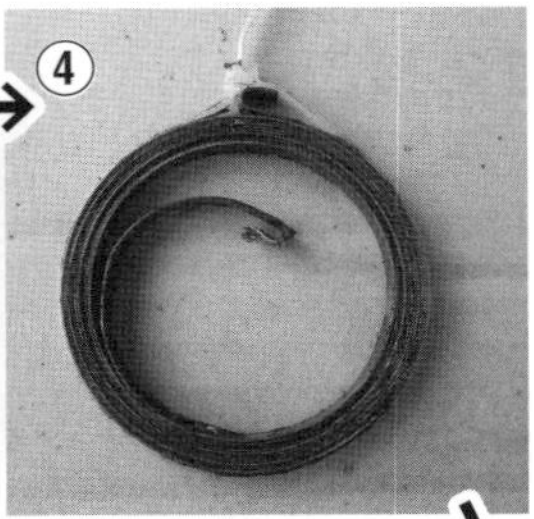

バンドの結束部（丸印）にスプリングの端を引っかけると巻きやすい

巻いたスプリングをプーリに合わせ、方向とスプリングを引っかける位置を確認。逆に付けると巻き取りができなくなり、スプリングを壊してしまうので注意。位置を合わせたら指でスプリングを押し、しっかりはめ込む

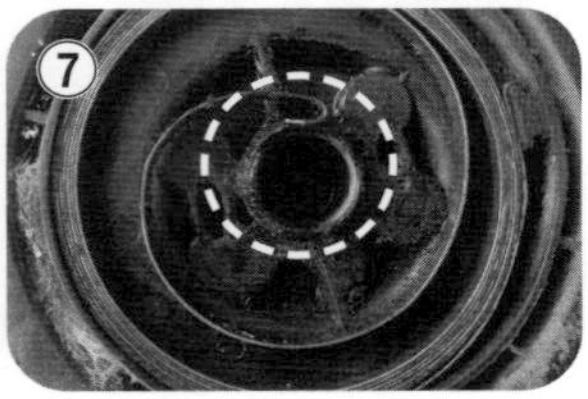

スプリングの内側の引っかけ部分（丸印）が、中心軸穴の外側に沿うようにおくのがコツ。組み付け前に要確認

グリスを付けてリコイルカバーに取り付ける

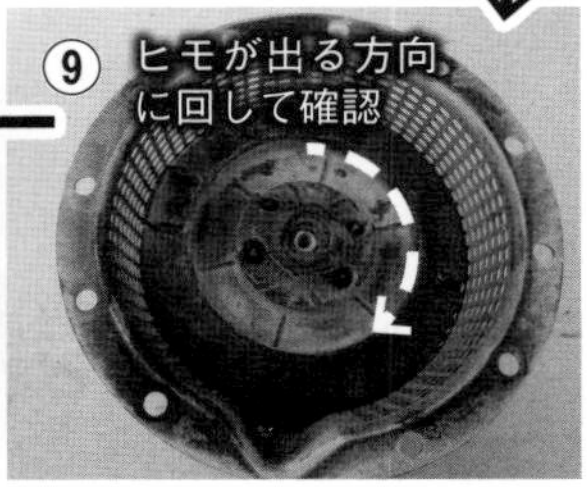

ヒモが出る方向にリコイルプーリを回し、引っかかって巻き戻る手応えを感じたらラチェット爪を付け、カバーをはめて完了。ヒモの付け方は写真4-15を参照

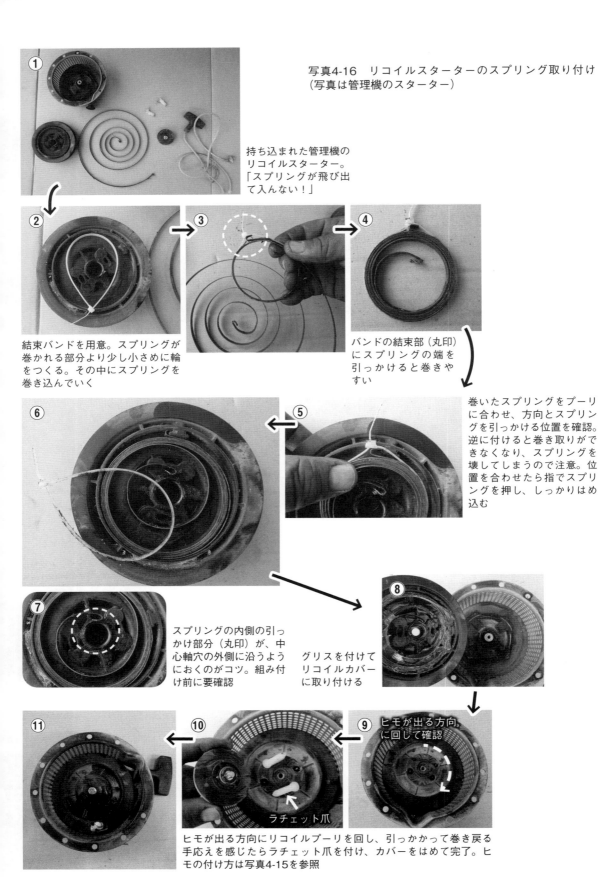

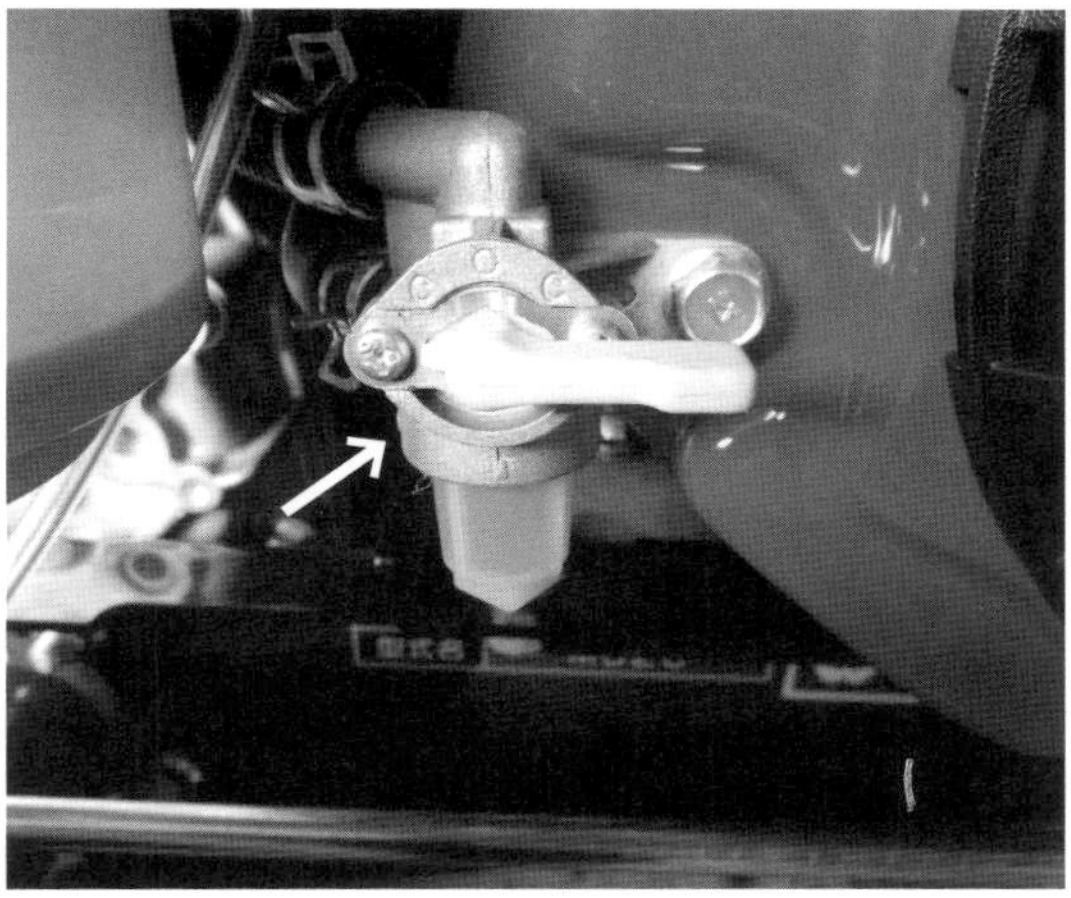

写真4-17　管理機など小型エンジンの燃料コックの中（矢印）にフィルターが装着されている

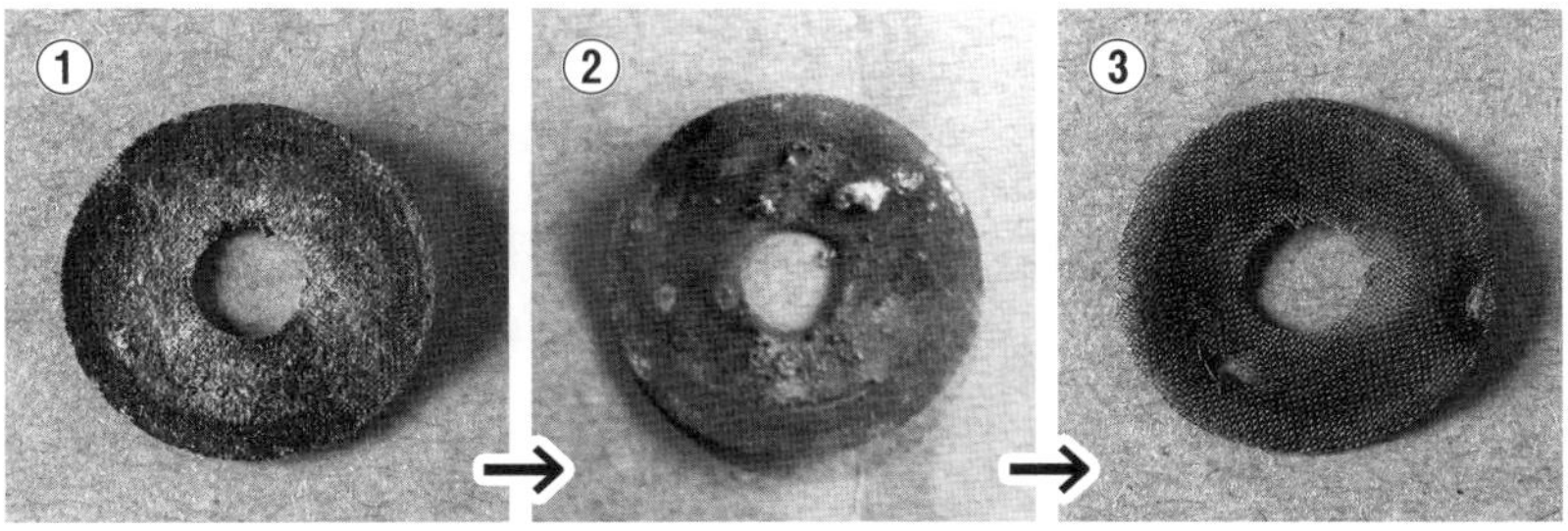

細かい金属メッシュでできているフィルター

ライターや簡易バーナなどで数秒炙る。白い煙が立ったら不純物が燃焼した証拠

切れたり破れたりしなければ何回でも繰り返してできる

写真4-18　燃料フィルターのちょっと裏ワザ的な清掃
フィルターを取り出し（①）、ライターで炙ったのち（②）冷やして指で擦るときれいになる（③）

す（写真4－18）。他にサンドペーパーの上で軽く擦ったり、パーツクリーナーやエアーコンプレッサーを使うときれいになります。ぜひお試しを！

10 冷却ファン、カバー、フィン清掃

　2サイクルエンジンの刈払い機やチェンソー、4サイクルエンジンが使われているカッター、モアなど多くのエンジンは空冷式で、内部のファンで風をおこしエンジンを冷やします。そのため必要なのはカバーやファン、エンジンフィンなどの清掃です。これをやらないとエンジンが熱をもってオーバーヒート、オイルが入っていても焼き付いてしまうことがあります。空気の通り道を確保してエンジンをいたわってやります。

　掃除はエアーコンプレッサーでとにかく吹く。刈払い機の場合、エンジンと燃料タンクの間に空気取り入れ口があり（写真4－19）、そこをエアーコンプレッサーでゴミを吹き飛ばします。アイドリング状態で吹けばなお効果あり（ただしエンジンがかかっているので要注意）。エアーコンプレッサーがなければ、歯ブラシで空気取り入れ口を掃除します。

　ワラ切りカッターや、草刈りモアなどはホコリや切りくずなどがリコイルスターターやエンジンフィンなどに入り込み、詰まります（写真4－20）。リコイルスターターやエンジンカバーを外し、ファン、エンジンフィンを同じように掃除してやって下さい。

写真4-19　2サイクルエンジン（刈払い機）冷却ファンのゴミ詰まり（囲った箇所）。放っておくとオーバーヒート、エンジントラブルに

11 パンク修理

管理機、トラクタ、SSなどの駆動力はタイヤがほとんどです。しかし機械は寝ている時間が多く、その間に自然とタイヤの空気が抜けてしまう。空気が抜けたことを知らずに作業を始めて砂が入ったり、チューブを擦ってパンクさせたりすることが間々あります。こうなる前にタイヤの空気圧を点検し、少なくなっていたら空気を入れ、パンクしていたら修理しておきます。

写真4-20　草が張り付いた草刈機のリコイルカバー（上）や冷却フィンに草が詰まっている刈払い機（下）。これでは冷却用の空気が入らない

①パンク修理はまず、機械からタイヤ、ホイールを外します。管理機などは割ホイール、ホイールが二つに割れて外れます（写真4－21）。一方、トラクタやSSは自動車と同じ一体のホイール、ボルト五～六本で機械に取り付けられています。次にホイールからタイヤを外し、チューブを取り出す。

②エアーコンプレッサーでチューブに空気を入れ、穴のあいている箇所を見付ける。定番は水を溜めた水槽、容器などにチューブを入れ、プクプク空気が出ているところがパンクした箇所、という見付け方ですが、水槽や容器がないときは空気を入れたチューブに水で薄めた「ママレモン」など食器用洗剤を手で擦り塗っていくと、穴のあいたところでシャボンが膨らみます（写真4－22）。水槽がなくてもこれならパンクの穴が見付けられます。

③パンク修理はホームセンターなどで売っているキットを使えば簡単。一セット用意しておくと便利です。でも、自分でできなければ外したチューブを農機具屋に持ち込んで下さい。チューブを外す手間賃分くらい安くしてくれるかもしれません。

④チューブの修理ができたらタイヤの中を掃除して釘などが刺さっていないかを確認して組み立てます。このときタイヤの進行方向（溝の

パターンや指示されている方向で確認、写真(4-23)を間違えないようにします。空気を入れるときも、タイヤにチューブが挟まれていないか見ながら、少しずつ入れていくようにします。適正な空気圧まで入れたら、農機に取り付けます。空気が少ないとパンクの、多いと破裂や牽引力の低下につながるので、くれぐれも適正な圧力を入れるようにします。

写真4-21　割ホイールを使っているバインダー用のタイヤ
6章142ページ「割ホイールの硬いタイヤを入れるには?」参照

写真4-22　食器用洗剤を塗ってシャボンが膨らんだところがパンク箇所

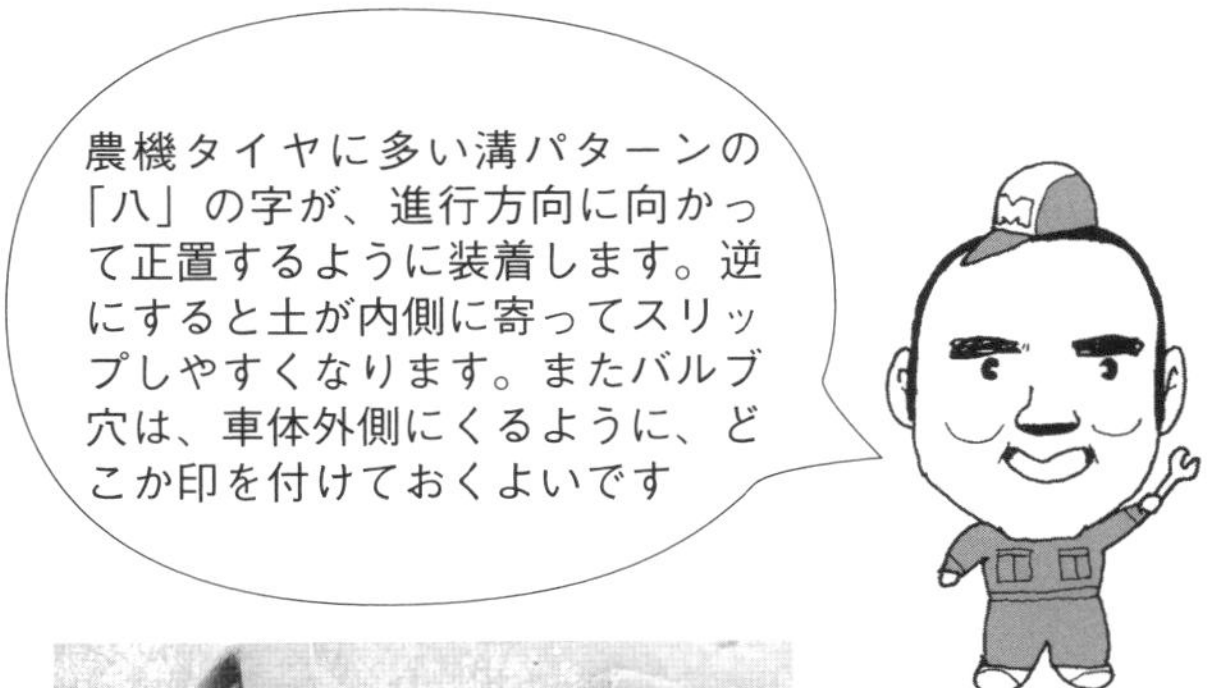
農機タイヤに多い溝パターンの「八」の字が、進行方向に向かって正置するように装着します。逆にすると土が内側に寄ってスリップしやすくなります。またバルブ穴は、車体外側にくるように、どこか印を付けておくよいです

こっちに回転、進行

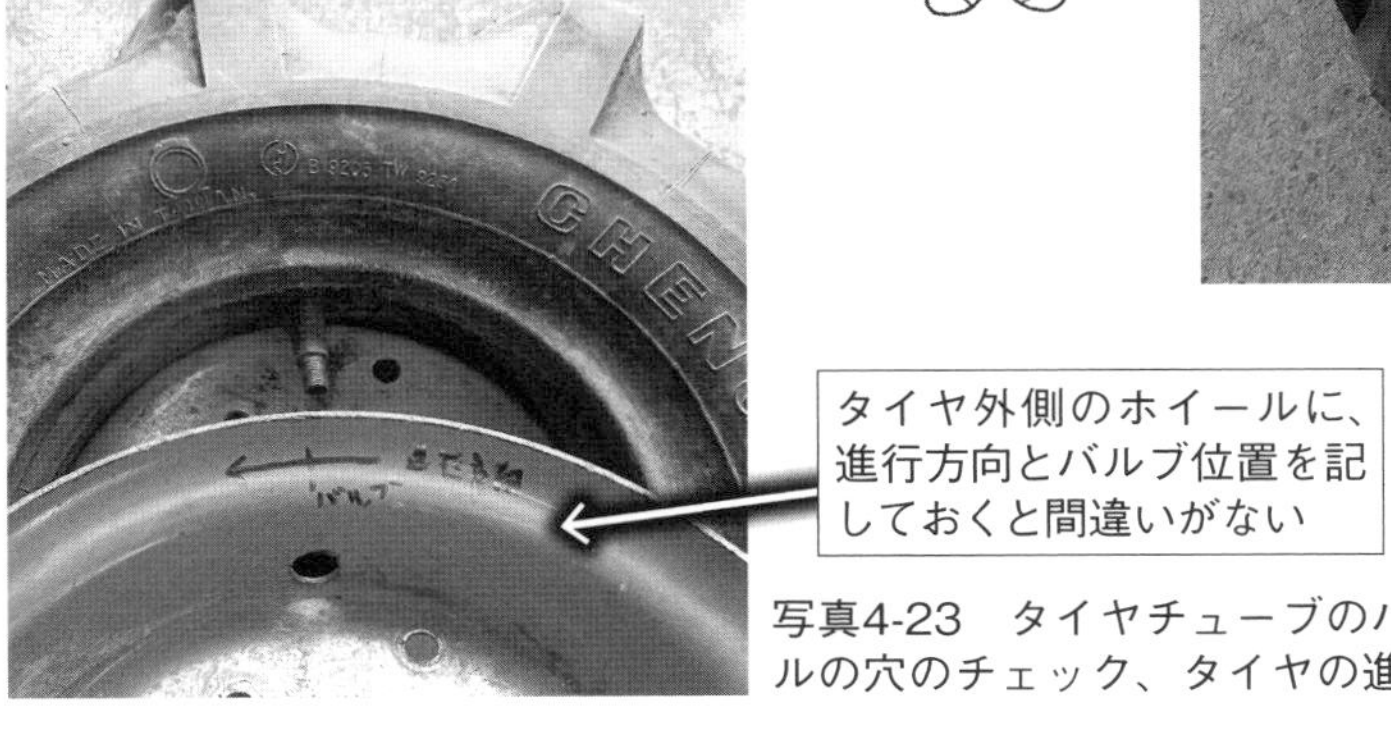
タイヤ外側のホイールに、
進行方向とバルブ位置を記
しておくと間違いがない

写真4-23　タイヤチューブのバルブ(空気を入れるところ)とホイールの穴のチェック、タイヤの進行方向を間違えないようにする

写真4-24　適正空気圧はタイヤに記載されている。あるいはタイヤサイズの最後に書いてあるプライ数（耐荷重強度指数）を見る（4PRだったら2kg/cm²）。機種によって違うが、500ℓクラスのSSなら2～3kg/cm²

タイヤの空気圧はタイヤに書いてありますが、書いてないタイヤは、タイヤサイズで例えば「18x7.00-8 2P TL」とあれば、強度を示す「2P」（プライ数）の半分、1kgくらい入れておけばOKです（写真4-24）。

12 バッテリーメンテナンス

キーを回してエンジンを始動させるバッテリー、セルモーターの付いたエンジン。エンジン始動が容易で、楽ちんなので、最近ではトラクタやSS、高所作業台、コンバインなどふつうに標準装備ですが、よくあるのがキーを回してもエンジンがピクリとも動かないバッテリー上がりのトラブル。

軽トラチューブレスタイヤのパンク補修

最近の軽トラのタイヤはタイヤの中にチューブが入っていないチューブレスタイヤがほとんどです。チューブレスタイヤもパンクします。釘などが刺さって少しずつ空気が抜けていき、気が付くとタイヤがぺっちゃんこ……。

パンク対応の基本は、その場ですぐにスペアタイヤに交換すること。車屋さんが近くにあるからと、パンクしたまま走行するのは絶対にいけません。空気が入っていない状態で走ると、タ

①パンクの位置を把握する

釘が刺さっている部分を確認して、チョークなどで印を付けておく

釘を抜いた後、穴の位置がわからなくなってしまったときは、中性洗剤を薄めて吹きかける。穴のあいたところで泡が膨らむので確認できる

写真4-25　キットを使ったパンク補修のやり方

イヤが完全にダメになってしまいます。たとえ車屋さんに辿りつけたとしても「これではタイヤ交換するしかないね」といわれるでしょう。

パンクしたタイヤは自分でも直せます。必要な道具が揃ったパンク補修キットが、ホームセンターなどで二〇〇〇～三〇〇〇円で販売されています。万が一に備えて、手元に一セット用意しておくといいですよ（写真4-25①～④）。

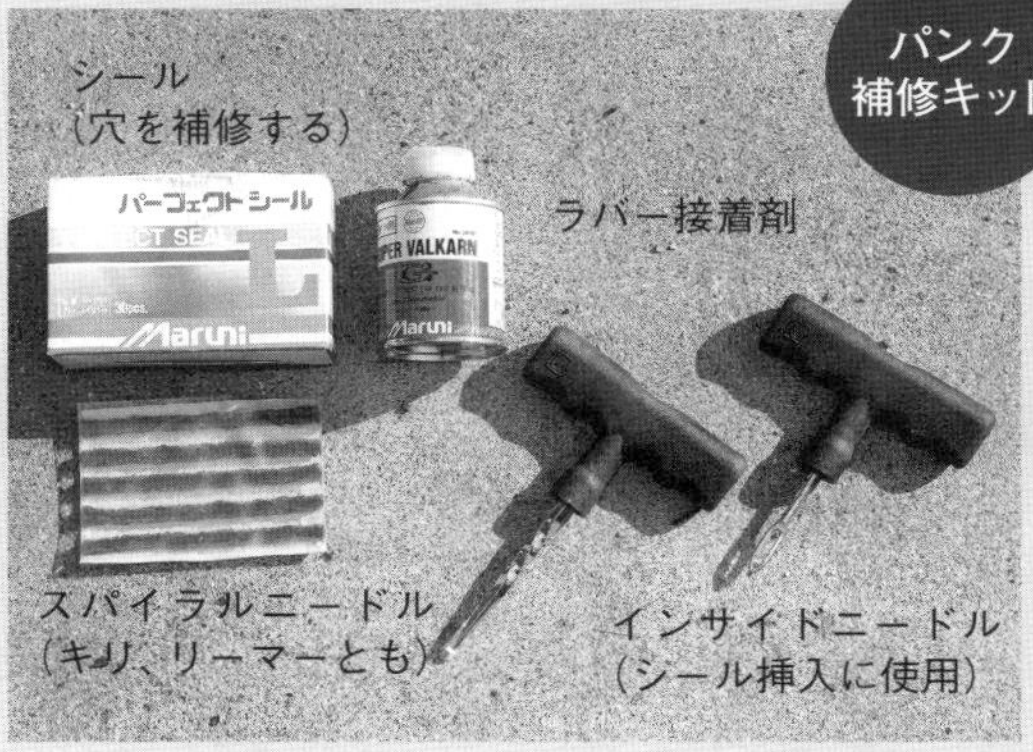

② パンクの穴を「補正」する

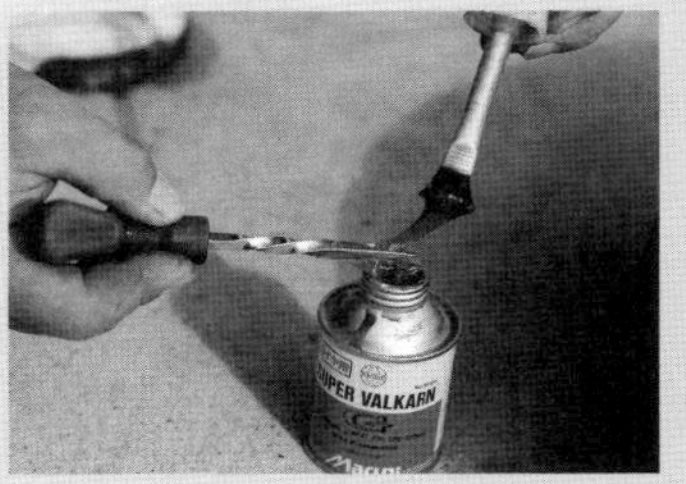

スパイラルニードルの先端に専用の接着剤をたっぷり塗る

スパイラルニードルをパンクの穴に挿し、根元までまっすぐ突きさして、穴を「補正」する。パンクの穴はタイヤに対して直角にあいているとは限らない。あえて補正することで、後の作業でしっかり穴がふさがる

③ パンクの穴をシールで埋める

インサイドニードルの先端に、ゴム製のシールを通す。さらにシールに接着剤をたっぷり塗る

シールを挟んだ状態でインサイドニードルを穴に挿し込み、奥まで突きさす

インサイドニードルを引き抜くと、シールだけがタイヤの中に残り、パンクの穴がふさがる

④ 余分なシールをカットする

タイヤから飛び出た余分なシールをニッパーでカットする。シールは厚さ数ミリ残るが、走行しているうちに擦り減っていくので構わない。タイヤに空気を入れ、薄めた中性洗剤で確認し、泡が膨らまなければ補修完了。空気入れはコンプレッサーがあると便利だが、手押しの空気入れでも可能

さらに便利なスプレータイプの補修材もある

エアバルブに挿し込んで使う。穴をふさぐシール材と空気が一緒に送り込まれて簡単にパンクが補修できる。応急処置ならこれも便利。1缶2,000円前後

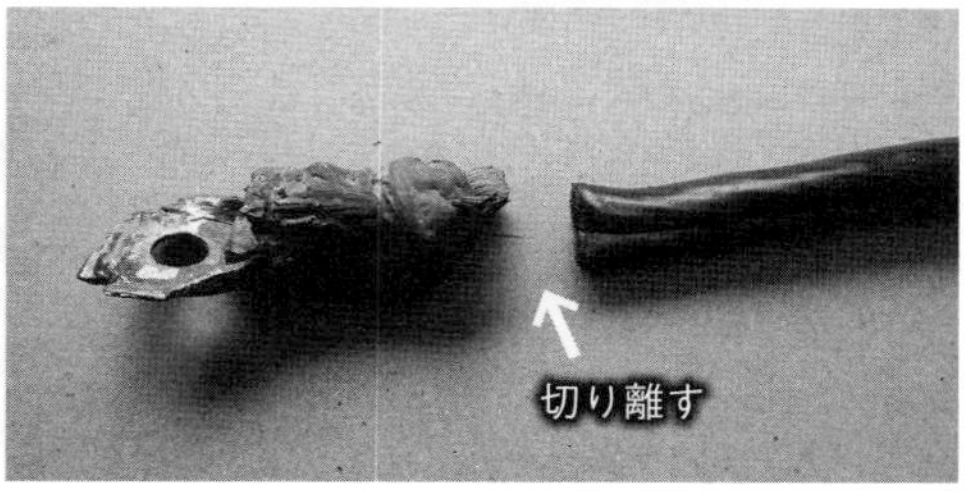

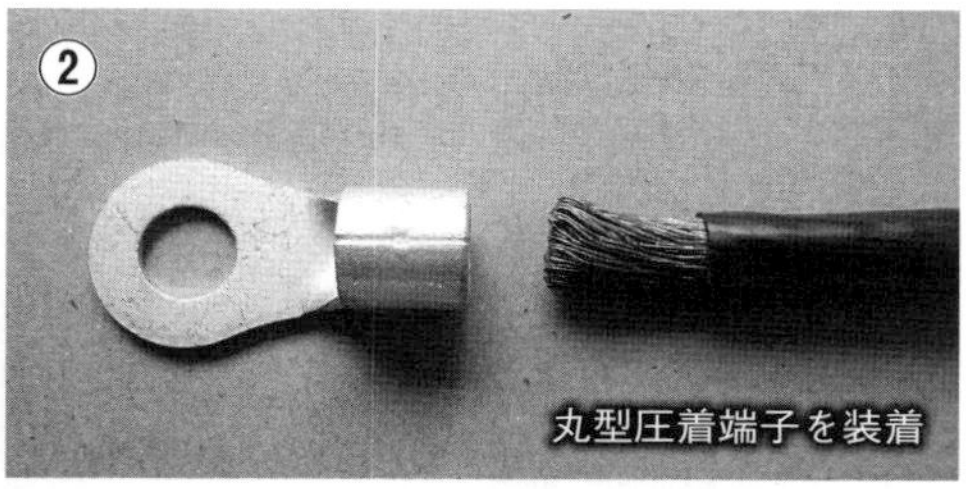

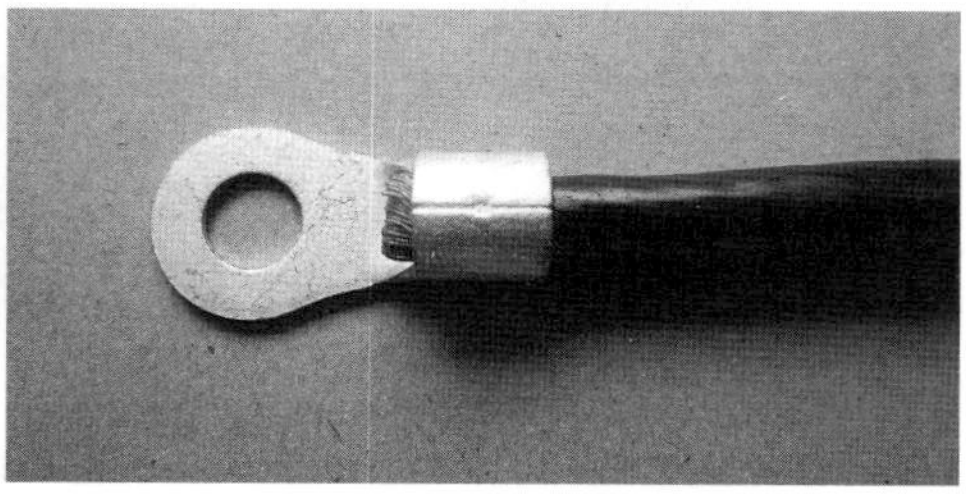

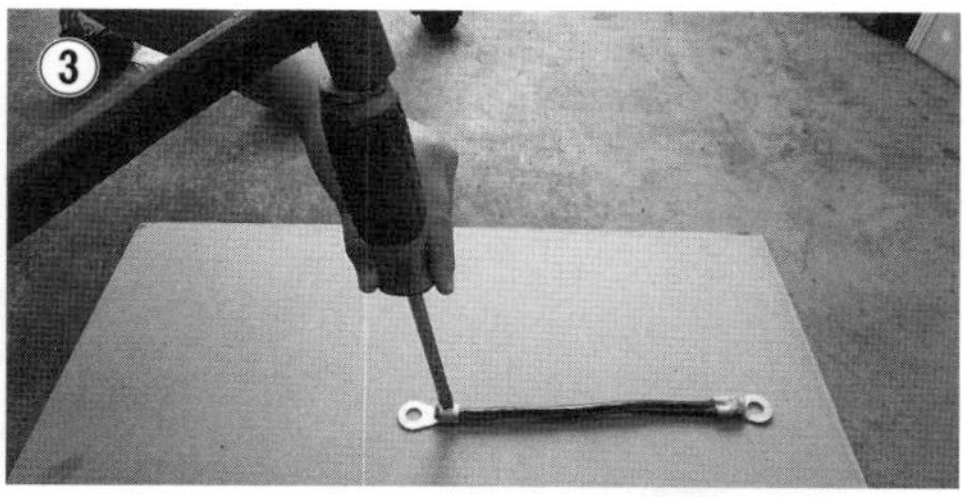

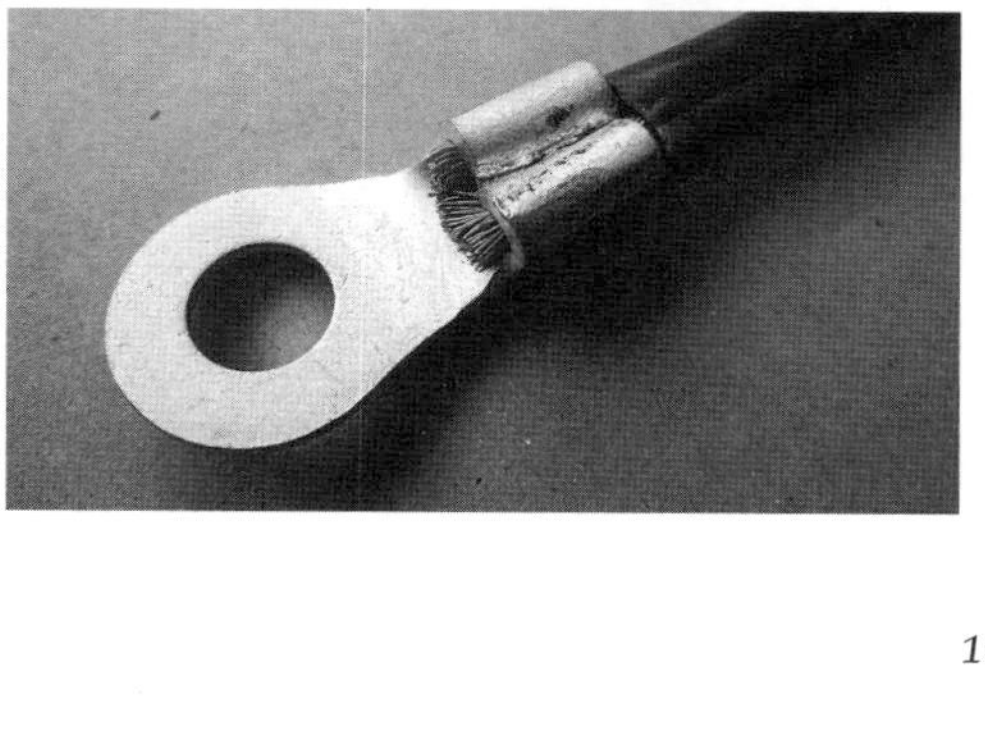

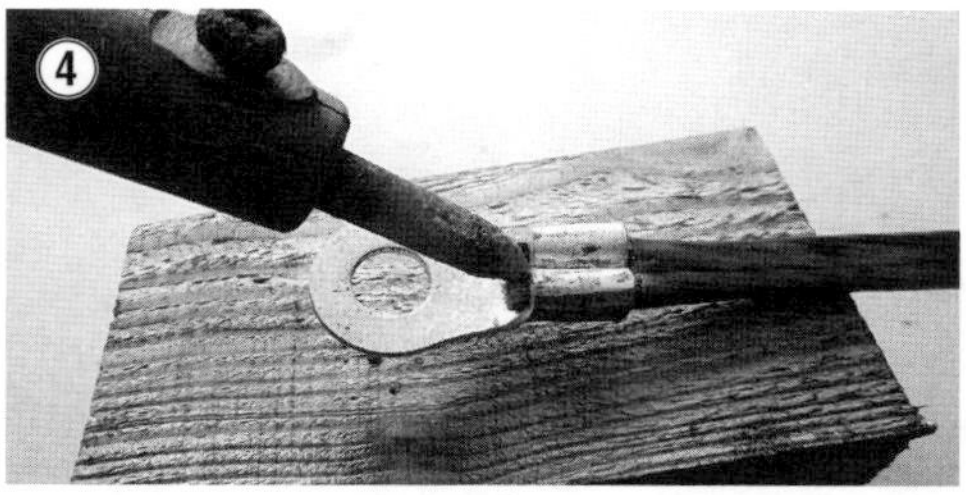

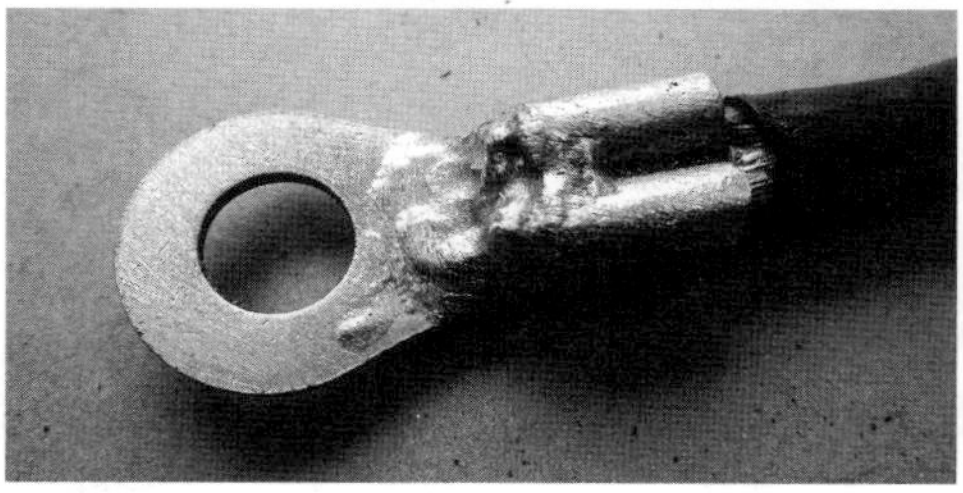

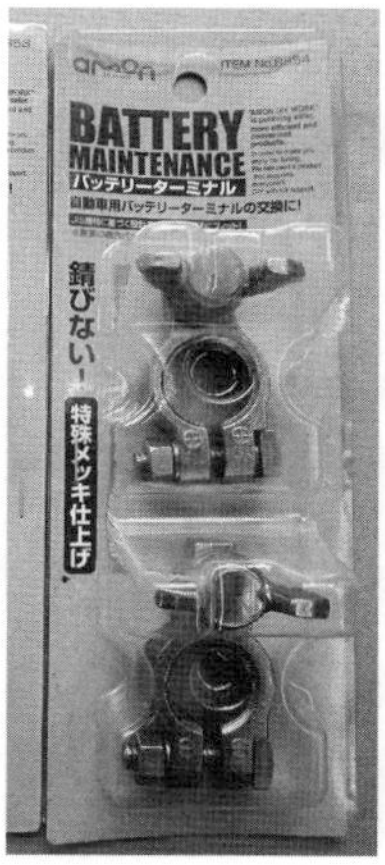

写真4-26　バッテリーターミナルの交換
腐食したバッテリーターミナルを切り離す（①)。ケーブルの皮をむいて丸型圧着端子を装着し（②)、ハンマーとマイナスドライバーを使って配線にカシメて取り付ける（③)。カシメた後に配線と端子をハンダ付けしておくとよい（④)。
新しいターミナルをプラスとマイナスバッテリーのポール（プラスとマイナスの飛び出たところ）に締め付け、端子を取り付ける（⑤、⑥）

○ケーブルでバックアップ

こんなときは車など他のバッテリーからケーブルを使い、動かない農機のバッテリーに電気を流してやります。ポイントは、太めのケーブルを使い、赤プラス（＋）はバッテリーのプラス（＋）へ、黒マイナス（－）はエンジン、フレームに直接とると、かかりがいいです。プラス、マイナスを間違えないことが肝心です。1章でも紹介しました（15〜16ページ）。

○ターミナルの清掃と交換

次に見ておきたいのは、配線とバッテリーをつないでいるターミナル。これがゆるんでいたり、サビたりしていると電気を通しません。取り付けネジがゆるんでいるだけなら締め付けるだけで修理完了。

バッテリーターミナルの腐食は電気を通しません。エンジン始動時、エンジンの発電機からバッテリーを充電する際に化学反応で水素ガスが発生します。これで、バッテリーターミナルがやられるのです。白く腐食していたら清掃します。

清掃はワイヤーブラシなどでやるといいですが、熱湯をかけると簡単にきれいになります。バッテリーターミナルを締め付けた後、グリスをターミナル全体に薄く塗っておくと腐食しにくくなります。なお、清掃して取り付け、ボルトを締め付けてもターミナルにガタがあるようでしたら交換して下さい（写真4－26）。

○急速充電法

弱っているバッテリーに充電する場合、急速充電器を使うとバッテリーが熱をもち、あまりよくありません。なるべく時間をかけゆっくり充電するのがいいですが、どうしても早く充電したいときはバッテリーが三分の二ほど隠れる容器（バケツ、発泡スチロールの箱など）に水を入れ、その中にバッテリーを入れて充電すると熱をもちにくく、とてもいいです（写真4－27）。ただしこのときは電気が流れているので、感電、漏電に十分注意。バッテリーに水をかけたり、クリップを水の中に落とさないようにして下さい。

なお、最近ではバッテリーの中をきれいにして復活するパルス充電器もあります。一万円前後で購入できます。

写真4-27　トラクタバッテリーの急速充電法
水を張った容器にバッテリーを浸けて急速充電。熱をもちにくくていい

コラム

馬力の単位

農家にお邪魔してトラクタの販売推進。

私「いよいよトラクタの修理に大金が掛りそうですが、……どうしましょ」

農家「長いこと使ったからそろそろ換えよっか！　今までのトラクタは一七馬力だったから、今度はちょっと大きくして、二〇馬力くらいかな。……ン、このカタログに載ってる一四・七キロワット（二〇PS）って何？　トラクタにキロワット（kW）？って、どういうこと？」

私「あぁそれ、表示の仕方が変わったんですね。いままでは馬力表示だったのが、一五年くらい前から（一九九九年の新計量法の最終猶予期限を受け）ワット表示になりました」

農家「何だかピンとこないね。二〇馬力が一四・七キロワットってこと？」

私「そうですね、何だかピンとこないですね」

農家「……よし、これでいいや。装備はフルでお願いね」

私「ありがとうございます！」

農家「三馬力大きくなると、いくらか楽になるかな？」

私「作業幅も広くなりますし、時間も短縮できますよ」

農家「二〇馬力だと馬二〇頭だよね、エサ代かかるね」

私「馬二〇頭よりはかかりませんよ。燃料は高騰してますが、大事にしてあげて下さい」

ちなみに馬力表示には、独馬力のPSと英馬力のHPがあります。独馬力のPSは面倒くさいのですがドイツ語のPferdes tärkeの頭文字。英馬力のHPはご存知、horse powerの頭文字。どちらも意味は「馬の力」。そのままです。

やっぱり馬力表示は今まで通りが農機具らしく、馬何頭分でいうのがわかりやすいですね。

5章

農機別 このやり方で、安く早く直せます！ 応用編

メーカーでは部品の打ち切り（20ページのコラム参照）、でも、慣れ親しんだ農機具だからもう少し使いたい……。修理代がかかり過ぎ、自分で何とか安くやれたら……、そんな思いに応えます。ちょっと特殊な工具を使う修理もあるけど、農家でもやれちゃう修理の裏ワザを、この章で紹介します。

1「軸」の修理と交換

使っていると消耗する部品はいくつもあります。その中でも、あまり注目されないけど消耗したら修理に大金がかかるのが、テンション軸、プーリ軸、駆動軸などの「軸」です。こまめな点検や整備、注油などを怠るとガタつき（遊び）が出たり、最悪なケースでは折れたりして作業機が動かなくなります。そうなる前のメンテナンスと、故障してしまったときの修理の仕方です。

○大事なグリスアップ

4章7「グリスアップ」でも述べたように、農機を壊さないためのメンテナンスとして大事なのはグリスアップです。グリスニップル（グリスポンプでグリスを注油するところ）が付いていればそこから注油、付いてなければグリススプレーをしたり、オイルを付着させたりして動きをよくし、消耗を最小にするようにします。

グリスアップの目安は、よく使う機械なら毎回、そうでないものは年に一回、目で見てグリスが付いているか、油っぽくなっているかどうか確認します。

○テンション軸にガタがきたら……

「買ってから油なんか注したことないよ」と持ち込まれたワラ切りカッター。見るとテンション軸が摩耗してガタガタです。遊びができ安定してない。おかげでプーリがVベルトとうまく噛み合わず、外れてしまう羽目に（写真5－1①）。

テンションを交換するとなると、工賃込みで一万から二万円ぐらいかかります。それも部品があればこそ。年式が古いとメーカーによっては部品もない。だからといって「新車は買えないし、何とかならないか？」が農家のホンネでしょう。ここは溶接の技術があれば、何とかなります。

○テンション軸の交換手順

テンションの構造は、そこまで複雑ではありません。写真5－1②はテンションに軸が溶接されたタイプで一般的ですが、この軸を外し、交換してやればよいのです。軸が機械本体に溶接されているタイプもありますが、基本は同じ。ここでは一般的な軸がテンションに付いているタイプでやってみます。ちなみに、軸が機械本体に付いているタイプでは、テンション本体の位置と軸の長さ、止めピンの位置などを確認し、念のためデジカメで撮影をしておきます。

では、軸の交換。

①機械からテンション本体を外し（写真5－1②の状態に）、ガタのきた軸の溶接箇所をハンドグラインダーで研磨します（写真5－2①）。軸の付け根が見えたら叩いて抜きます。

②軸の長さ太さを測り、同じサイズで使えそうな廃物があればそれを、なければ、管理機のタイヤやトラクタの尾輪を止める車軸ピンを用意します（写真5－2②）。サイズの合った車軸ピンはホーム

センターでも買えます。どうしても、適当なサイズのものがなければ、鉄工屋さんなどに相談してみて下さい（注）。

③用意した車軸ピンを溶接する前に仮付けして、軸とベルトラインが直角になっているかどうかを確認しておきます（写真5－2③）。

④位置合わせができたら溶接、余分な長さをグラインダーでカットし、割ピンを入れる穴（2㎜程度）をドリルであけ（車軸ピンは開いているものもある）、最後にサビ止めの塗装をして完成です（写真5－2④）。

⑤テンションの取り付けは、交換した軸と受けの穴にグリスをたっぷり塗って差し込み、反対側にワッシャー、そして割ピンで止めます。最後にベルトライン、ベルトの張り具合を見て、よければ完了です（写真5－3）。

写真5-1①　ワラ切りカッターのVベルトとテンション軸まわり
テンション軸にガタがきて、Vベルトのラインがずれて外れてしまう羽目に

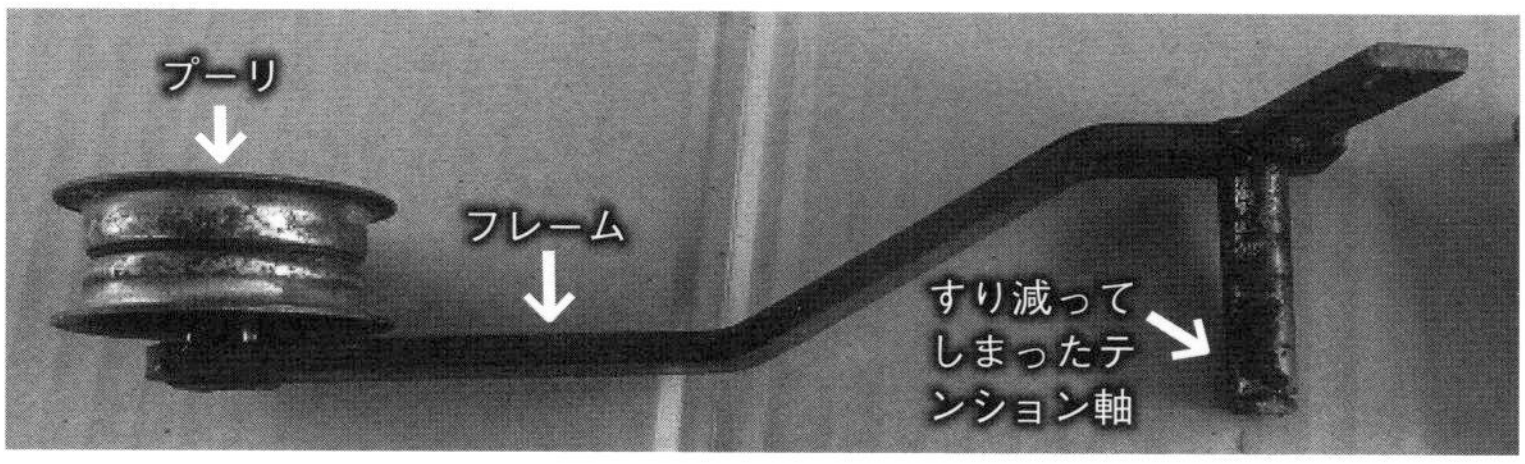

写真5-1②　フレームに軸を溶接したテンションの構造
軸の長さや止めピンの位置などを確認

ワラ切りカッターは作業中にホコリが出やすく、また回転刃の駆動ベルトは長いので、センターがずれると外れやすくなっています。作業前にはテンションへの注油、またフレームにある注油穴も確認しておくとよいです。

（注）すごく力のかかるところは軸の素材（粘り、硬さ）、材質は揃える必要があります。

2 取り外しにくいベアリングの交換

ミッションケース、チェーンケースの分解、ベアリング交換などは、正直いうと、農機具屋さんに任せたほうがいい。でも、簡単な分解・交換なら

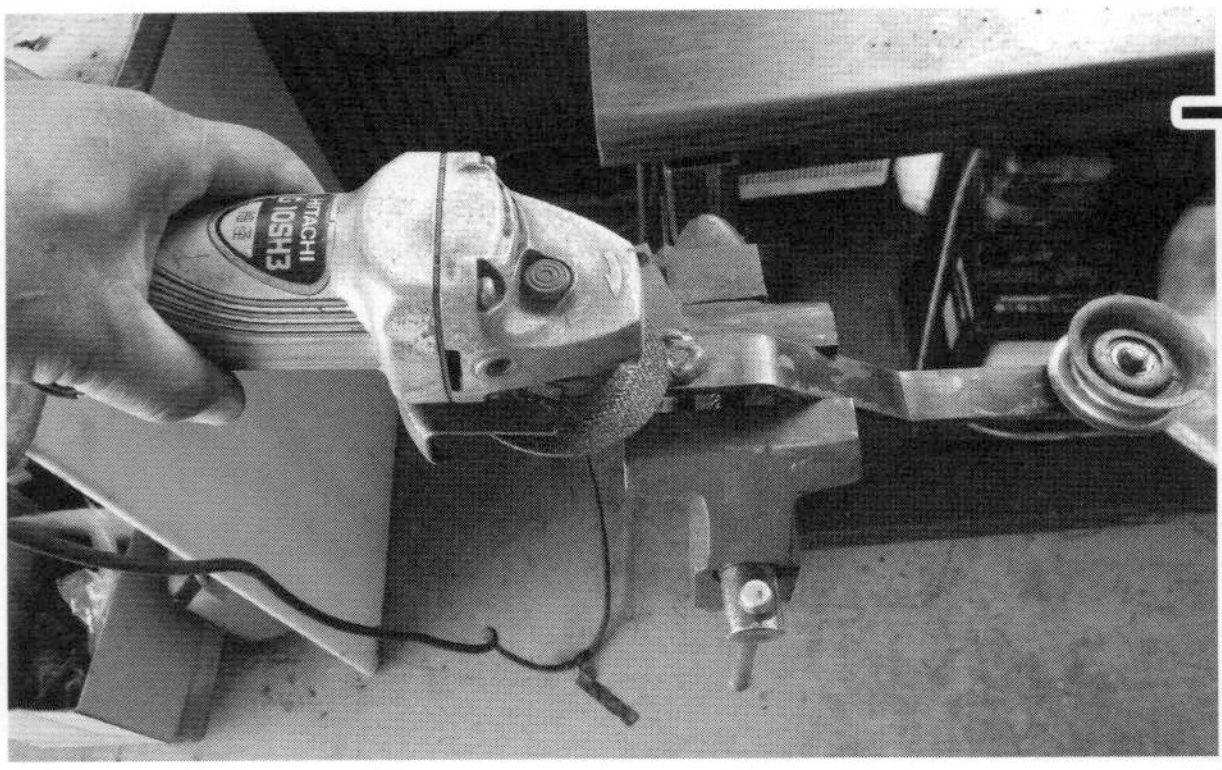

写真5-2①　ハンドグラインダーで軸の溶接部分を研磨し、軸が見えてきたら叩いて抜く

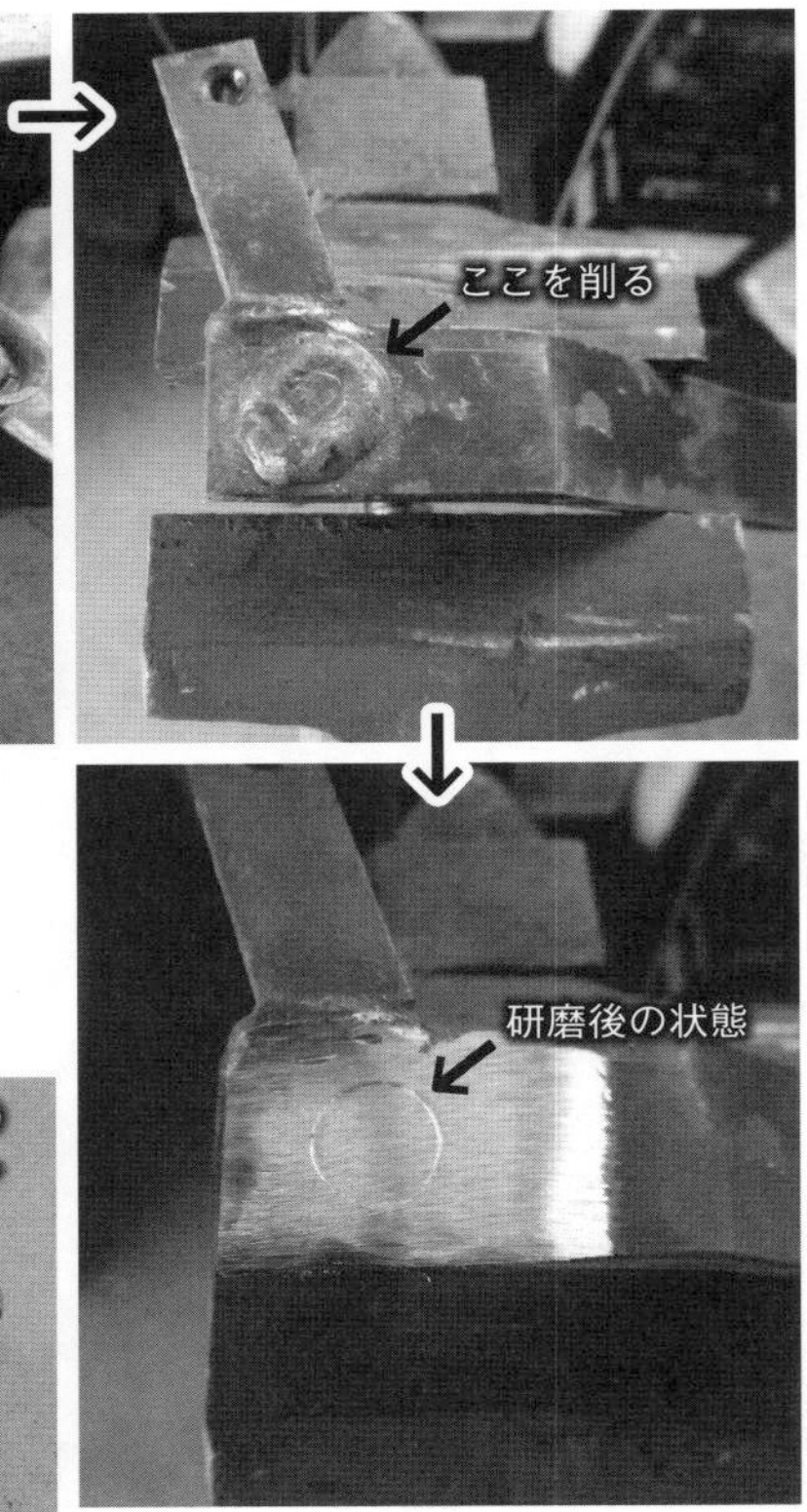

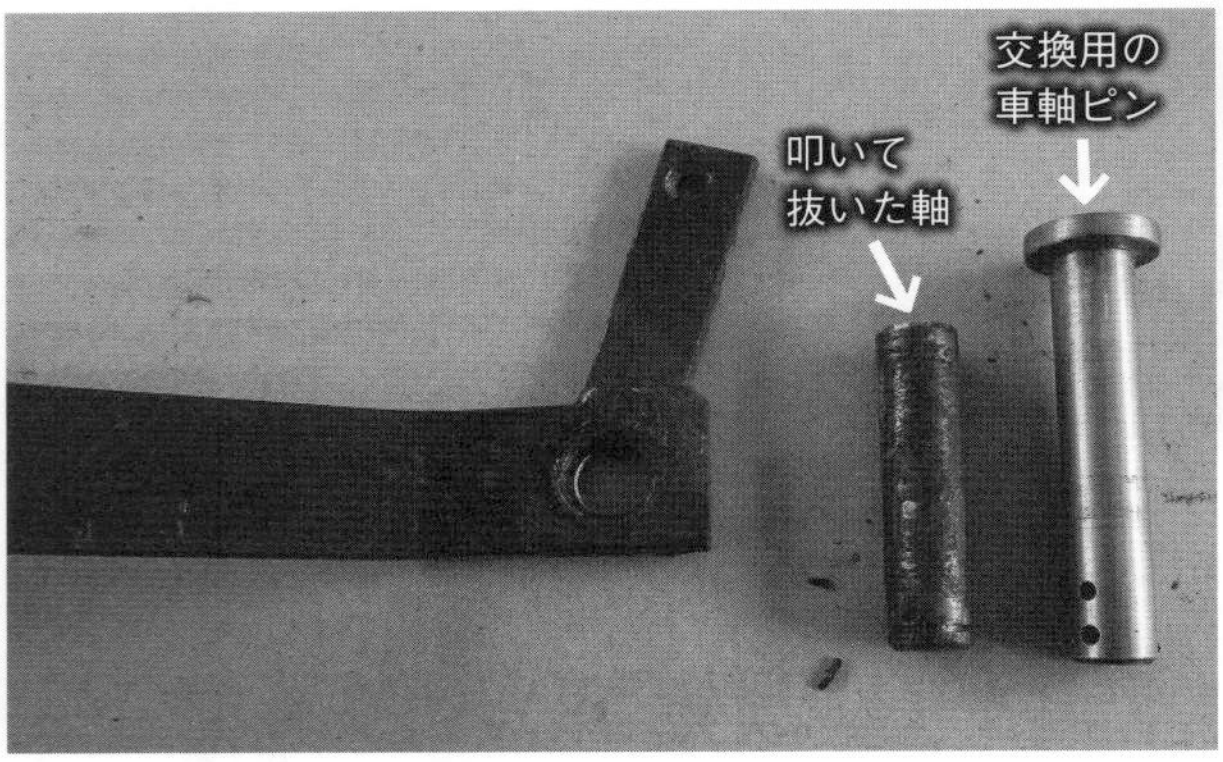

写真5-2②　（左）用意してあった車軸ピン（太さ12㎜、長さ100㎜）と合わせて確認。写真は割ピン穴のあるもの

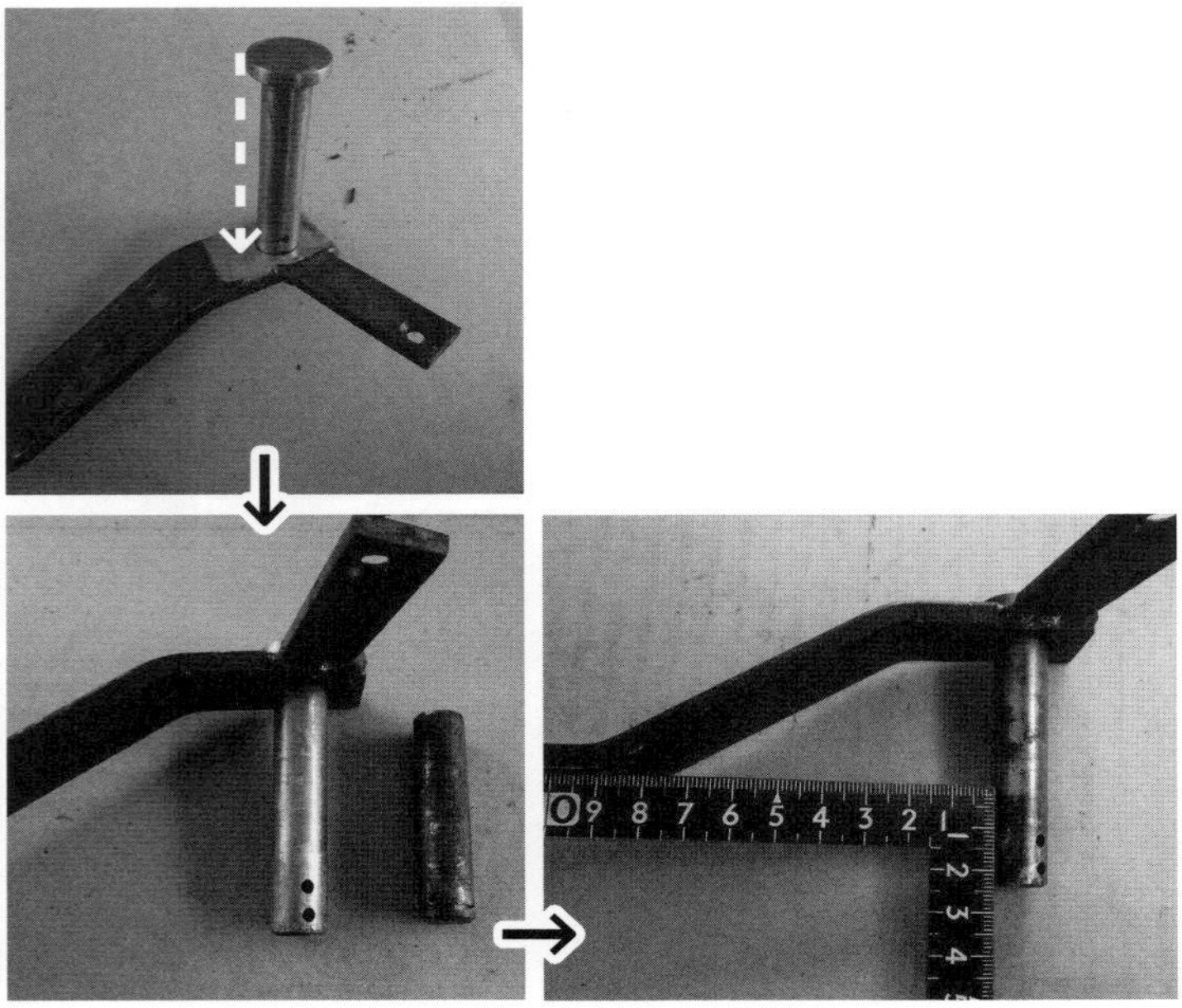

写真5-2③　車軸ピンを入れ、フレームごと機械に仮取り付けして、ベルトラインと軸が直角になっているかを確認する

やってやれないことはありません。例えば管理機や耕耘機、ハーベスタなどのVベルトの張りを調整するテンションプーリ（先の写真5-1②）のベアリング交換などは、プーリと一体化している（アッセンブリになっている）ので比較的簡単です。こんなやり方で交換します。

（114ページに続く）

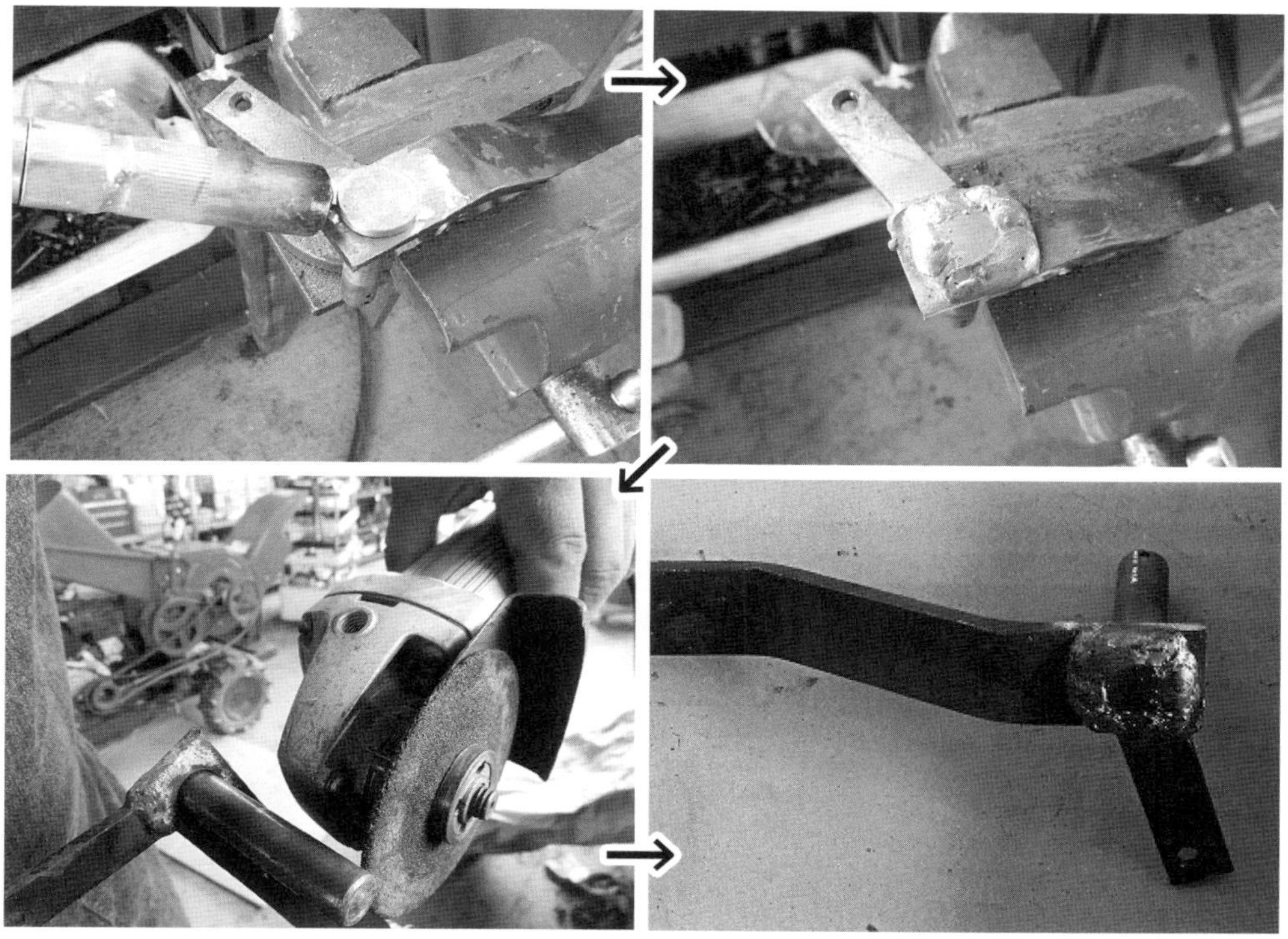

(防サビスプレー)

写真5-2④　位置合わせができたら溶接（上2枚）、次いで軸の余分なところをカットし（下左）、最後にサビ止めの塗装をして（下右）完成

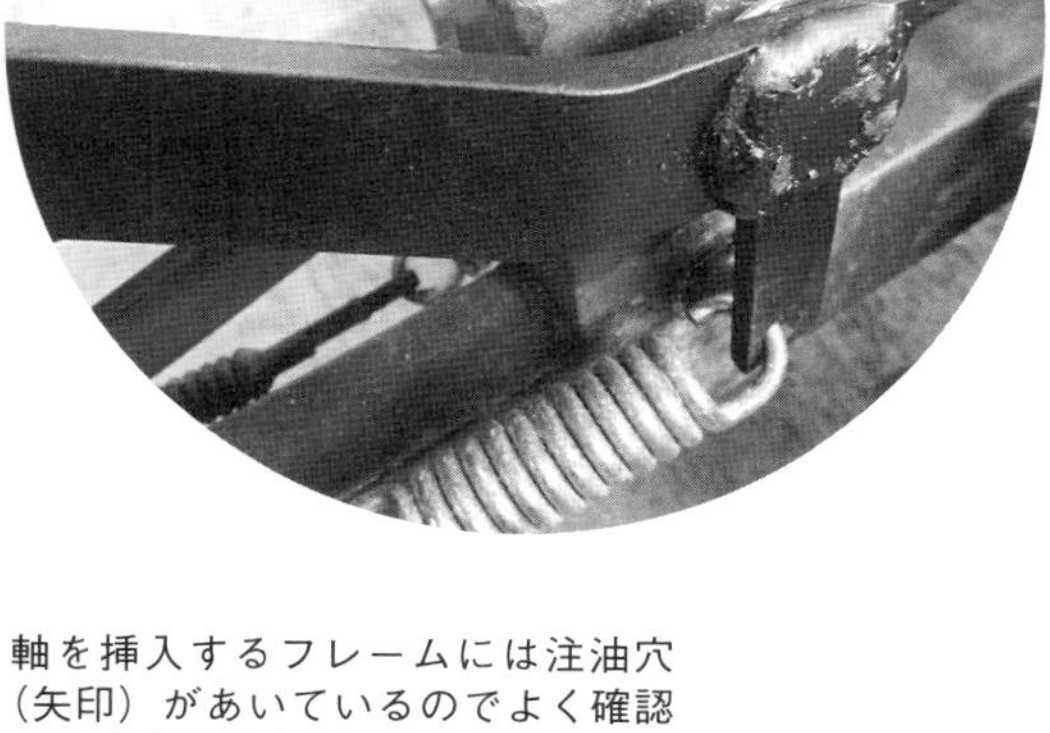

写真5-3　グリスをたっぷり塗って軸を受け穴に入れ、ワッシャーを挟み、割ピンで取り付ける。ベルトライン、張り具合を見てよければ調整完了

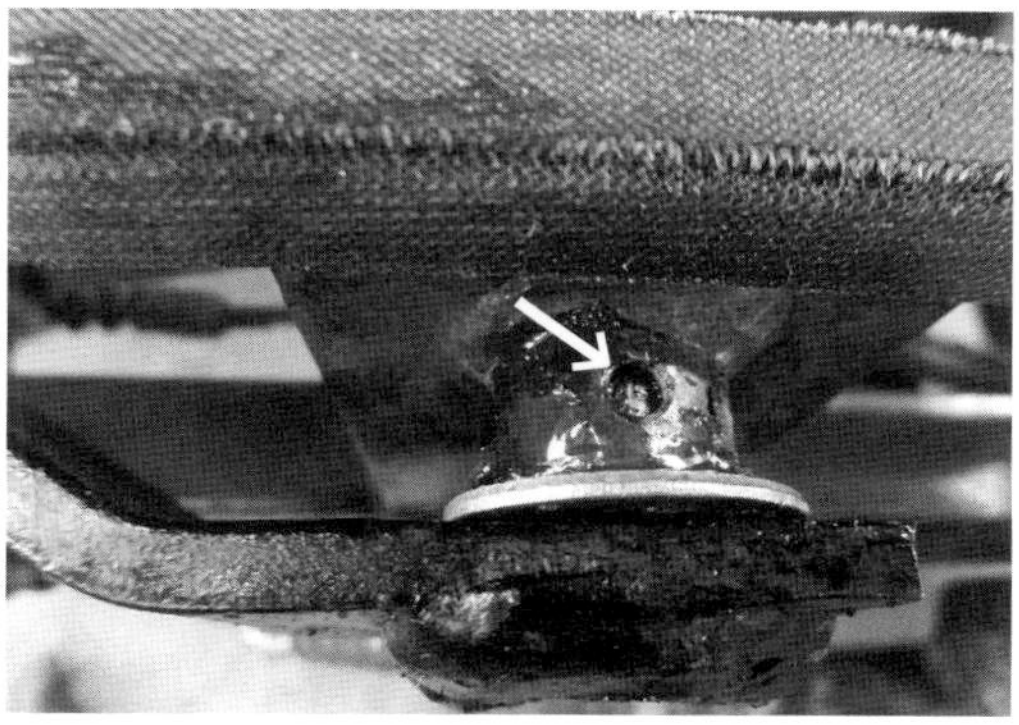

軸を挿入するフレームには注油穴（矢印）があいているのでよく確認し、適宜注油する

①まず、本機からテンションを外します。
②プーリ、ベアリングを止めている止め環のC型ワッシャーを外したら、鉄の丸棒をプーリ中央の軸にあててハンマーで叩き、テンションからプーリを抜く。
③用意しておいた新しいプーリを、ボックスレンチか、工具がかわいそうなら塩ビパイプをあてがいハンマーで叩いて組み込む。ベアリングにはグリスを塗って傷付けないよう、優しく叩いて入れる。
④手でプーリを回してみて、軽く回れば交換完了（写真5－4）。
⑤本体にテンションプーリを取り付けて、修理完了。

○プーリと一体になっていない場合は……

プーリとベアリングが一体になっていないタイプの場合は、外したプーリを角材と角材に渡すようにして置き、マイナスドライバーをベアリングにあてハンマーで叩いて外します。写真5－5は、最近はやりの畦草刈機のベルトテンションの片方のベアリングがサビてダメになったものの交換例です。

　まず、本機からベルトテンションを外し、ベアリングがサビているほうのテンションアームを角材と角材の間に渡し、C型ワッシャー（Cピン）を取ってから鉄の丸棒でテンション軸を

写真5-4　テンションプーリのベアリング交換
プーリと一体になっているので、プーリを新品に交換すればベアリングも簡単に交換できる
手順は、本機からテンションを外し、C型ワッシャー（ピン）を取り（①）、プーリを外す（②）。新品のプーリを優しく叩いて組み込む。同じ口径の塩ビパイプなどをあてがうとよい（③）。また、ベアリング部分には事前にグリスを塗っておく。最後にCピンを付けて完成（④）

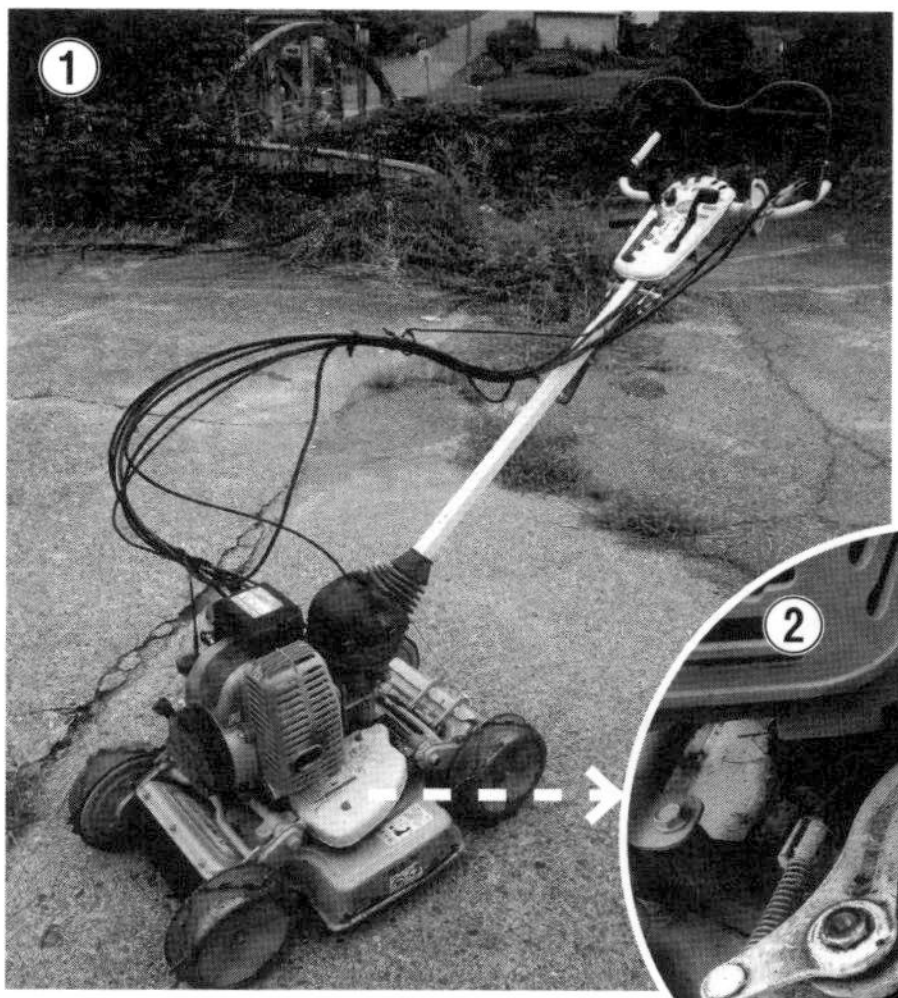

畦草刈機のベルトテンションの一方のベアリングがサビてダメになったので交換

本機からベルトテンションを外し、C型ワッシャーを取ってから角材の間にのせ、鉄の丸棒でテンション軸を打ち抜いて、プーリを外す

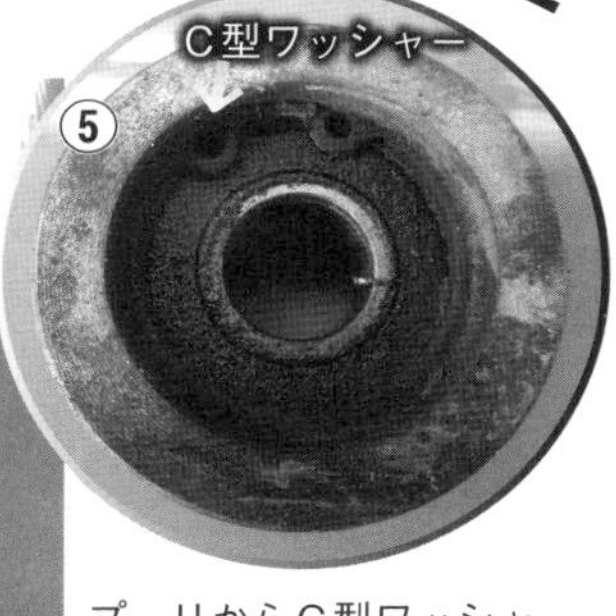

プーリからC型ワッシャーを外し、角材にのせてマイナスドライバーなどでベアリングを外す

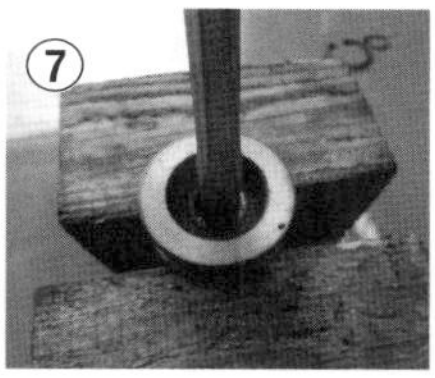

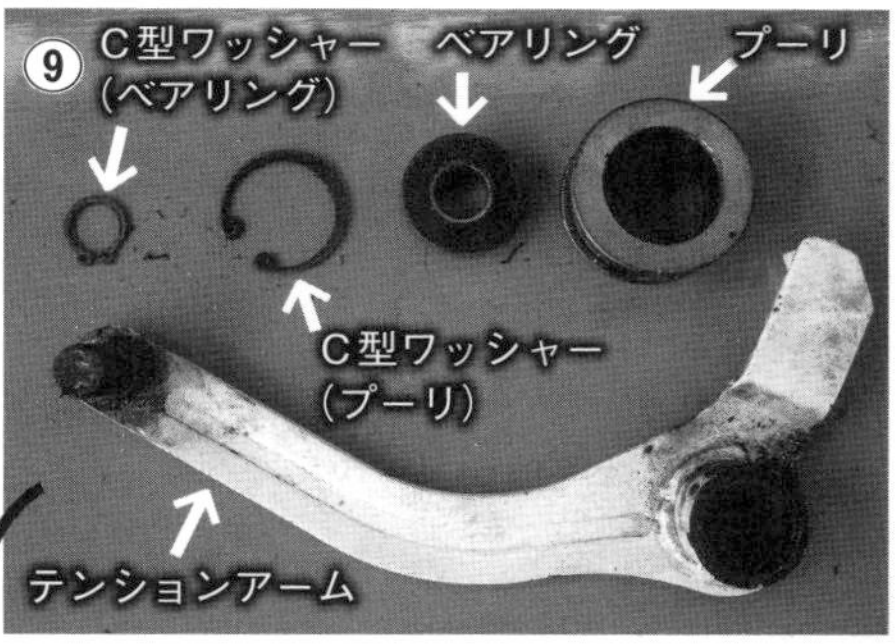

プーリからベアリングが外れる瞬間（⑧）と分解したテンションプーリ（⑨）

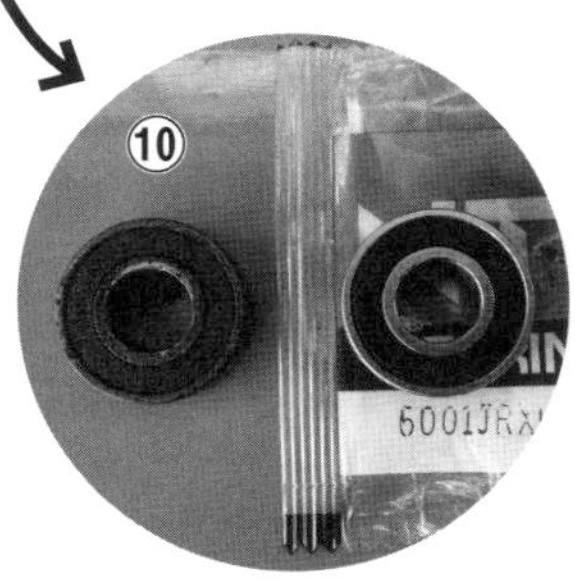

新しいベアリングを塩ビパイプでプーリに打ち込む。
次いでテンションアームをプーリに叩き込み、C型ワッシャーを取り付ける。プーリの動作を確認できたらもう一方のアームと組み合わせ、本機に取り付けて完了

写真5-5　畦草刈機のベルトテンションのベアリング交換

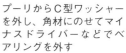

打ち抜き、プーリを取り出します。万力（バイス）があれば、それに固定して叩いて抜いてもよいです。

　次に、プーリのベアリングを止めているC型ワッシャーを外し、やはり角材の間に置いてマイナスドライバーなどベアリングを打ち抜きます。その次に、新しいベアリングをプーリに取り付けますが、塩ビパイプなどをあてがって叩くと早いです。グリスを塗って傷付けないよう優しく叩いて入れて下さい。

　プーリをテンションアームに叩き込んだらC型ワッシャーを取り付け、動作を確認。大丈夫、うまく動けば、反対側のアームと組み合わせ、本機に取り付けて完了です（写真5－5）。

○ケースの片側が開いてない場合は

片側からベアリングを打ち出せない場合は、ちょっと裏ワザ的ですがこんなやり方があります。

　写真5－6は、ドライブハローのチェーンケースのカバーを取った状態。チェーンとスプロケットも外しています。このチェーンを回すシャフト軸のベアリングがいかれているので、交換しようというわけですが、こういうときは、不要になった丸棒をU字に曲げてベアリング部分に溶接。特殊な

①チェーンケースのカバー、チェーンとスプロケットを外し、シャフトのベアリングを露出させる

②ベアリングにUの字にした丸棒を溶接

③スライドハンマーがあればそれをかけ、重りを手前にコンコン、なければU字の内側をハンマーで叩く

④ベアリングが抜ける。あとは新品と交換

写真5-6　ドライブハローのベアリング交換

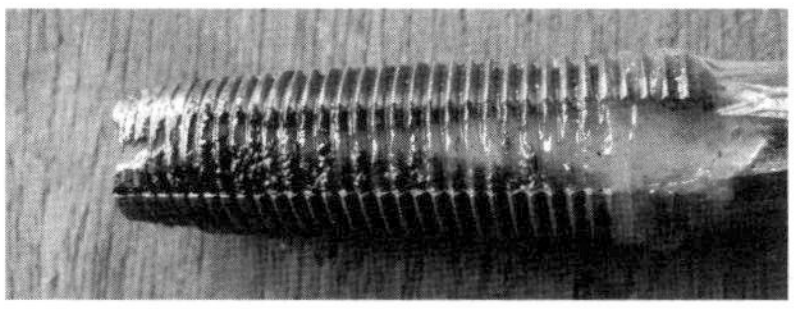

写真5-7　削り粉が落ちないよう、タップの切り溝にはグリスをたっぷり塗っておく

写真5-8　チェンソーエンジンのネジ山修正
「4分の2回転進んで4分の1回転戻す」を繰り返し、ゆっくり切っていく

工具ですが、スライドハンマーがあればそれを引っかけて、手前に引っ張り出すか、なければU字の内側をハンマーでコンコンと叩いても抜けます。

「押してダメなら引いてみろ」ではないですが、溶接の技術があれば、こんなこともできます。ケースごと取れる小物ならベアリングにボルトを溶接、万力にボルトを挟み込んで固定し、カバーのほうを優しく叩けばベアリングが抜けます。叩き過ぎてケースを壊さないように注意して下さい。

あとは新しいベアリングにグリスを塗って組み入れれば交換完了。本機に取り付け、動かしてみて異常がなければ作業も終了です。

溶接は得意な人にお願いしてやってもらっても可です。ベアリングの交換作業自体はやってみれば簡単です。できるものからチャレンジしてみて下さい。

3 プラグが入らない！雌ネジがつぶれた……

エンジン始動がうまくいかないとき、最初に見るのが点火プラグ。これは何度か紹介しましたね。

プラグを外して点検・清掃、場合によっては交換して、さてエンジンに取り付けようとしてプラグのネジ山がなかなか入らず、イライラして強引に突っ込み、工具で回し入れたものの斜めに入ってしまい、シリンダー側の雌ネジをつぶしたなんてこと、ありませんか？

最近のエンジンは、プラグ穴が奥にあって付属の工具を使ってもなかなかうまいこと入りません。ネジ山をつぶさないように入れるのが一番。でもつぶしてしまったときは、修理に出す前にダメ元でもタップでネジ山を切り直すのがよろしい。農機具屋さんに持って行けば、たいてい「これはシリンダーヘッドの交換が手っ取り早い」といわれて、高額な修理になってしまいます。それもやむを得ないときはありますが、早く・安く直したいときは自分でネジ山を切り直します。

○タップで雌ネジを立て直す

雌ネジを立てるのに使う切削工具がタップ。タップは、径一四㎜×ピッチ一・二五（一回転で一・二五㎜進む）のサイズを使えば簡単に立て直すことができます。特殊でない限り、刈払い機、4サイクルエンジンは、ほぼこのタップサイズで共通です。

タップで立て直すときは、

図5-1　ネジ切りタップ

＊NGKプラグなら
BP5ESがベスト

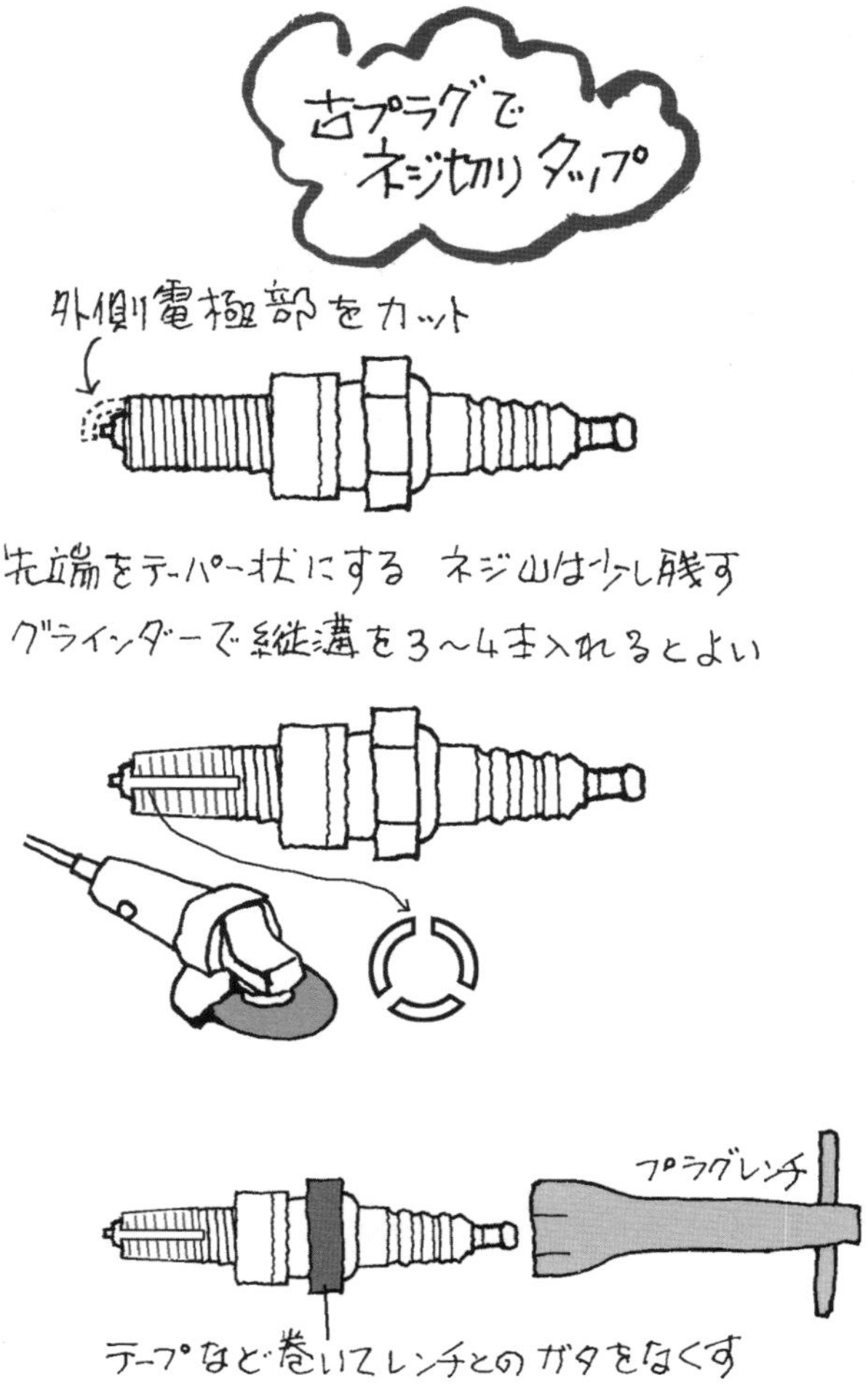

写真5-9　中古プラグを即席のネジ切りタップに
先端3分の1をグラインダーでテーパー状に削る（上）。次いで縦に溝を3～4本通せばでき上がり

①タップ用T型ハンドルでタップをしっかり固定させる。

②シリンダー内に鉄粉が入らないようにするため、タップの切り溝にグリスをたっぷり塗る（写真5－7）。

③タップの切り刃が入り始めたら四分の二回転進んで四分の一回転戻すのを繰り返す。ネジ山は、ゆっくり切っていくのがコツです（写真5－8）。

④タップでネジ山を修正し終えたら、エンジン、シリンダー内をエアーで清掃します。

プラグ穴が深いところにあり、タップが入れにくかったら、指で持って入れ、一～二回転回させてからT型ハンドルを付け、回してやるといいかもしれません。

○即席タップのつくり方

タップはホームセンターでも売っていますが、プラグサイズのタップなどはあまりもってないかもしれません。いつ役に立つかわからない工具をもっていても仕方ないですからね。でも、自分で直したいという人にはこんな即席タップもあります。つくり方は次の通り。

①ネジ山の長いプラグを用意します。NGKの「BP5ES」なんかいいかもしれません。もちろん要らなくなった中古プラグです。

②先端の接地電極を切り落として下さい。

③プラグのネジ山三分の一ぐらいを、グラインダーかヤスリでテーパー状（先端に向かって傾斜して

いる形状）に削る。ネジ山は残します。

④カット用のグラインダー刃で、縦に溝を三本か四本入れる。

これで即席プラグ用タップのでき上がり（写真5－9）。簡単でしょ！ プラグ用工具に絶縁テープで固定して使います。これでいきなりネジを立てるのは難しいので、正常なネジ山で試してから立て直すのを勧めます。一つ用意しておくといいかもしれません（図5－1）。

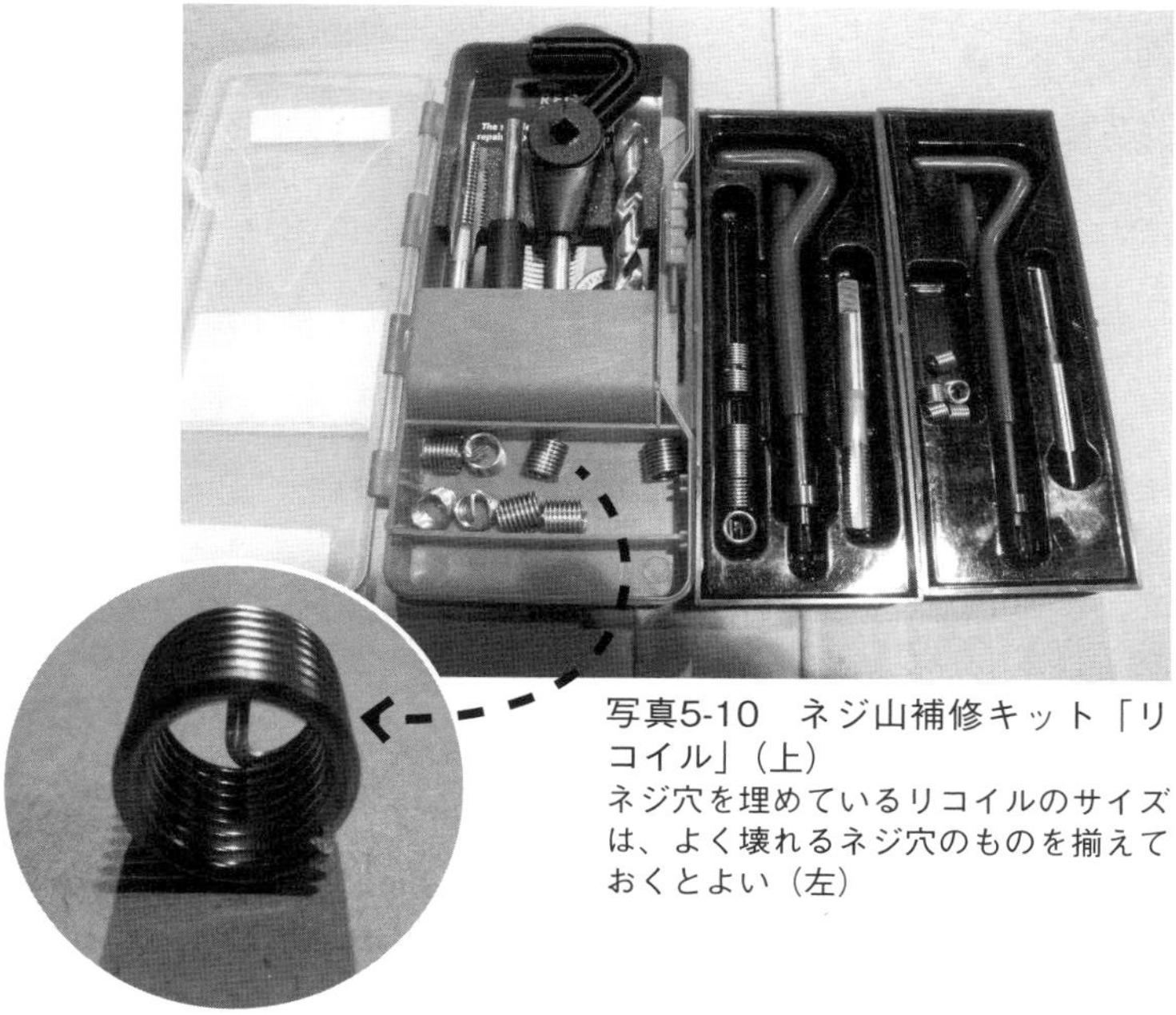
写真5-10　ネジ山補修キット「リコイル」（上）
ネジ穴を埋めているリコイルのサイズは、よく壊れるネジ穴のものを揃えておくとよい（左）

○補修キット「リコイル」

エンジンオイルのドレンボルトやプラグのネジ、エンジンのシリンダーブロックとヘッドカバーとを止めているネジ、キャブレターを取り付けているネジ。どれも重要なネジばかりです。なのでこれらのネジ山が消耗、破損して、タップでも修復不可能となれば、「こりゃもうエンジン、ダメ」「交換しなくちゃならないから大金かかるよ」とかなります。

でも実はこれ、まだ直しようがあります。というか、ものによっては新品以上の強度になるかもしれません。それができる雌ネジ補修キットが「リコイル」。エンジンを始動させるあのリコイルスターターとは違います。修正困難なネジ山を直すごいやつです（写真5－10）。使い方は簡単！

①付属のドリルで指定の穴をあける。

②付属のタップでネジ山を立てる。

③付属の工具で「リコイル」を定位置まで入れていく。

④入りきったら入れていくピンを折って、でき上がり。補修完了です。

大金をかけなくても大事なネジ穴がこれで直ります。ネジの大きさで価格は変わってきますが、リコイル補修キット一式入って一万円前後。自動車のエンジンや足回りなどに使われているキットなので信頼はできます。

これがあればエンジンは交換しなくても済むし、一度、農機具屋さんに相談してみるといいです。

4 燃料タンクのサビとり

タンクの燃料を抜かずに格納してしまい、内部をサビつかせてしまったという人は結構います。結果、燃料は出ないし、コック、ホースは詰まる。エンジンは不調で、始動すらしない。こうなったら農機具屋とすればタンク交換が手っ取り早いのですが、高額な修理になります。燃料タンクの清掃、サビとりにはいくつか方法があるので、試してみて下さい。

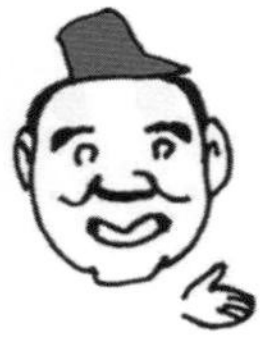

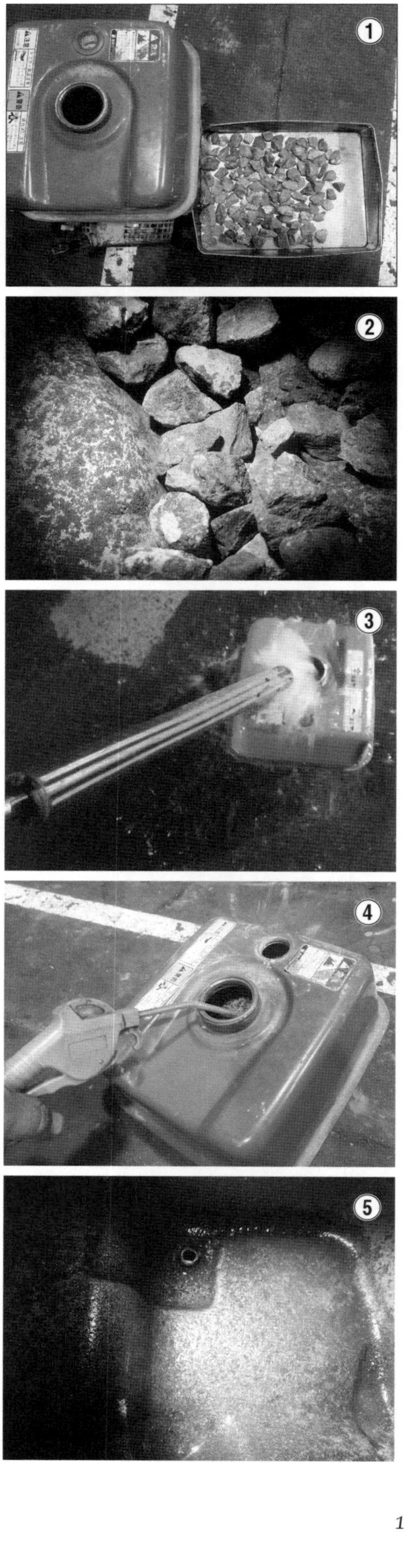

写真5-11　洗浄機と石を使った燃料タンクのサビ落とし
①10円玉くらいの角のある石ころを用意する
②サビたタンク内に20～50個入れる
③高圧洗浄機で中を5～10分ガラガラと洗う
④終わったら水と石ころを出して、コンプレッサーで中を乾かす。乾いてくると細かなサビが飛び出してくる
⑤多少サビは残っているが、きれいになった

○石ころを入れ高圧洗浄機で洗う

①燃料タンクをエンジンから外す。

②タンクに付いているホース、ゲージ、キャップ、コックなどすべてを外す。

③タンクの中に石ころ（一〇円玉ぐらいの大きさで角の多いもの）を二〇～五〇個入れる。

④タンクの給油口に洗浄ノズルを入れ、高圧洗浄機でタンク内を洗います。様子を見ながら五～一〇分くらい。水の圧力で石ころがタンク内で暴れてサビを落とします。一般的な動噴でも効果は少し落ちますができないことはありません。

⑤終わったらタンク内の水と石ころを出す。

⑥カセットコンロ、強力ドライヤー、ストーブ、ジェットヒーターなどで燃料タンクを乾かします。直火でやると塗装が焦げたり、剥がれたりしますので注意して下さい。

⑦タンク内が完全に乾燥し、タンクが熱くなったらコンプレッサー（圧縮空気）で中を掃除します。サビの粉が吹き出てくるので、出なくなるまで続けて下さい。このやり方で九割方のサビが取れます（以上、写真5－11）。

なお、一度サビが出た燃料タンクは、またサビが出やすいので燃料の管理には気をつけて下さい。サビとりの専用洗浄剤としては「花咲かG」がありますが、トイレの掃除用洗剤「サンポール」でもサビを取り除くことができます。また、タンクの中に磁石を入れておくとサビがくっついて取れます。

○時間と体力勝負でひたすら揺する……

次は洗浄機、コンプレッサー、強力ドライヤー、ジェットヒーターなどは使わず、時間と体力が勝負です。やり方は以下の通り。

①燃料タンクをエンジンから外す。

②燃料ホース、燃料ゲージの穴はふさぐ。燃料ホースはボルトなどで栓をし、はめ込みタイプの燃料ゲージのところは紙や布のウエスで栓をして、ガムテープで灯油の漏れをふせぎます。燃料ゲージを外しておかないと石ころで壊れたり、きれいに掃除できなかったりします。

③燃料タンクの中に石ころ（一〇円玉ぐらい）を一〇～三〇個入れる。入れ過ぎると重くなるし、石ころが暴れないので、洗浄機を使う場合より少なめにするのがポイントです。

④給油口から灯油か軽油を三分の一程度入れ、燃料キャップをしっかり締めます。

⑤後はただひたすら燃料タンクを前後、左右、縦横に揺すります。体力の続く限り、といっても一〇分～一五分くらいでしょうか。

⑥ときどき燃料キャップを外して様子を見ます。灯油、軽油があまりにも汚なくなっていたら交換して下さい。

⑦サビが落ちたら石ころを出し、灯油か軽油で何回か洗い流します。

時間と体力は必要ですが、洗浄機・コンプレッサーなどがなくても、これならある程度のサビは落ち、きれいになります。先の裏ワザと同様ですが、タコ糸を付けた磁石を石と一緒に入れて行なうと、磁石にサビがくっついてきます。

5 燃料ホースで燃料タンク内の不純物除去

燃料タンクは掃除したけど、まだいくらか細かいサビが出る。こうした細かいサビはコック内のフィルターも通り抜け、キャブレターの中に入ってエンジンの調子を落としたり、燃料漏れの原因になったりします。タンクからのゴミをキャブレターの中に極力入れないようにするには、フィルターをいくつも付ければいいわけですが、それだと掃除するのもなかなか厄介。ここでは、もう少し簡単に、安くできるやり方を紹介します。

○長めのホースを垂らしてゴミをとる

燃料ホースは、タンク→ホース→燃料コック→ホース→キャブレターの順番でつながっています（機種によって多少異なる）。この過程のゴミを取るには、燃料コックからキャブレターに

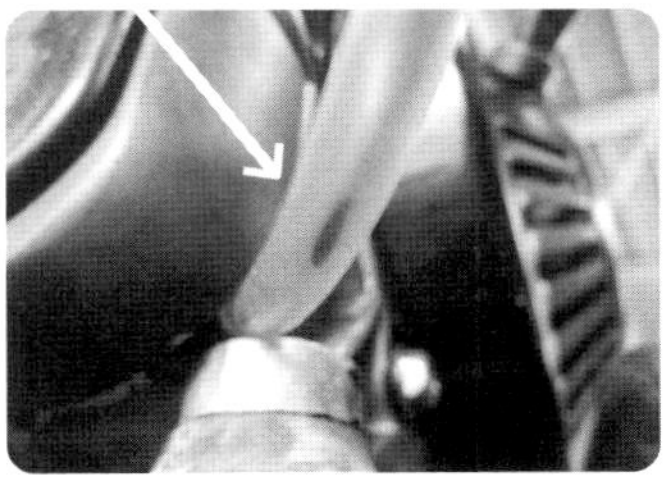

写真5-12　燃料コックからキャブレターに付けるホースを長く垂らして、ゴミ掃除

いたるホースを長め（三〜五倍）にして、その垂れ下がったところにゴミ、水などが溜まるようにします（写真5－12）。ゴミなどが溜まったらキャブレター側のホースを外し、燃料と一緒にゴミを流し出します。こんなやり方でゴミや水はたいがい取れます。また掃除も簡単です。

農機具屋さんで少し長めに燃料ホースを購入してやってみて下さい。ホースは耐油性で、中の燃料が見えるビニール製がいいです。

6 バインダ、コンバインの刈り刃調整、交換

秋のおコメの収穫で使われるバインダ、コンバイン。刈り取りがうまくいかないと刈り残しが出たり、刈った後が汚かったり、……これはすべて刈り刃の不具合が原因しています。刈り刃の部品一式はとても高価。まだ使えるのにやたら交換してはもったいない。刈り刃の点検、調整、どうしてもダメな場合の部品交換をやってみます。次の通りです。

①エンジンを止めます。

②機械から刈り刃を外します。バインダならネジ二本、コンバイン四条クラスでネジ四〜六本で外せます。このとき、刈り刃を動かす刈り刃クランク（写真5－13）にガタつきがないか確認します。

③刈り刃が石などを噛んで欠けていたら交換。刈り刃は一枚から交換できます（写真5－14）。やり方は、欠けた刈り刃のリベット（刈り刃を止めているもの）をハンドグラインダーで削り、刈り刃を外します。

④新しい刈り刃（あらかじめ注文しておきます）を取り付け、リベットを差し込んで油圧プレスで圧着。プレスをもってない人は、馴染みの農機具屋で借りるか、そこだけをやってもらって下さい。刈り刃の交換はこれでOK（図5－2）。できたら組み立てです。

⑤組み立てていて、刈り刃にガタがあるようでしたら刈り刃押さえを外し、その下に入っている調整シム（隙間を微調整するプレート）を一枚ずつ抜いてガタがなくなるよう調整します（61ページ写真3－34参照）。調整シムの抜き過ぎは、ガタはなくなりますが重くなり動かなくなることがあるので注意して下さい。

⑥オイルかグリスを塗って動きをよくします。

⑦取り外し時点で刈り刃クランクにガタがあるのに気付いていたら、これもこの際交換します。刈り刃クランクを交換すると刈り刃の可動域が広くなり、作業効率は上がって、刈った後がきれいになります。

7 バインダのイライラする結束不良

バインダでイネを刈り始めて間もなく、「あれ？　イナ束が縛られてない！」

イネを刈り取り、結束するための機械なのに、肝心の結束ができないでは何のためのバインダか、と思いますが、仕方ありません。どこの不具合か、農機具屋さんを呼ぶ前に一度自分で見てみます。ヒモ通しについては3章57ページで説明しているので、そちらを参考にしていただき、ここでは機械の故障、点検と調整、修理の仕方を

図5-2　バインダ、コンバインの刈り刃交換

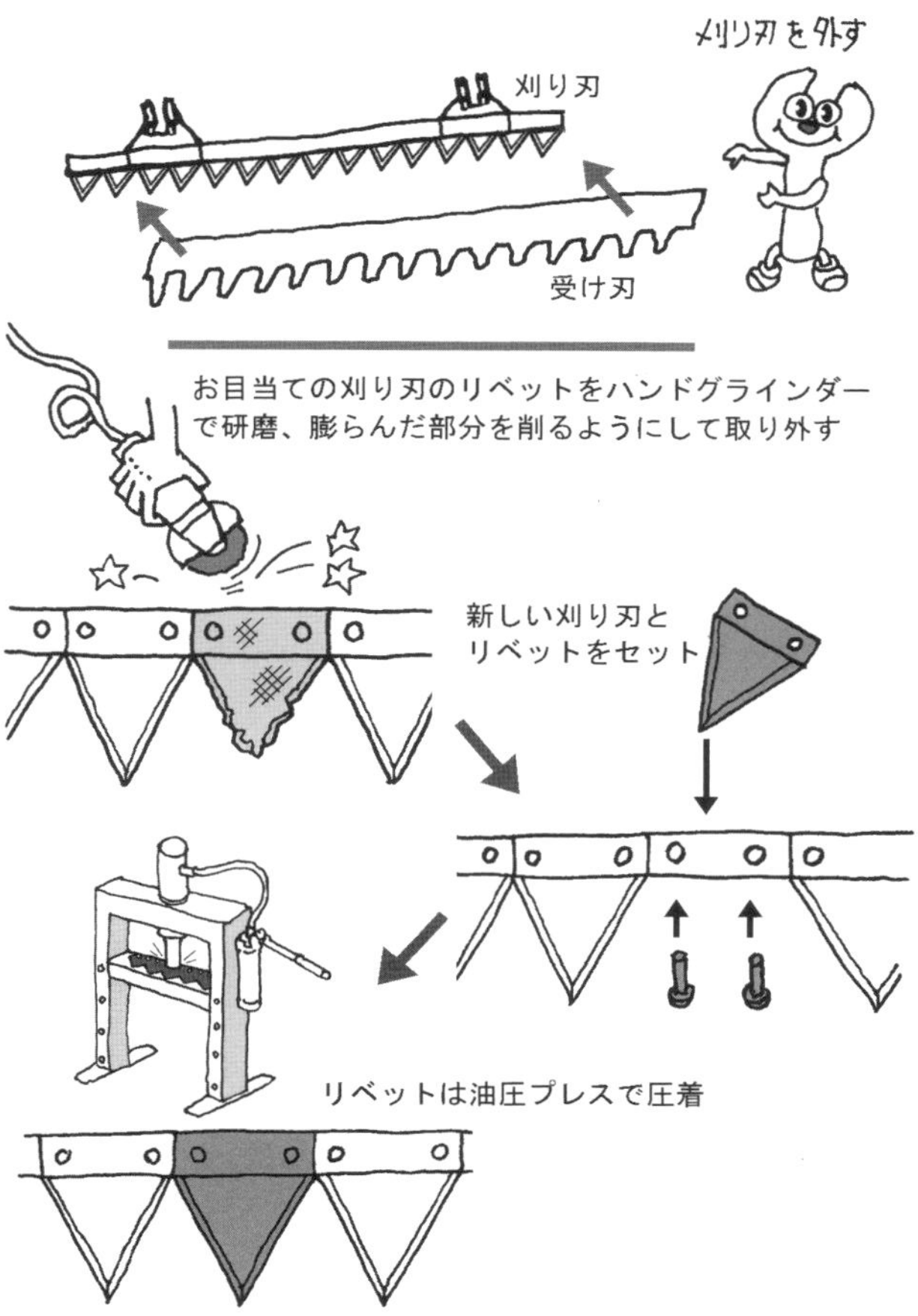

刈り刃を外す
刈り刃
受け刃
お目当ての刈り刃のリベットをハンドグラインダーで研磨、膨らんだ部分を削るようにして取り外す
新しい刈り刃とリベットをセット
リベットは油圧プレスで圧着

写真5-13　コンバインの刈り刃クランク（矢印）ガタつきがないかをまずチェックしておく

写真5-14　刈り刃の交換は1枚からできる

図5-3　バインダ結束部の分解図

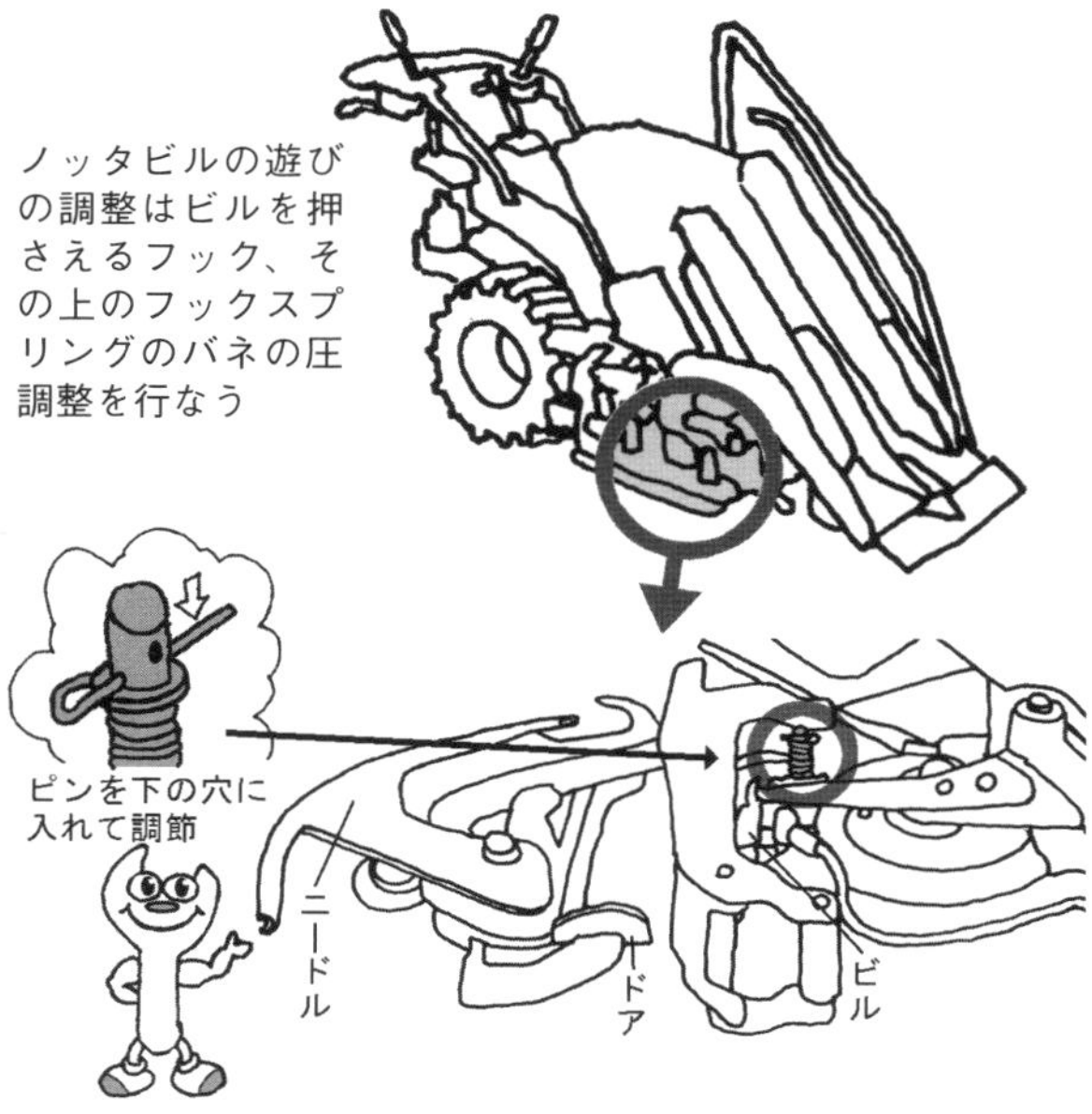

ノッタビルの遊びの調整はビルを押さえるフック、その上のフックスプリングのバネの圧調整を行なう
ピンを下の穴に入れて調節
ニードル
ドア
ビル

……。

「結束部は複雑。自分ではとても無理」と思うかもしれませんが、ポイントを押さえればその場で直ることもありますので、順に見ていきます。

なお、結束部は専門用語が多く、ここは分解図（図5－3）を見ながら読んでいただけると助かります。

○ビルフックを調整

のっけから専門用語ですが、鳥のくちばしのような形をしたノッタビル、ヒモをつまんで結束する部品ですが、

この先端に遊びができてないか？見て下さい。あるようならビルを押さえるビルフック、その上のフックスプリングのバネ圧を調整しているピンを下側に移し、強く押さえるようにすると直ることがあります（図5－4、写真5－15）。

○ベベルカム、ベベルピニオンの調整も

しかし結束部の不良はこれだけではありません。他にもノッタビル、ホルダー、ニードルなど結束部品の動きのズレや、ホルダーなどにヒモのクズが溜まったり、各部が摩耗したりして結束できないこともあります。

例えば、ノッタビルの先端、ロワービルの突起が減ってヒモをつかめないこともあります。そんなときはチェンソーのソーチェーンを研磨する四㎜の丸ヤスリや市販の細いヤスリでくぼみをつくり、ヒモの引っ掛かりをよくすると結束不良がなくなり、縛ったところが硬くほどけにくくなります。

ノッタビルのガタ、動きのズレをなくす調整も重要です。

まずやるのは、結束部を一定の動きに制動しているギヤ、ベベルカムを外してその下に入っているシムとかライナとか呼ばれるリング状の薄板を抜いて、カムとベベルピニオンとの噛み合わせを調整、遊びをなくします。調整シムはもともと二～三枚入っています。これを一枚ずつ抜いて組み立て、調整してみて下さい（写真5－16）。

しかし、ベベルカムの調整シムを全部抜いても遊びがなくならない場合、今度はベベルカムの中心軸の穴を少し

図5-4・写真5-15　ビルフックの調整
ノッタビルの遊びの調整は、ビルを押さえるフック、その上のフックスプリングのバネ圧の調整で行なう

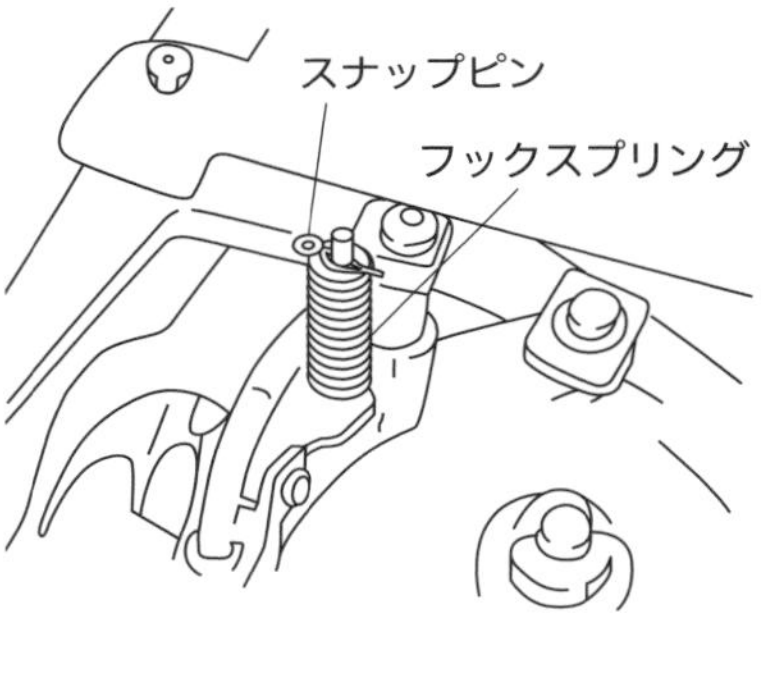

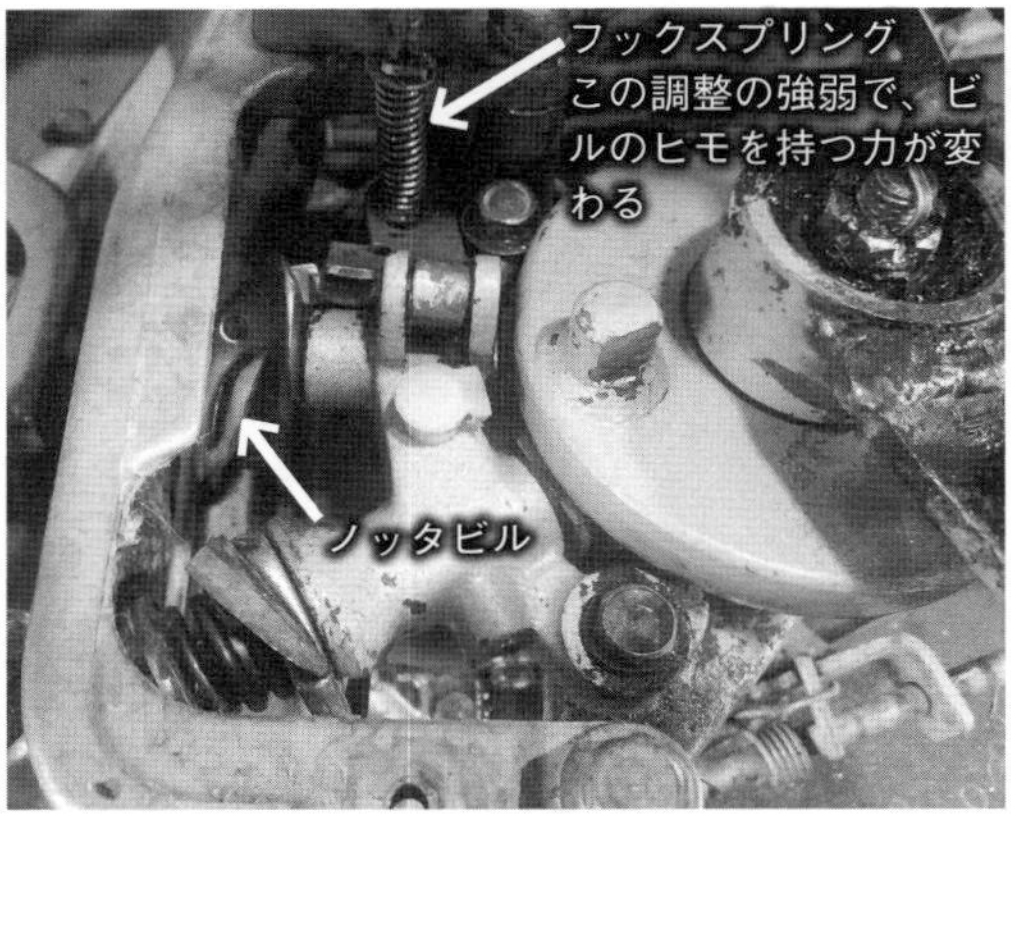

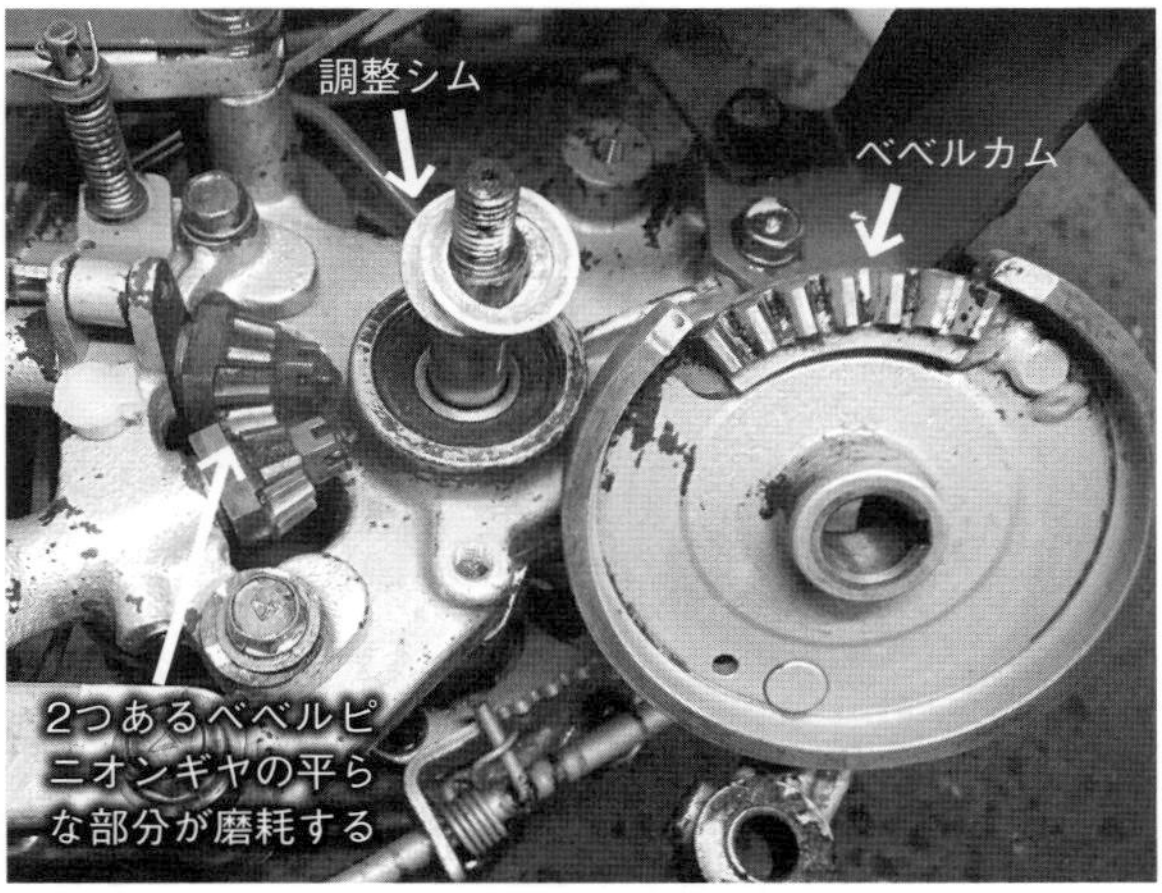

（ノッタヘッドを分解）

写真5-16　ベベルカムとベベルピニオンの調整
カムの歯が、2つあるピニオンのギヤと噛み合ってノッタビルを一定のリズムで動かす。その噛み合わせを、調整シムの抜き差しで微調整できる

写真5-17　ベベルカムの中心軸の穴の研磨
カムの位置（高さ）調整がしやすくなる

研磨します（写真5－17）。するとカムの位置調整がしやすくなり、ベベルピニオンの歯の噛み合わせの微調整がさらに利きます。穴を削り過ぎてしまった場合は、シムを入れ直し、調整して下さい。

　それでもまだ、ガタつきが出るようなら最終手段、二個あるベベルピニオンのノッタビル側の一個を外し、歯のない平らな面の角が消耗してないか見て下さい。ここが減って、遊びが出ている可能性があります。もし減耗していたらその角に溶接して肉盛り、余分なところを削って（写真5－18）、取り付けます。

　以上を順にやってみて調整し、段ボールを丸めたものをイナ束に見立てて動かし、結束できればオーケーです（写真5－19）。

　研磨とか溶接とか、実際にはなかなか難しい人もいるかもしれません。とくに溶接などは農機具屋さんに任せてもよいですが、部品がないときなどは有効的な修理になります。「もう部品がないから新しいのに換えたら」なん

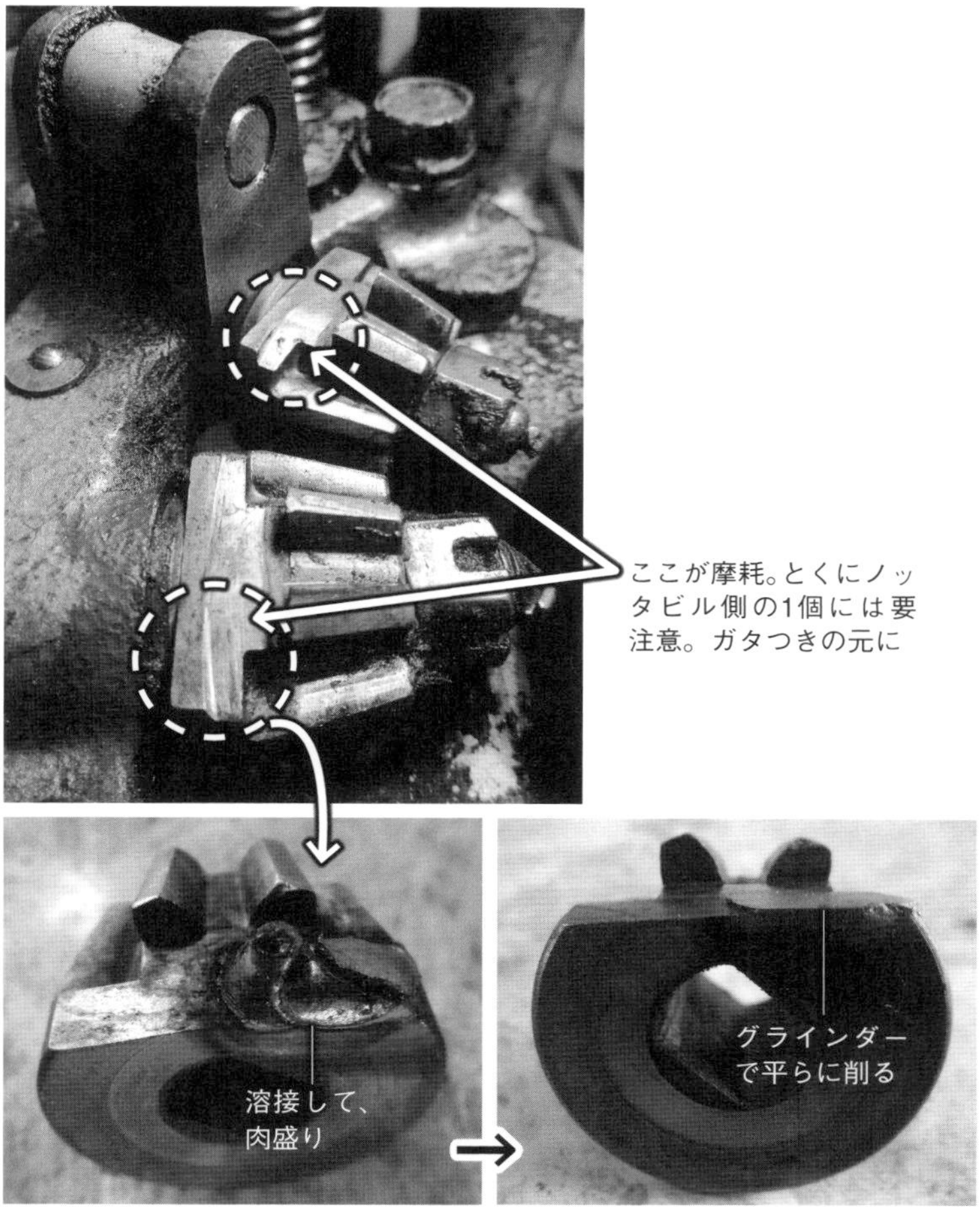

写真5-18　ベベルピニオンの消耗部分を回復させる裏ワザ

写真5-19　最後に段ボールを丸めたものをイナ束に見立てて動かし、結束できればOK

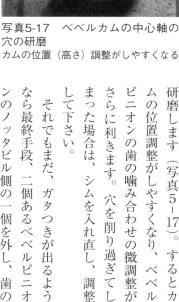

ていわれても、こんな知識があれば愛着ある農機をより長く使うことも可能です。

8 リングギヤ摩耗も、一八〇度ずらせば再利用可

自動車もそうですが、セルモーターの付いたエンジン。キーを回すとセルモーターのピニオンギヤ（小歯車）が回り、これがクランクシャフトに連動する（フライホイールに付いている）リングギヤに瞬時に噛み合って、エンジンを始動させます。当然ですが、エンジンは止まったり始動したりの繰り返し。始動のたびに噛み合うリングギヤの歯も、すり減ったり削れたりします。

問題は、リングギヤ全体が消耗すればよいのですが、農機に多い単気筒エンジン（ピストンが一個）の場合、エンジンの停止位置はだいたいいつも一緒。そのため始動するときも同じ位置からになり、すり減る箇所も同じです。

あるとき農家から「高所作業台のエンジンがかかんなくなっちゃったよ」と電話があり、駆け付けてみると、セルモーターは回るもののエンジンがかからないという状態。ところが、リコイルスターターを外し、フライホイールを手で回してみるとちゃんと回る。そこでもう一度セルモーターを回してみると、「あら、不思議。エンジンかかっちゃった」。

リングギヤの始動位置がずれたことで、セルモーターのピニオンギヤがちゃんと噛み合い、エンジンがかかったのです。農家には、「原因はリングギヤの消耗だけど、交換しなくても直るかも」と伝えました。そのやり方は、以下の通り。

①エンジンのリコイルスターター、エンジンカバーを外す。

②次いでフライホイールを外し、その内側に水を入れる（写真5－20）。これは内側に付いている磁石のまわりのプラスチックを溶かさないようにするため。中にはプラスチックが付いていないものもある。

③リングギヤを酸素アセチレンガス（火）などで炙って膨張させる（写真5－21）。

④リングギヤが膨張して動くようになったら、元あった位置から九〇度か一八〇度回転させて消耗していないところをもってくる。あらかじめ位置を決めて置いておくとよいです。

⑤冷えるのを待ちリングギヤが固定されたかを確認。リングギヤははめ込んであるだけなので、よく確認して下さい。

⑥元のように組み立て、セルモーターを始動。エンジンがかかれば修理完了です。

機械によってはリングギヤを裏表使える機種もあります。一八〇度ずらすよりは裏表を入れ替えたほうが確実です。ただしできない機種もあって、無理に入れ替えると、セルモーターのピニオンギヤが入らないことがあるので注意して下さい。

9 噴霧ノズルの凍結破損はハンダ付けで修復

今年一年の消毒もやっと終了。でもそのまま、噴霧ノズル内の水抜きを忘れ、冬を迎えてしまうと大変です。そのツケは翌春にやってきます。

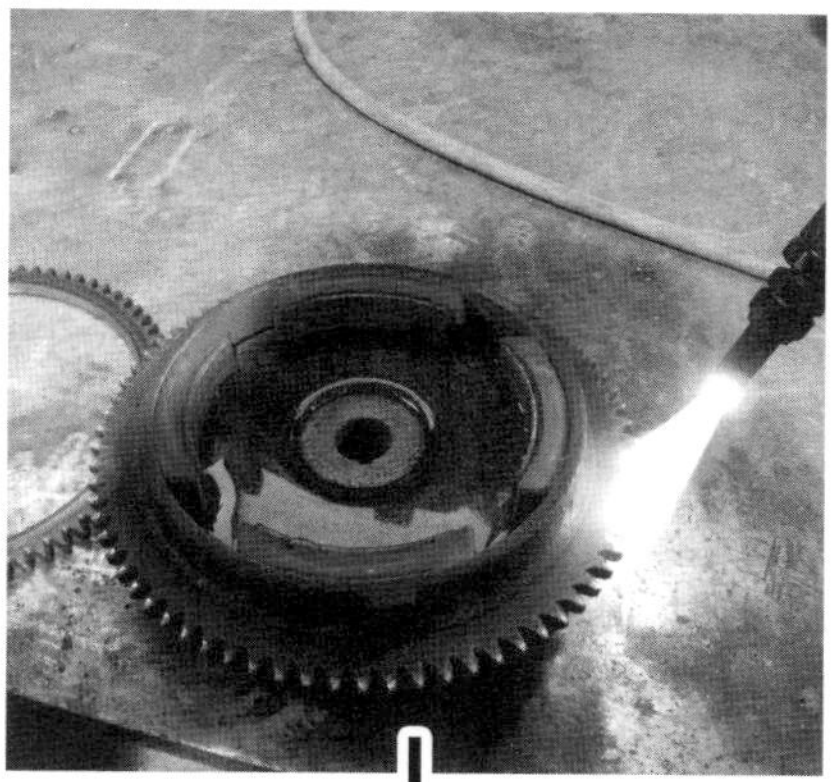

写真5-21　アセチレンガスバーナなどで炙ってリングギヤを膨張させる
火は万遍なく全体に5分間ほどあてる。動くようになったら、90度ないし180度回転させるか、裏返してはめ直す

写真5-20　フライホイール（高所作業車）を外し、内側に水を注ぐ

○春散布　あれっ、クスリが出ない！

春先になってシーズン最初の消毒。農薬をつくりエンジンもかかり、ポンプで吸水。さぁ準備ＯＫ。ホースを伸ばし、いざ散布と思いきや、ノズルの先からではなく、手で握る部分から勢いよく薬液が噴き出てきた。「これじゃ、自分が消毒されちゃうよ～」。

私の地元、長野県では冬場使わずに保管していたノズルのこうしたトラブルは毎年のことです。このトラブルがおきたら、手で握る部分のカバーを取り外して中のパイプを見ると、割れて大きな穴があいているはずです（写真５－22）。そう、これが去年し忘れた水抜きの結果の凍結破損。ノズルの下にはコックが付いていて、開けると水が抜けますが、それをしないと水が残ってしまい、冬の寒さで凍って膨張し、パイプが割れてしまうのです。

農機具屋に持ち込んでも、部品の在庫がない場合はすぐに直らないことも。その日に作業するには、仕方なく新しいノズルをご購入いただくことに。割れたノズルもそのまま鉄くずになってしまいます。もったいないですね。

でもこれ、ひどい亀裂でなければハンダ付けで直せます。

○メッキをきれいに剥がしてハンダ付け

まずは、割れて広がった穴を、プライヤー（幅広のペンチ）で挟んだり、軽く叩いてハンダが乗りやすいように狭くします。

また、噴霧ノズルのパイプ（噴管）には対農薬のメッキ加工がしてあります。このメッキを紙ヤスリなどで削り落とし、地金を出します。グラインダーを使うと削り過ぎてしまうので慎重に。メッキを削り取ったらハンダ付けをして亀裂を塞ぎます（写真５－23）。水を出してみて水漏れがなければ修理完了です。

ここのポイントとしては、メッキ部分をきれいに削り落とすのと、ハンダ付けの前にフラックス剤を塗ること。溶けたハンダが広がりやすくなる液剤で、真鍮や銅、アルミなど、接合するそれぞれの金属に合ったものがホームセンターで五〇〇円前後で買えます。ハンダやハンダゴテを合わせても、全部で二〇〇〇円くらいです。パイプの部品を注文して交換してもらうと新品ノズルの半分、三〇〇〇円はかかるはず。であればハンダ付けの一セット、予備に置いておくのもいいかと思います。

10 破損したFRPの補修

スピードスプレーヤ（SS）の薬液タンクなどに使われているFRP（繊維強化プラスチック）。ガラス繊維でできた素材で、軽くてとても丈夫、おまけにサビない。SSの薬液タンク、ボンネット、ファンカバーなど、ほとんどはこの素材でつくられています。

そのSSに乗って現われた農家が、「SS壊しちゃった」とやってきました。訊くと、薬液タンクを立ち木にぶつけたとのこと。タンク交換となるとかなりのもの要りとなります。ここはFRP補修キットを使って修理してみよう。

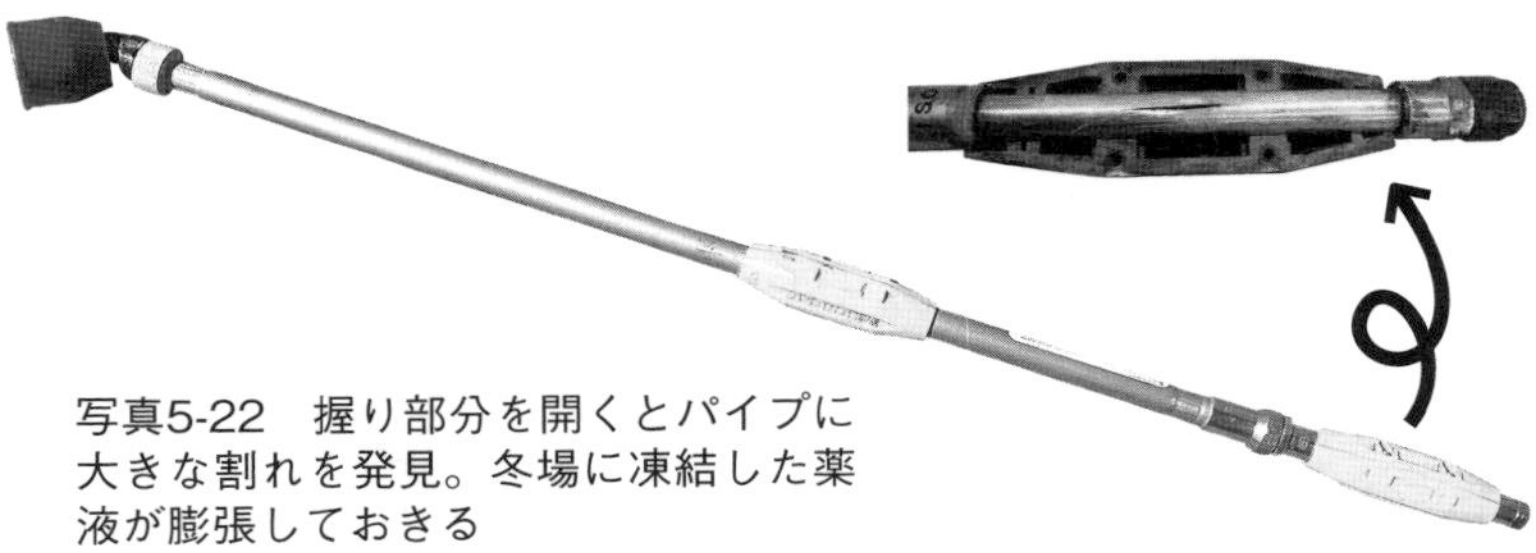

写真5-22　握り部分を開くとパイプに大きな割れを発見。冬場に凍結した薬液が膨張しておきる

写真5-23　動噴ノズルのハンダ付け修理

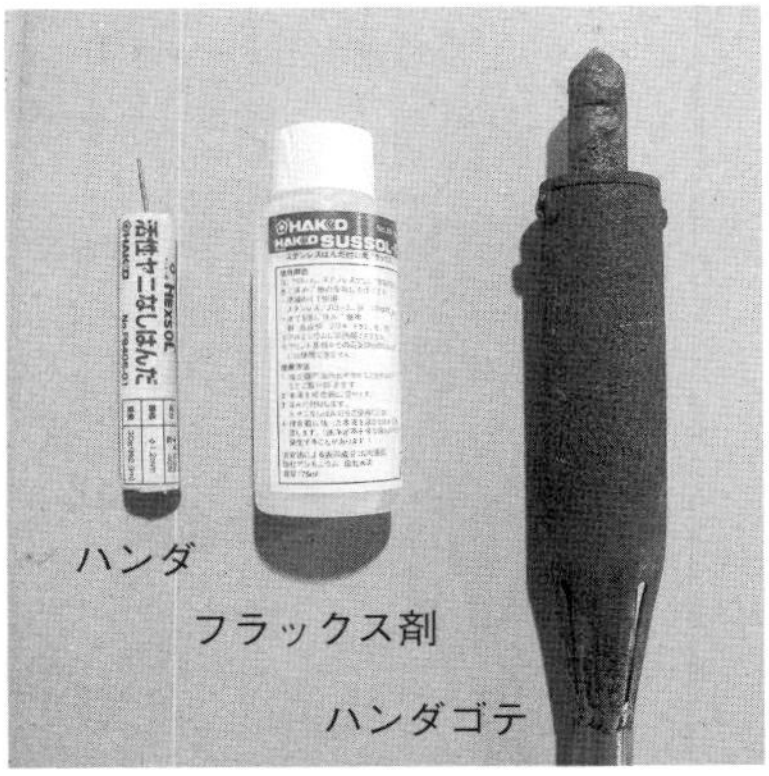

使用した道具フラックス剤は他の金属にも対応できるステンレス用がよい。ハンダゴテは、先の尖った細いものより、太いもののほうが噴霧パイプ修理には向く

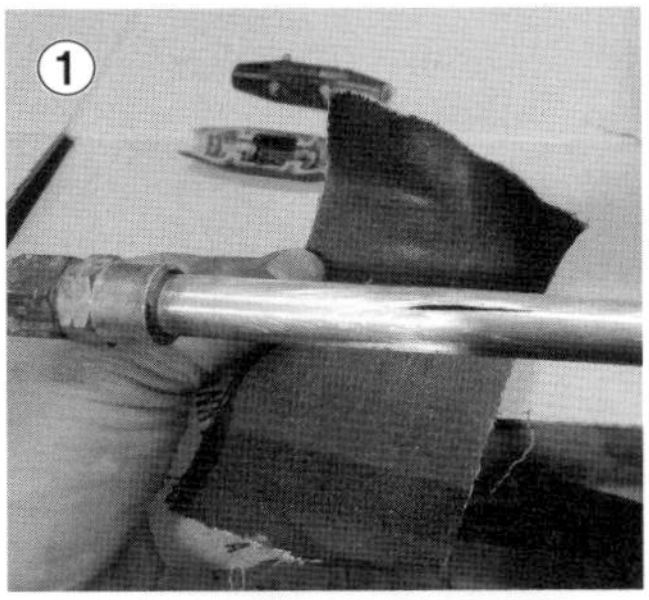

①紙ヤスリなどでメッキ加工やケバなどをきれいに削り取る

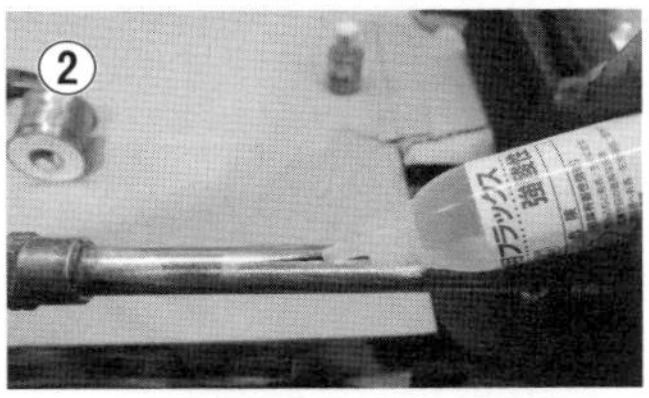

②ハンダ付けの前にフラックス剤を割れ目と周辺に塗る

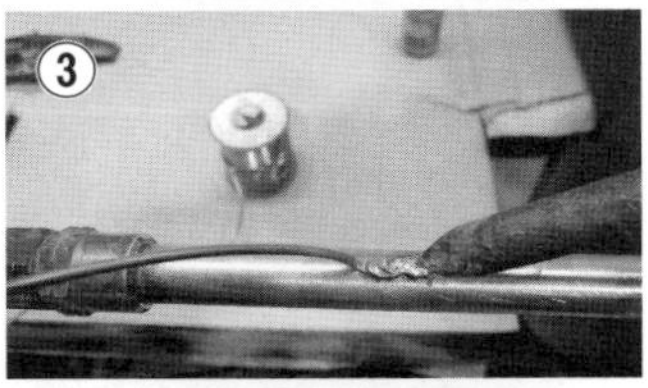

③ハンダ付け。初めにハンダゴテを直接あててパイプを温めてから行なうと、ハンダがしっかり付く

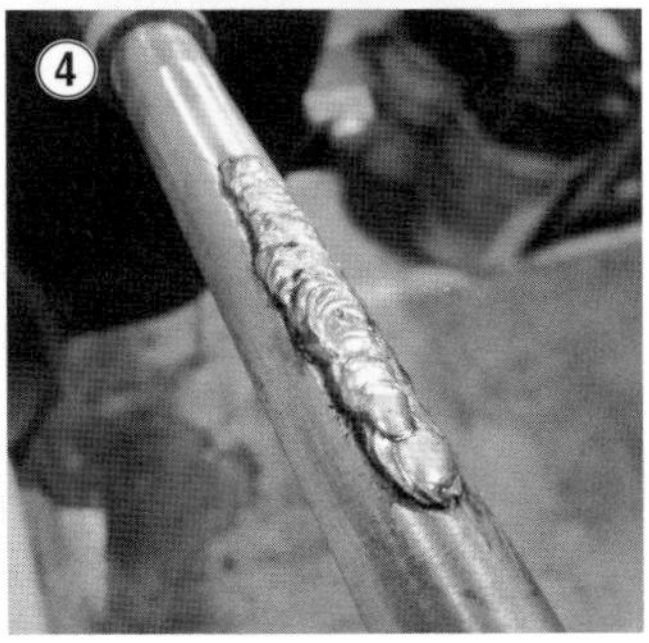

④ハンダ付けができたら動噴を動かして水漏れをチェックし、漏れがなければ修理完了

○FRP補修の材料

用意するのは、補修材としてFRP樹脂と硬化剤、それにガラス繊維マット、道具は、樹脂などを塗る刷毛《はけ》（使い古した歯ブラシでも可）と紙コップ、修理箇所や刷毛、養生テープと新聞紙（余分なところに樹脂がつかないように）、汚れた工具をきれいにするアセトン、もしくはシンナー、それと防塵マスクと保護メガネ（研磨した粉じんは有害）、ビニール手袋。これに、ハンドグラインダーまたはサンドペーパーとハサミ。FRPの補修、修理だけならこれでオーケーです。配管や付属部品の取り外し、分解が必要でしたら、そのための工具も別に用意します。

では、やってみましょう。

○FRP補修の手順

①まず、壊れたところをハンドグラインダーで削り取ります。ぶつけて壊れているところの表面と裏面を削り、塗装も剥がす。損傷箇所より少し大きめに削り、アセトンでその部分をきれいにふき取ります。

グラインダーなどでFRPを削り取る際はガラス繊維の粉が出るので、必ずマスク、保護メガネを忘れないようにして下さい。

②次にガラス繊維マットを補修、修理箇所に合わせて切ります。同じところに二〜三枚貼り合わせるので、少し余分に切っておきます。

紙コップの中にポリエステル樹脂を入れ、さらに硬化剤を入れかき混ぜます。混ぜる量と割合は季節によって異なるので、付属の表を参考にして下さい。硬化剤を入れると三〇分間から一時間で硬化するので、段取りよくやります。

③切っておいたガラス繊維マットにポリエステル樹脂と硬化剤を混ぜた液体を刷毛で塗ります。このとき、空気が入らないようにたっぷり塗って重ねていきます。これを修理箇所に貼り付け、塗り重ねていきます。タンク主要部の場合は中に入って内側と外側をやっておけば間違いありません。

④補修、修理ができたら硬化するまで刷毛などをアセトンで洗浄しておきます。修理箇所が完全に硬化したら水を入れて漏れがないか確認。漏れがなければ、表面をサンドペーパーで滑らかにして、塗装して完成です（以上、写真5－24）。

○修理費一〇分の一に挑戦

この手の修理を農機具屋さんに頼むと数万円はかかります。ホームセンターにいけばFRPの補修キットは安いもので二〇〇〇円くらいから買えます。追加で、ポリエステル樹脂、硬化剤、アセトン、ガラス繊維マットも必要なだけ購入できます。

軽症ならプロの農機具屋さんにお願いする前に自分でチャレンジしてみるのも一つの手。修理代が一〇分の一になるかもしれません。

写真5-24　FRP補修の仕方（SSエンジンカバーの例）

1 グラインダーで研磨し、破損部の塗料を剥がす

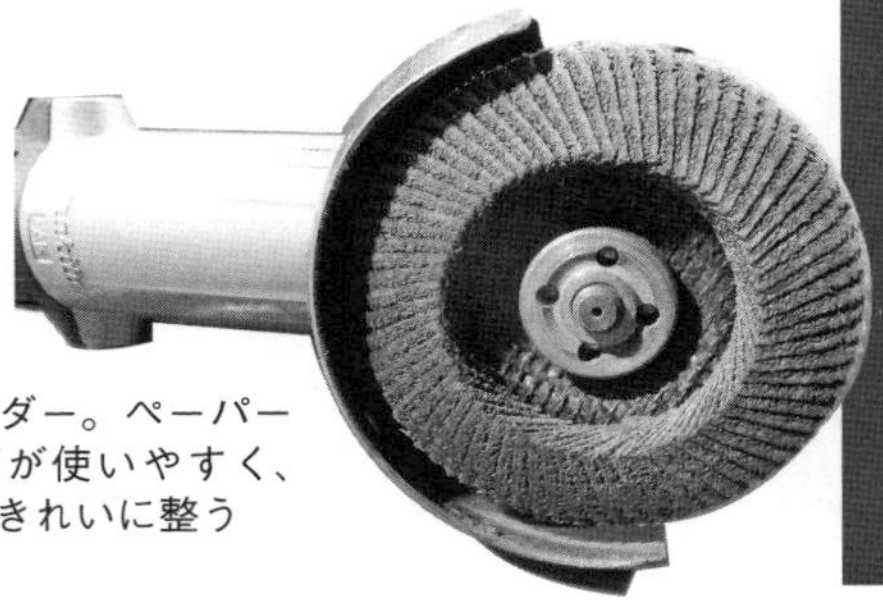

グラインダー。ペーパー式の砥石が使いやすく、研磨跡がきれいに整う

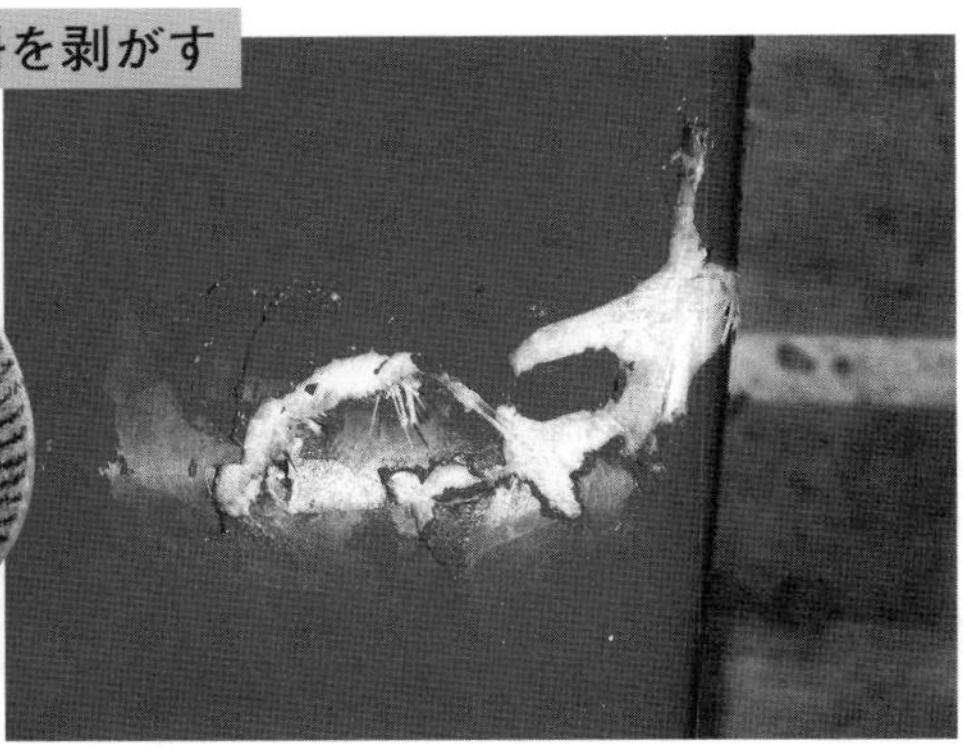

破損したエンジンカバー

2 塗料を剥がした状態。白濁しているところは破損して弱くなっているので、グラインダーで研磨して除去

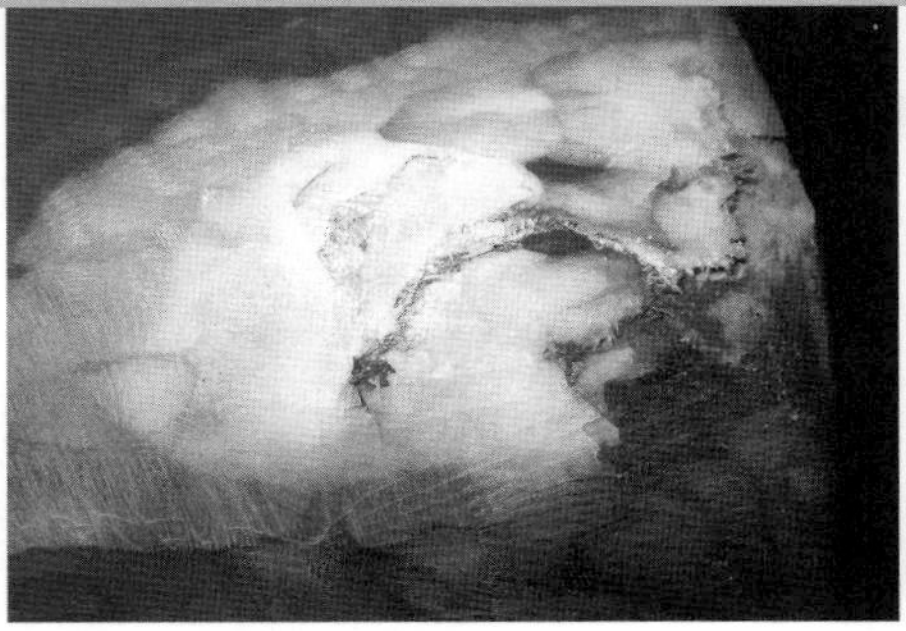

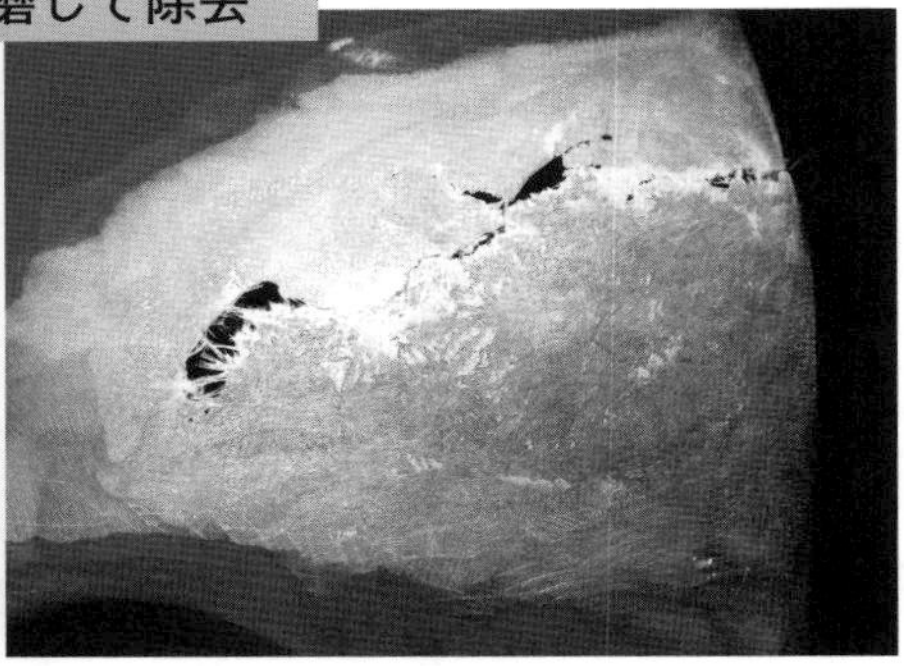

白濁したところを除去した

3 破損箇所にあてるガラスマットをカットする

強度を高めるために最低2～3枚は重ねて張りたい。先にカットしておくと作業性がよい

4 硬化剤を加えたFRP樹脂を塗る。まず下地に塗り、ガラスマットを置き、その上にもまた塗ってガラスマットを重ねていく

FRP樹脂と硬化剤を紙コップに入れ刷毛や歯ブラシで混ぜる。ガラスマット3枚分で樹脂約150mℓ、硬化剤1.5～4.5mℓ。硬化剤が少なめのほうが硬化がゆっくりで余裕をもって作業できる（硬化剤を混ぜてから10分以内に塗り終える）

5 空気が入らないよう素早く塗る。樹脂を付け過ぎると垂れるので注意

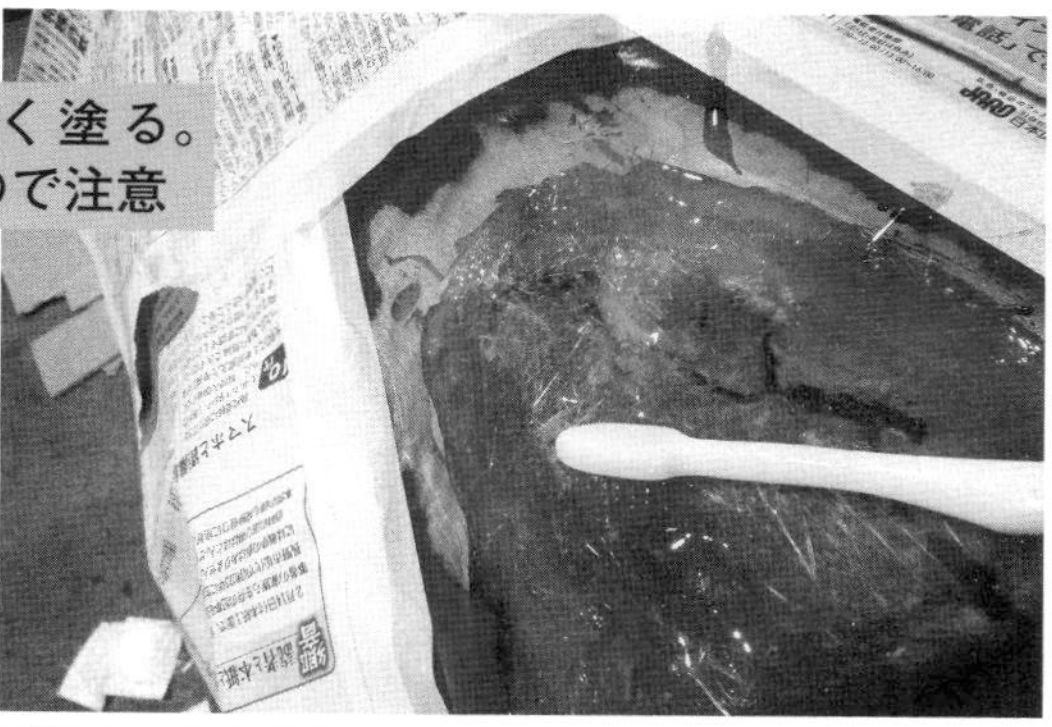

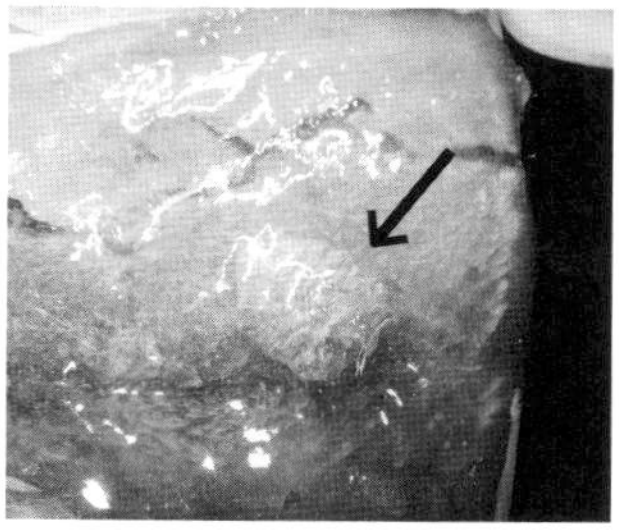

＊気温26℃、樹脂150mlに硬化剤3mlだと約10分で硬化が始まった。気温が高いほど硬化が速い

空気が入って白く膨らんでいる（矢印）。歯ブラシで押さえて抜く

破損が大きいときの補修法（薬液タンク）

破損箇所が大きいときは段ボールで型をつくり、内側からあてて作業するときれいに補修できる。表側を補修したうえで、タンクの内側からも行なうと水漏れ防止に効果的

割れた樹脂で段差ができていると樹脂が付きにくい。研磨して極力滑らかに

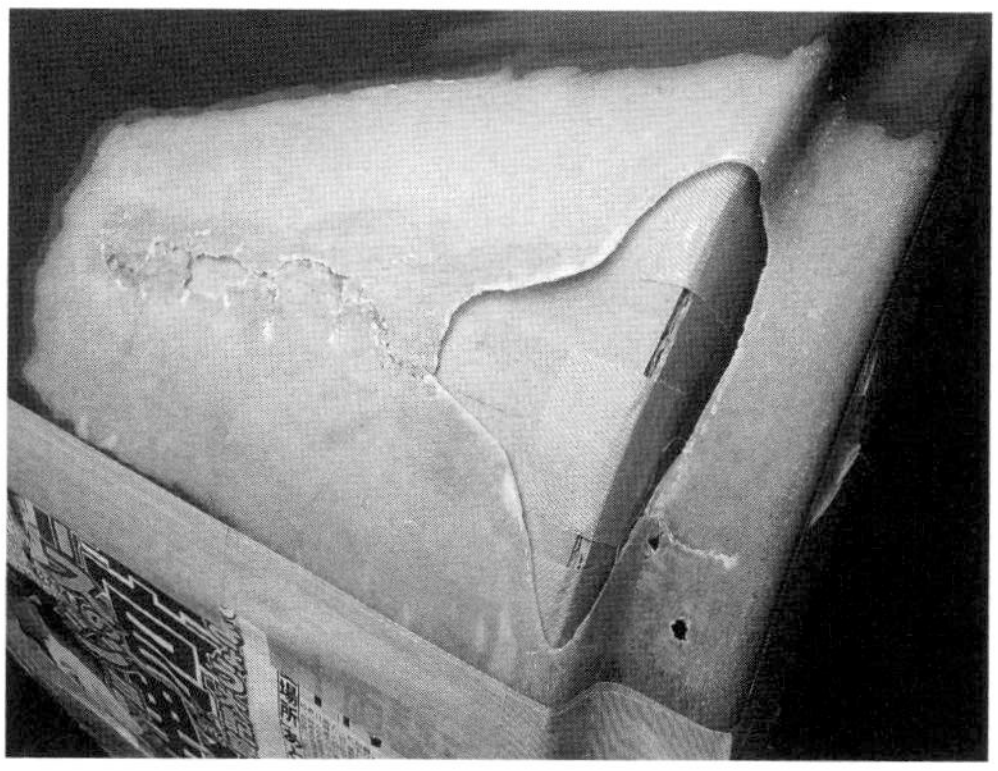

内側から段ボールの型をあてた状態

6 樹脂が乾いたらグラインダーをかけて整え、パテを塗ってからもう一度グラインダーで滑らかに

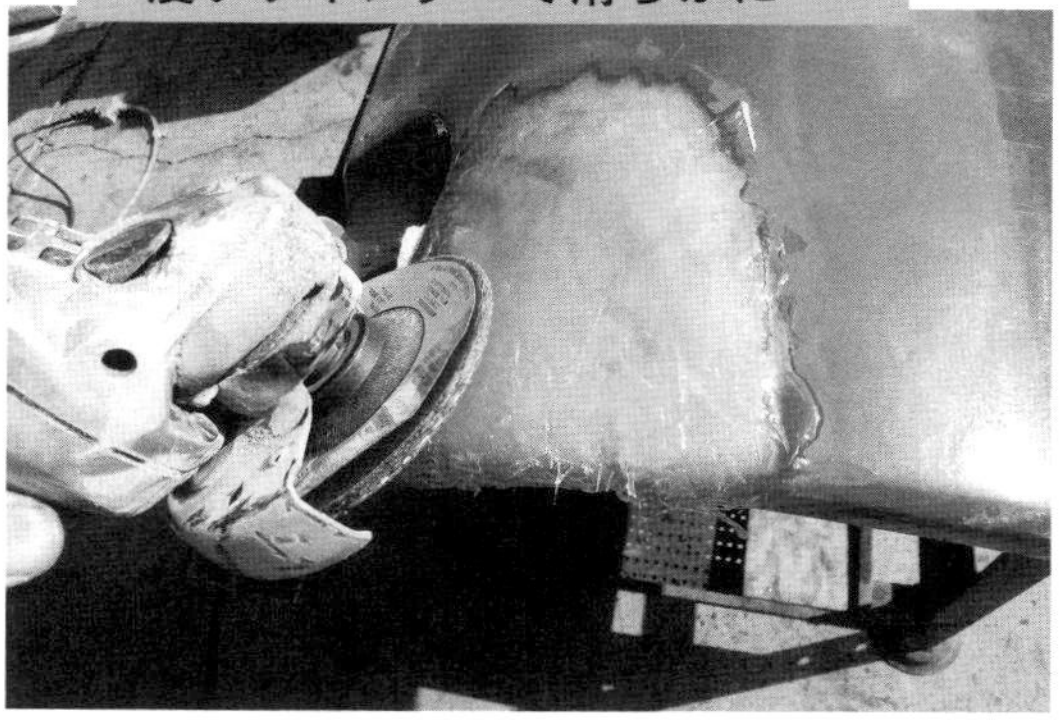

7 車体色を塗って完了

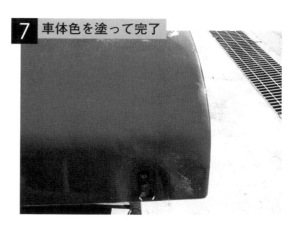

コラム

農機が水をかぶったら……

農機が水をかぶる例は結構あります。私が出会ったうちでは、例えば、刈払い機の水没。

田んぼの畦を草刈り中、エンジンをかけたまま刈払い機を畦に置き、障害物をどかそうとしてその場を離れた。戻ってみるとあれ刈払い機がない。見ると畦下の水路にコロコロポチャン！　エンジンをかけたまま置いておいたので振動で転がり落ちてしまったのです。慌てて拾い上げたものの水を吸ってエンジン停止。

また乗用モアでもこんなことが。

地元業者さんが河川の草刈り、その日の作業は終了。夜にかけて大雨がふり、河川は増水。雨がやみ水が引いて現場を確認、まさか！　置いてあった場所にモアがない！　三〇mほど下流で発見。セルモーターすら回らないのでクレーンで引き上げ、工場に持ってこられました。

田植え機でもあります。田んぼの中には一部底なし沼のように深い田んぼもあります。排水をよくするようにパイプを入れたり、石などを入れて底上げしてもなかなか改善されません。そこへ乗用田植え機がはまり込み、そうこうしている間にステップの上まで潜ってしまったという例。「ふだんは避けて通っているのに」。

人の手ではどうにもならず、せっかく田植えしたところだけどトラクタで引きずり出したが、エンジンが泥水を吸って始動しない状態に。

トラクタでは洗車のミス。代かき後のトラクタが泥で真っ黒。自宅へ帰り、エンジンカバーを外し高圧洗浄機で洗車、ついでに運転席のまわり、タイヤの内側、トラクタの下側、ロータリとまんべんなく水をかけ、ひと通り泥が落ちたのを見て、乾かさず車庫へ。と、その際トラクタにおかしな動きが。

ロータリが斜めに上がったままだったり、パネルの表示が付きっぱなしだったり、……最近の機械は電子化が進み、すごく操作が楽に作業ができるようになった反面、構造が複雑になりデリケートにもなりました。そのためやたら高圧の水をかけ続けたりすると電子回路やヒューズ、センサーなどに水が入り漏電、ショートさせてしまいます。

コントローラ、カプラ、配線、基板、センサーなどには高圧水をかけない。どうしてもという場合は洗浄機の圧力を下げ、洗車ノズルの先一mほど離して優しく洗車し、エンジンをかける前に乾かすようにします。トラクタなど機械によっては「高圧水洗車禁止」とシールが張ってある箇所があります。

ところで機械が冠水したときの対応としては、

①まずやたらにエンジンを始動しない。漏電、泥水等でエンジン内が傷付く可能性あり、バッテリーが付いていれば外しておく。

②機械の内外装、プラグ、グロープラグを外し、エンジン内も確認、リコイルロープやクランク軸を回し、砂や石が噛む音がしないか、リコイルを引っ張ったりクランクを回したりしたとき

に軽くなったり重くなったりしないかも。きれいになったらエンジン内にエンジンオイルを5～6滴流し込む。キャブレターが付いていたら分解、清掃。

③油脂類の交換。各オイル、フィルター、燃料。

④配線カプラを外し圧縮空気で清掃、接点洗浄剤や接点復活剤（電気を通すオイルスプレー、写真）をスプレーして組み立て。

⑤バッテリーを取り付けてエンジン始動させ、セルモーターが回らなければヒューズやリレー、セルモーター自体も確認。場合によっては専門業者による修理が必要になるかも。

⑥エンジンを始動したら白煙が出ます。そこで白煙が出なくなるまでアイドリング運転、その間に各部の作動確認を。異音がしたり作動しなかったりしたらエンジンを止めて確認します。

⑦各オイルを再確認して、オイルが乳白色してないか、燃料フィルターのカップに燃料と分離した水があるようなら再度水抜きをし、オイルが乳白色しているようならこれも再度交換します。

⑧最後にサビを発生させないように油を塗ったり、サビ止め塗料塗ったり、ワイヤー類には潤滑スプレーを吹き込んでおきます。

（注）以上はガソリンエンジン、ディーゼルエンジンセルモータ付きでまとめてみました。

上の写真はスピードスプレーヤの配線カプラを外し、接続端子に接点復活スプレーをノズル注入している様子。
農薬などで接続金具がサビて通電不良をおこすことはよくあるので、おかしいなと思ったら、配線修理をする前にスプレーしてみるとよい。また、点検整備の際にスプレーしておくと、通電不良の予防になる。
私がよくスプレーする1つが、バッテリー噴霧器の充電端子。修理依頼で持ち込まれたものが、2日も3日もかけて充電できない。充電器側と噴霧機本体側の接続コネクター（端子部分）が農薬や水洗いのためにサビて、それで通電しにくくなっているのだ。接点スプレーをかけ、10回くらい抜き差しを繰り返してやると通電しやすくなり充電できる。ぜひお試しを。

6章

こんな工具、自作しました！

ここでは廃棄農機具から自作できる便利道具を紹介します。

1　エアーガン

　エアーコンプレッサーにつないで農機具の掃除、トラクタのラジエター、エアーエレメントの清掃など使い道はいくらでもあります。市販のエアーガンもいいですが、長くても三〇～四〇cm程度で、しかもノズル先端は真っ直ぐ。横からエアーを吹きかけたいときには苦労します。こんなとき先端がL字型に曲がったエアーガンがあると非常に使いやすい。では早速、あなた仕様のものをつくってみよう。

　用意するのは、要らなくなった噴霧機のノズル（握り付きがベスト）、一頭口のL字型噴口、コック、それとホームセンターで四分の一インチ（六・三五㎜）のエアーカプラー用雄継手だけ買ってきて下さい。ネジ山の規格は古い噴口でなければ一緒。もしネジ山の規格が違うようでしたら異径金具を使うとピッタリ合います。これを組み合わせれば自作エアーガンのでき上がり（図6－1）。

　ノズルの長さを変えて使い分ければ妙案、早速ラジエター、エアーエレメント、タンク内を掃除してみて下さい。

2　穴あけポンチ

　キャブレターとエンジンをつなぐパッキンやミッションケースなどのパッキンの製作、農機具ばかりじゃなく、布、皮、紙などに穴をあけるのに、ちょっといいのが穴あけポンチです。

　用意するのは金属性のパイプ（四角でも丸でも三角でも可）。これを適当な長さで切ります。長いと扱いづらいので、五～一〇cmくらいがいいでしょう。パイプのふちをグラインダーなどできれいに研磨して刃を付けます。厚みが薄いパイプの場合は砥石などで仕上げます。穴をあけるところに合わせてトンカチで叩けば、簡単に穴があけられます（図6－2）。

3　オイル注入機

　エンジンオイルや入れにくいミッションオイルを適量入れたりするのにとっても便利。自分でオイル交換する方は、ぜひつくってみて下さい。

　用意するのはスクラップにするコンバインの注油装置のモーターポンプ、オイルタンク、オイルの配管ホース（燃料ホースでもＯＫ）と、そこそこ使えるバッテリー、これらを組み合わせます。

　まず、モーターポンプをオイルタンクに接続。吸うほうと出るほうを間違わないように！　出るほうには燃料ホースなどを付け、オイルを注油できるようにしておきます。モーターの配線をバッテリーにつなげばポンプは動きますが、そのままだとモーターが動きっぱなしになるので途中に簡単なスイッチを付けます。バッテリーには、不要になったバッテリーと一二ボルトの充電器を組み合わせれば安心です。コンバインのカバーやL型の鋼材を組み合わせ、枠をつくれば持ち運びによいでしょう（図6－3）。

　オイルタンクにオイルを入れてスイッチＯＮ！　で自動給油、あらかじめ入れる量を決めておけば溢れ出す心配もありません。スクラップのコンバインが手に入ったらつくってみて下さい。

図6-1　自作エアーガンをつくろう

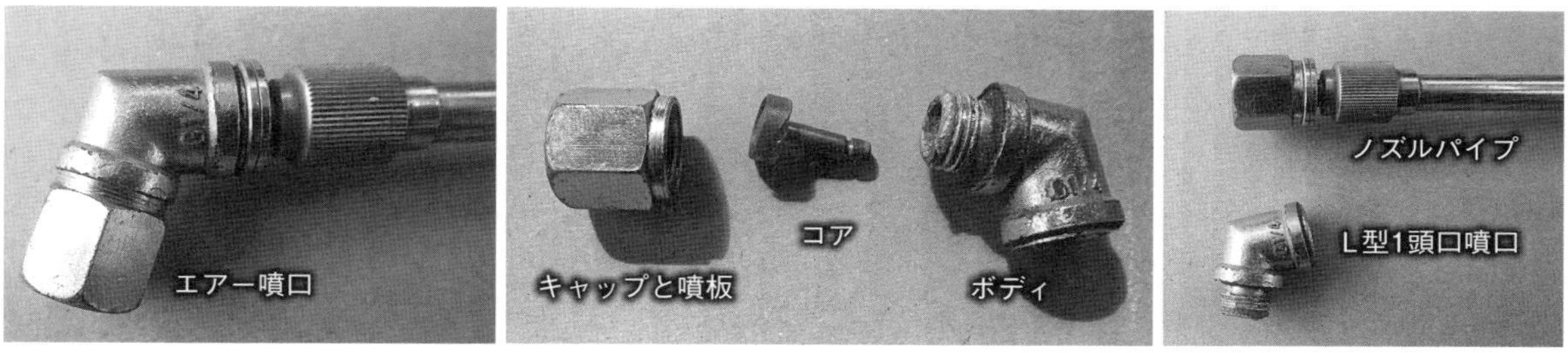

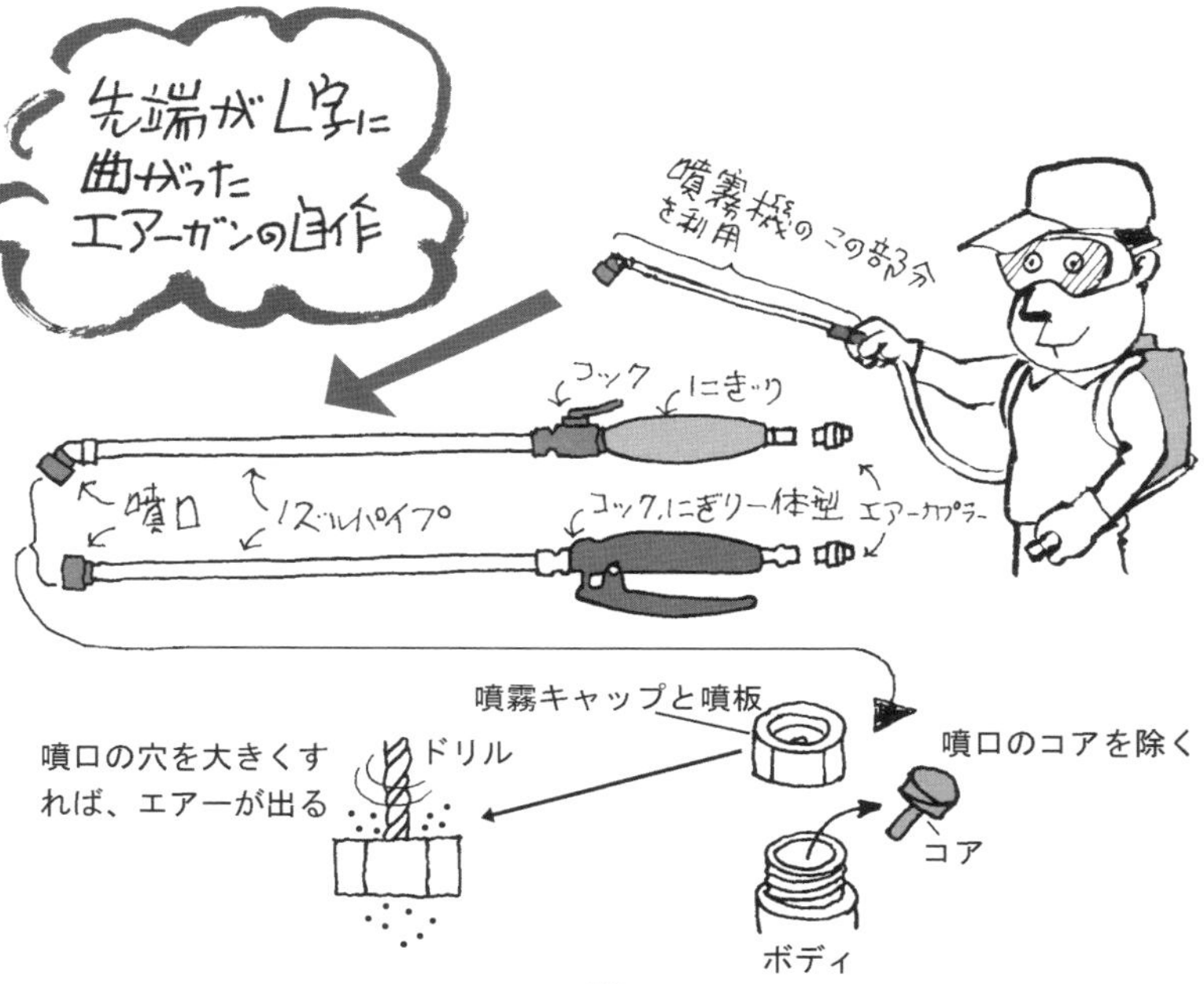

噴霧キャップ、噴板はそのままでコアや整流板など中身を外して付け直す。L字ボディを外して、噴霧キャップ（噴板は残す）のみ付ければ、直のエアーガンにもなる

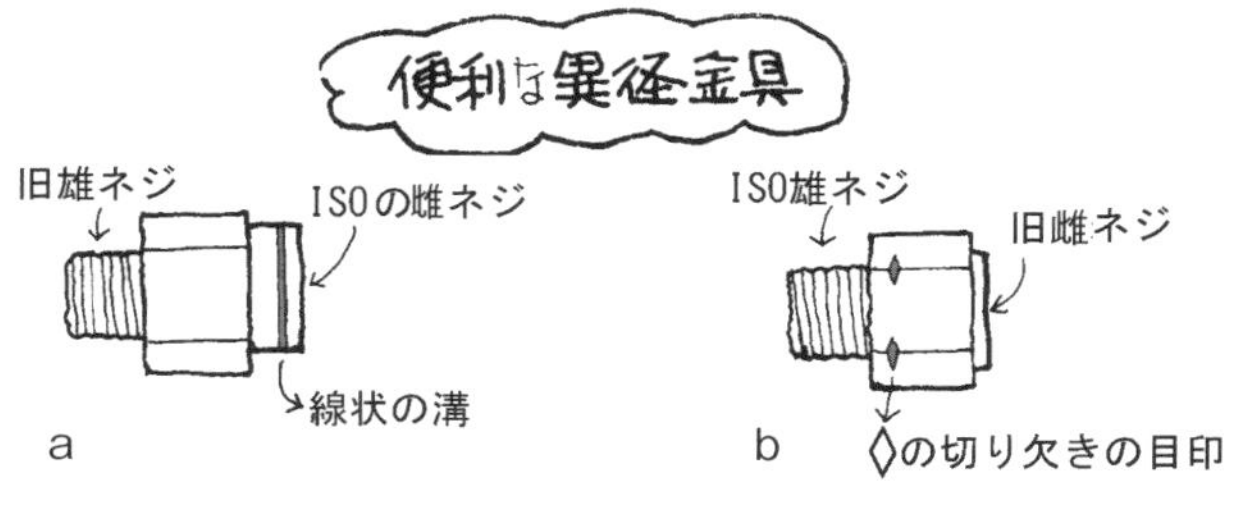

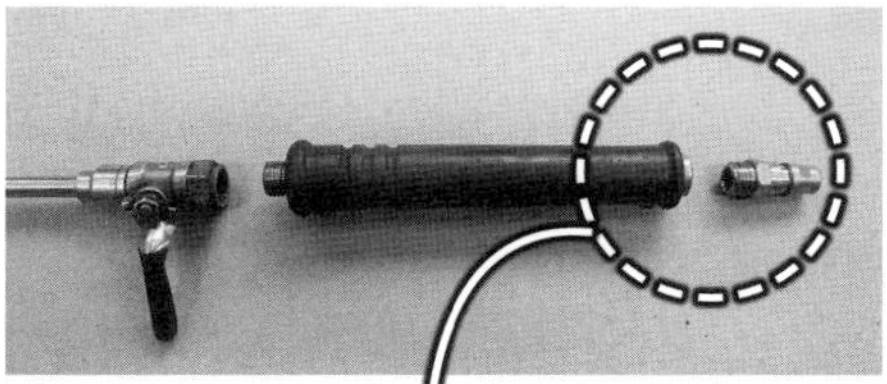

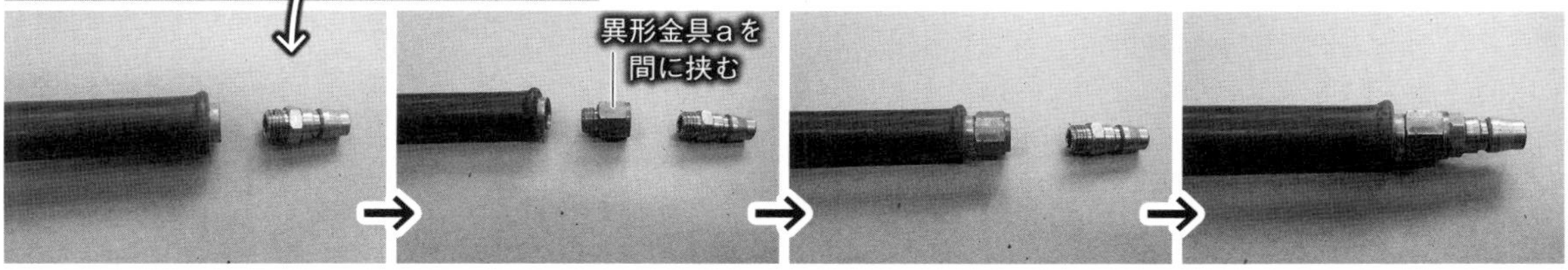

コックのネジ穴が旧規格（SW13.8など）だと、新しいエアーカプラ（ISO G1/4など）の雄継手は合わない。その場合は雄が旧で、雌が新規格の異径金具(a)を間に挟む。反対にエアーカプラのネジが旧で、コックのほうが新規格なら、逆の異径金具(b)を使うとよい

4 包丁を再利用したスクレイパー

パッキンを剥がしたり塗装を剥がしたり、ときには塗料を混ぜたり、コーキングを塗ったり、焼き肉の後の鉄板をきれいにしたり、いろいろなことに使えるスクレイパー（ヘラ状の器具）。切れなくなったり刃こぼれしたりして使わなくなった包丁でつくることができます。

適当な長さで先端を、万力（バイス）で固定してグラインダーでカット。カットしたところを砥石などで研磨します。こうすることで刃が付き、パッキンなどがきれいに剥がれやすくなります。一方で、もともと付いていた刃はヤスリなどを使ってしっかり落としておきます。

このスクレイパー、農機具の修理ばかりではなく幅広くいろいろなことに使えるので、不要な包丁があったら一本つくっておくと便利です。

5 鉛ハンマー

こいつはとても便利で威力もあり、また叩く対象物を傷付けないので、も

図6-2　あると便利な穴あけポンチ

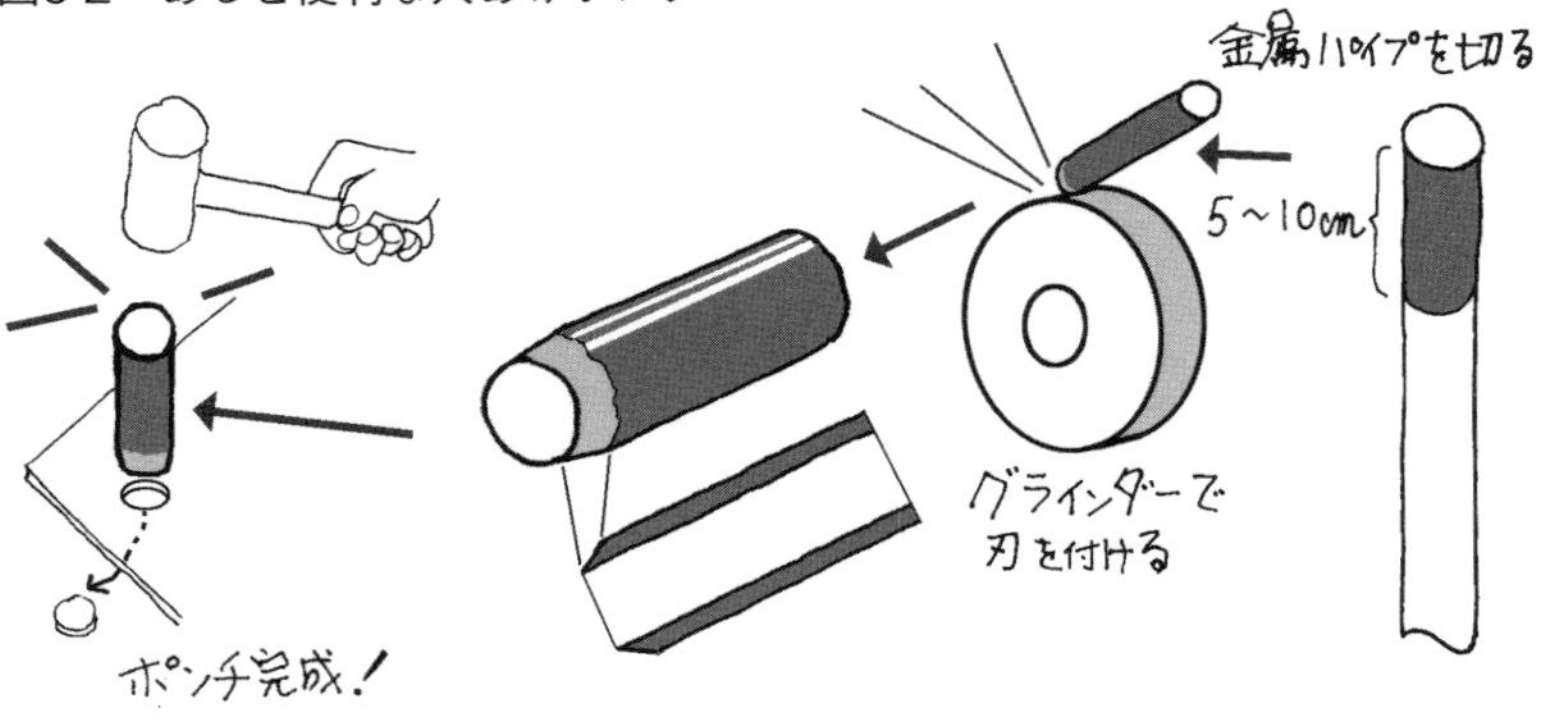

図6-3　オイルを自動で適量給油

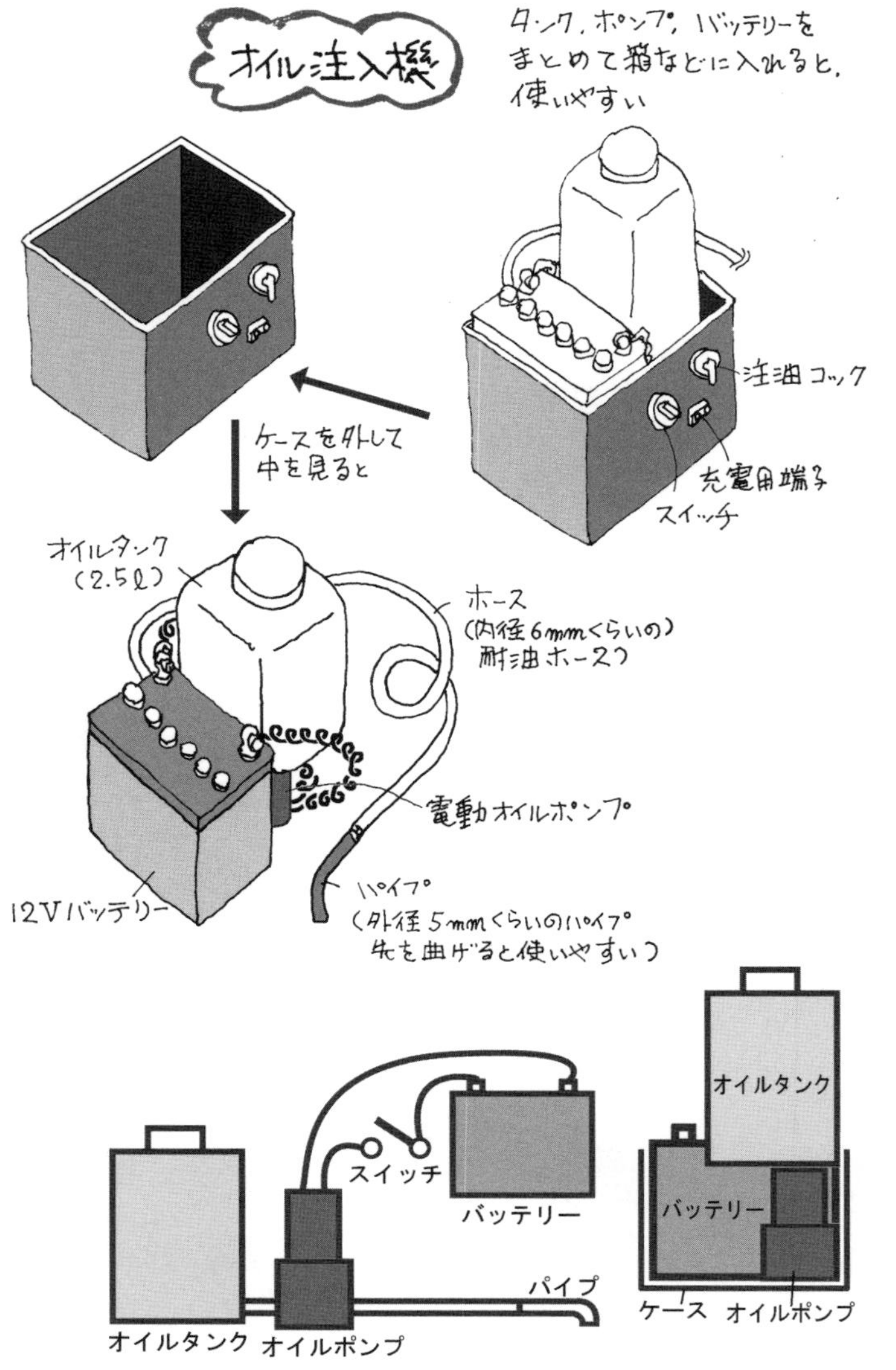

図6-4　対象物を傷付けない鉛ハンマー

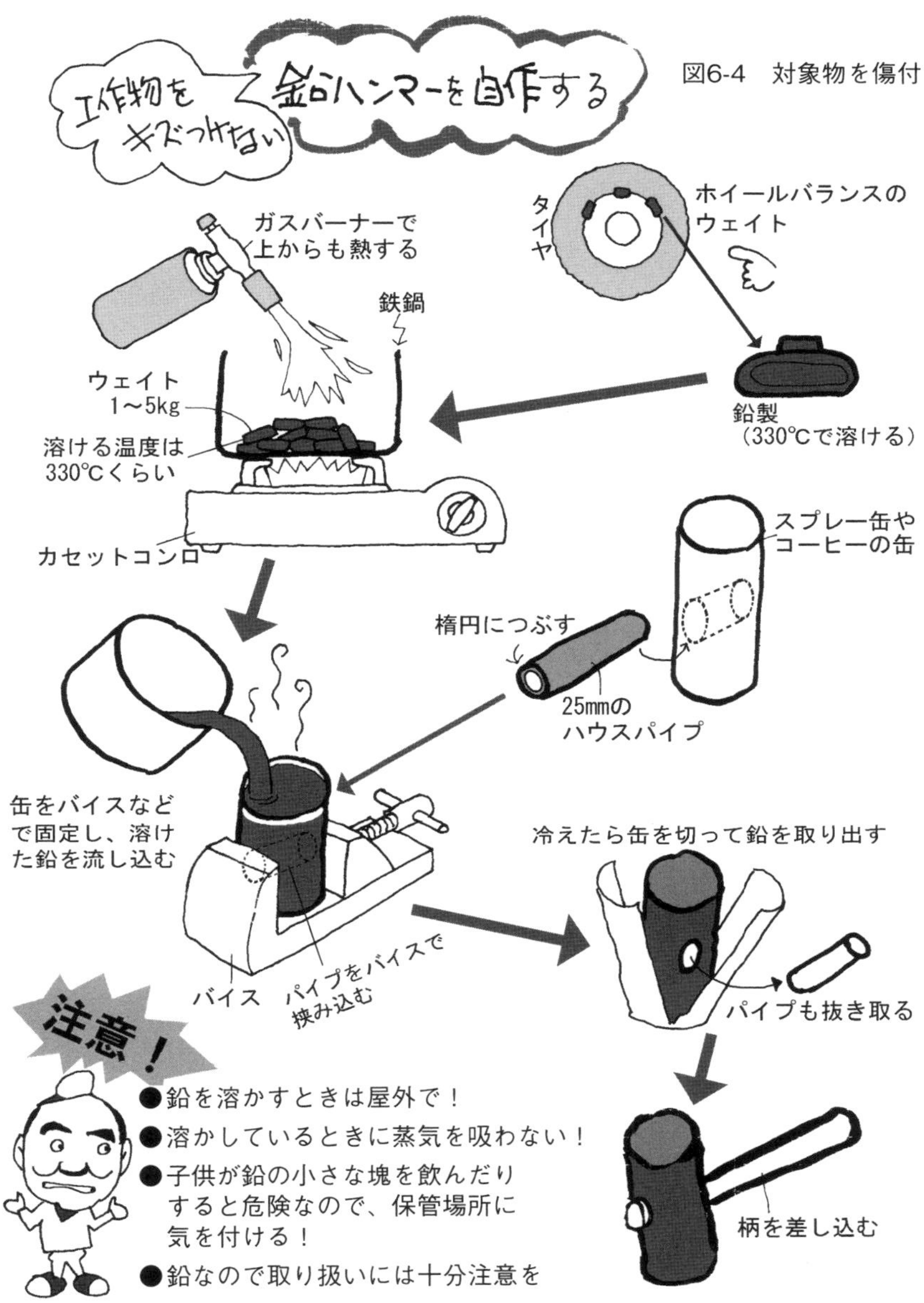
工作物をキズつけない
鉛ハンマーを自作する
ガスバーナーで上からも熱する
鉄鍋
ウェイト 1〜5kg
溶ける温度は330℃くらい
カセットコンロ
タイヤ
ホイールバランスのウェイト
鉛製（330℃で溶ける）
スプレー缶やコーヒーの缶
楕円につぶす
25㎜のハウスパイプ
缶をバイスなどで固定し、溶けた鉛を流し込む
バイス
パイプをバイスで挟み込む
冷えたら缶を切って鉛を取り出す
パイプも抜き取る
柄を差し込む
注意！
●鉛を溶かすときは屋外で！
●溶かしているときに蒸気を吸わない！
●子供が鉛の小さな塊を飲んだりすると危険なので、保管場所に気を付ける！
●鉛なので取り扱いには十分注意を

のを外したり打ち込んだりがやりやすいトンカチです。これを自作してみましょう。案外簡単にできます。

用意するものはまず鉛。鉛なんてやたら手に入らないなんて思うかもしれませんが、意外とあるんです。どこにか。車のタイヤホイールに付いているバランスウエイトです。クルマ屋さんなどに行くと、取り換えたバランスウエイトがゴロゴロしています。どうせ捨てるものですので、これを安くゆずってもらいます。大きさにもよりますが、一〜五kgくらい用意すればいいでしょう。

あとはトンカチの柄、くさび（どちらもホームセンターで数百円程度）、カセットガスコンロ、いらなくなったお鍋、カセットガスバーナを用意して下さい。

まず、鍋に鉛を入れてカセットコンロにかけます。すぐには溶けてきませんが、カセットガスバーナで上から直火で温めるとジワジワ溶けてきます。その間、トンカチの型を準備。つくる大きさに合わせ、空のスプレー缶やコーヒー缶を用意。それと、トンカチの柄の太さと同じくらいの鉄パイプ（ハウスのパイプがよい）も用意します。スプレー缶は、頭の部分をカットして底の凹んだ部分を叩いて平らか、いくぶん膨らませます。

次に、パイプを缶の中に入るくらいの長さに切り、軽く叩いて、トンカチの柄の形に整形します。これを横に寝かし、缶の真ん中あたりまで差し込みます。この際、パイプが少しつぶれ角になったところを缶の形にそって削ってやるとすっと中に入り、外すときも簡単にとれます。中に入れたこのパイプの固定は缶の周囲を針金で締めるか、図のように万力のようなもので挟み込むとよいです（図6－4）。

図6-5　ガソリン補助タンク

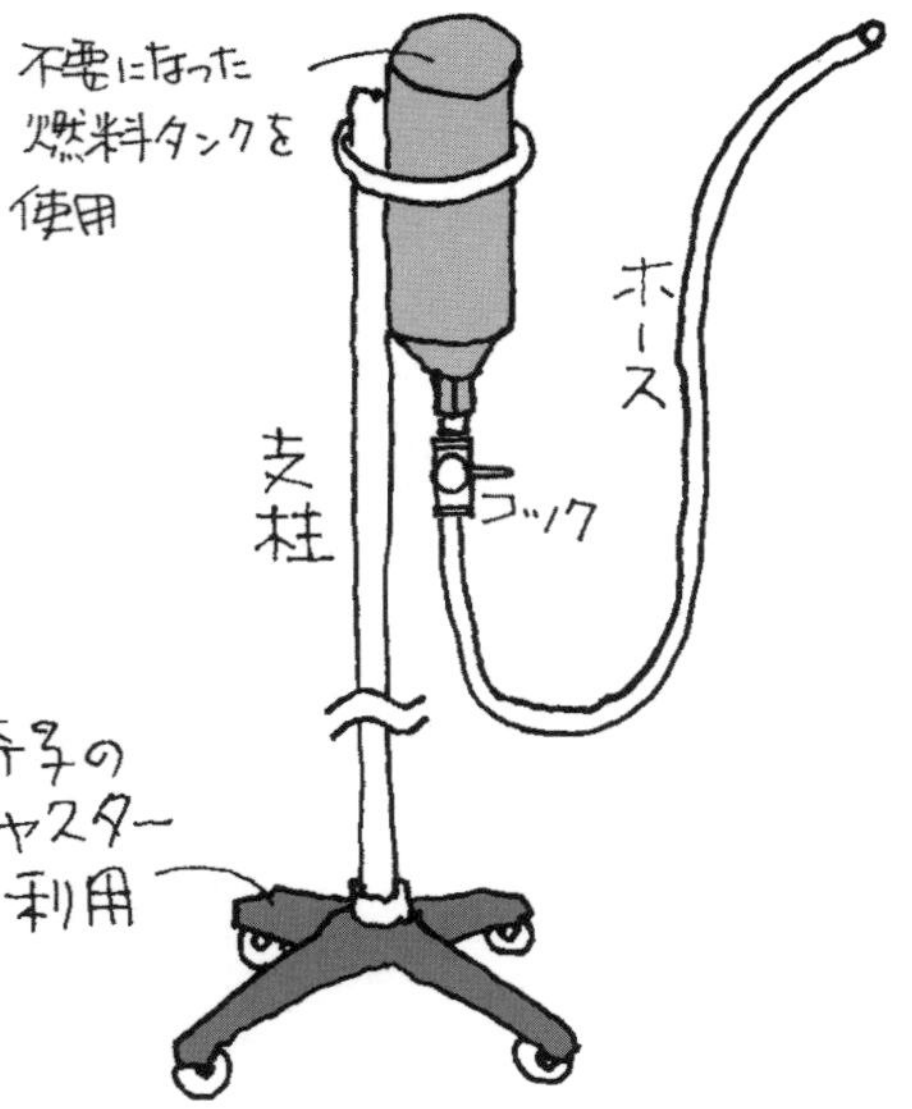

溶けた鉛には鉄やアルミといった不純物が浮いているので、取り除きます。完全に溶けたら缶の中に鉛を注ぎ入れます。冷えるまで待ち、冷えたら缶を切って鉛の塊まりを取り出し、パイプを抜き取ります。反対側から少し細いパイプを打ち込めば簡単に抜けます。あいた穴に柄を差し込み、くさびで止めればでき上がりです。

重いトンカチなので取り扱いには注意して下さい。また、製作中は火を使うので、十分に火事、火傷に注意願います。

6 ガソリン補助タンク

最近の農機具は、エンジンを点検、調整しようと思うと、燃料タンクを外さなくてはならない機種が増えています。燃料タンクを取ったり付けたりは、とても面倒。かといってホースを付けてエンジンを始動すると振動でタンクが落ちたり倒れたりで、それも面倒。だったら燃料タンクは最初から外してしまって、エンジンを点検、調整して別の燃料タンクで試運転してしまったらどうだろう、というのでつくったのがこれ。

要らなくなった椅子の座席を取り、キャスターとパイプをつなげ、その先に不要の燃料タンクと長めの燃料ホースを取り付ければでき上がりです（図6－5）。燃料タンクが手に入らない場合、一時的にペットボトルで代用してもいいですが、耐油製でないのであくまで一時的な使用に留めること。長時間使うとペットボトルのポリが溶け、エンジンに入ってエンジントラブルの元になります。

7 点火プラグテスター

エンジンの始動不良の際、最初に見るのはプラグです。しかしプラグは問題なくても、エンジン内の点火コイルがくたびれていることがあります。ふつうのプラグだとそこまでわからないことが多いので、古いプラグを使ってテスターをつくります。

まず、古プラグのネジ山と先端の接地電極をカット、次いで径二㎜くらいの針金をナット部に固定します。ドリルで穴をあけ針金を入れてハンダ付けすると、キッチリ固定できます。固定できたら、針金を図6－6のようにぐるっと曲げて中心電極の先に近づけます。電極と針金先端とは適宜隙間を開けて下さい。

さらに針金かナットの部分でエンジンの金属部でアースをとれるようにします。アースをとらないと、火が飛ばないので注意。その際に金属製のクリップなどで固定できるとなおいいでしょう（写真6－1）。

さて、このようにセッティングしたうえで中心電極と針金との隙間を徐々に開けていき、どれくらいでスパーク

図6-6　点火プラグテスター

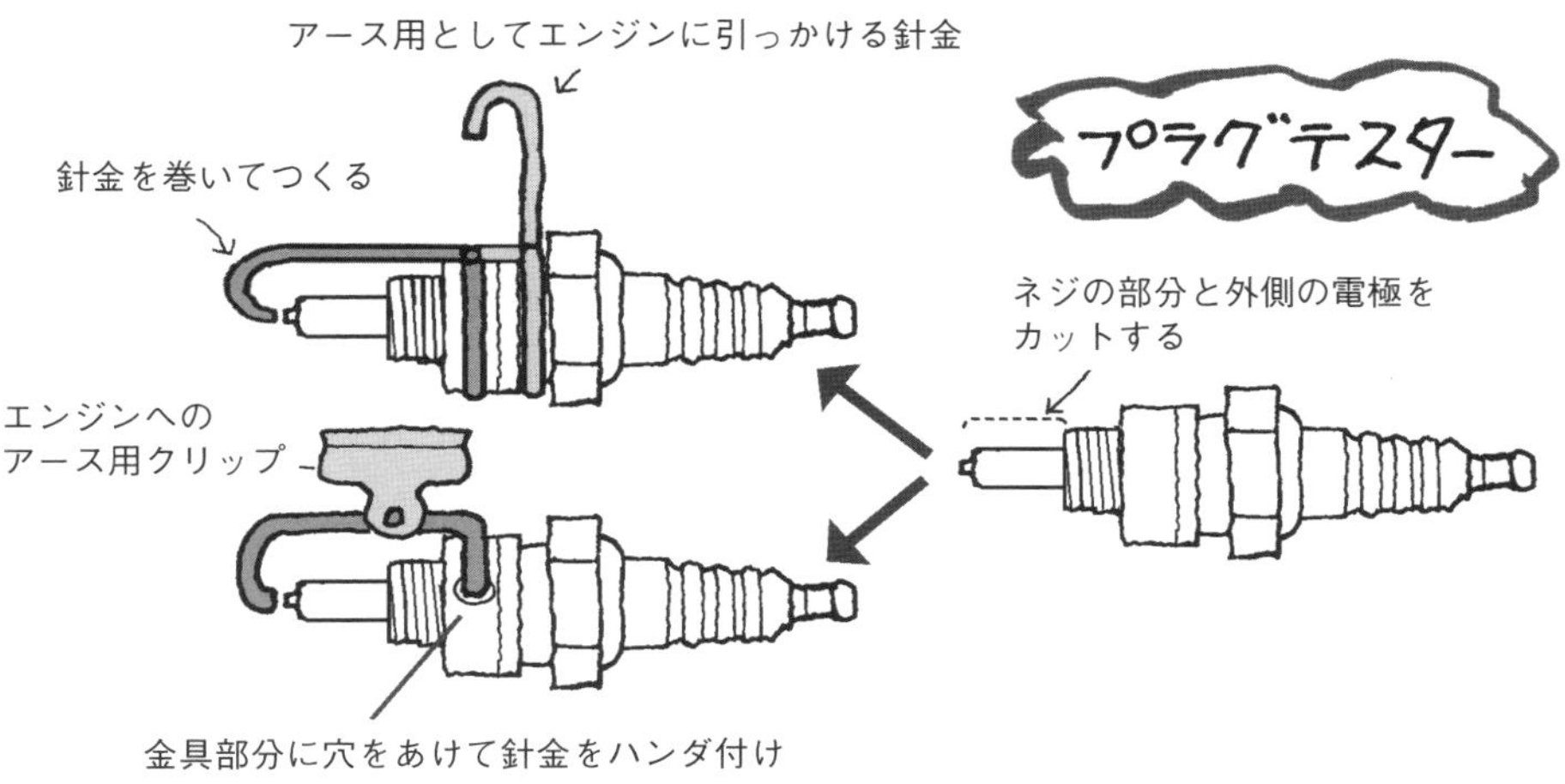

しなくなるかを点検します。

　針金が近いのにスパークしないならイグナイター（点火装置）の不良が、針金が近いとスパークし、遠いとスパークしないのは点火コイルの不良が考えられます。機械によってこの間隔が違うので注意が必要ですが、これで、点火コイルの良・不良の確認ができます。ぜひ一つつくってみて下さい。

　ただ、このごろの機械はエンジンまわりなどにカバーが付いて、このようなプラグテスターをつくっても金属部になかなか接触させにくいかもしれません。そんなときは、1章2「プラグを外して状態を確認」で紹介の大小のクリップと古配線をつないだものを使うとよいかもしれません。クリップはホームセンターなどで、大は二個入って五〇〇円くらい、小は同じく二個入りで二〇〇円くらいで売っています。不要になった配線を三〇㎝くらいで切って、そのクリップを一つずつつなげます（11ページ写真1-6参照）。

　大のほうを今あるプラグに取り付け、小をエンジンのフィンなど金属部に挟む。あとはリコイルを引っ張るだけ。プラグテスターの場合と同様、スパークの具合を見てプラグの状態を判断します。火花の飛び具合が見えにくいエンジンなんかも、こちらのほうがわかりやすいかもしれません（写真6-2）。

写真6-1　点火コイルの良・不良が確認できるテスター

写真6-2　プラグ点検が簡単にできるクリップ式のテスター
古配線につないだ大クリップをプラグのネジ部分に、小クリップをエンジンの金属部分を加えさせ、リコイルを引っ張り、スパークの具合を見る

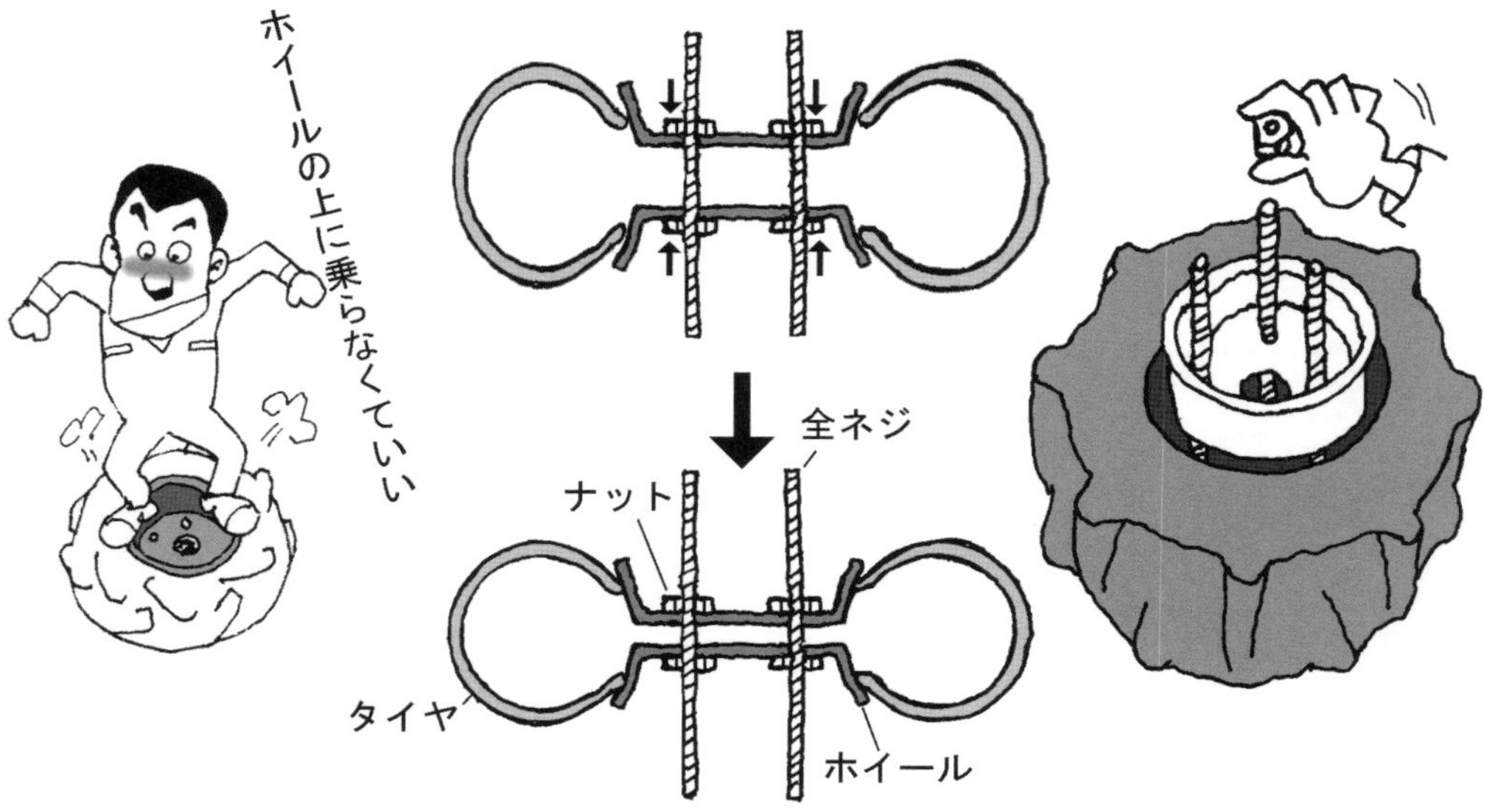

図6-7　全ネジを使った割ホイールのタイヤの入れ方
全ネジを３ヵ所ネジ穴に通し、ナットを締めていくと車軸のセンターも出てタイヤが入る。ホイールが付いたら正規のネジで取り付け、空気を入れて完成

8 割ホイールの硬いタイヤを入れるには?

農機具のタイヤは車のタイヤと違い、硬くてなかなか入れづらいもの。しかも、SS、バインダ、管理機などのホイールは、脱着作業を容易にするため二つのパーツに分かれるタイプが多く、タイヤを入れてもネジを合わせるのがけっこう大変です。

そんなとき役立つのが、長さ二〇〜三〇cm程度の全ネジ。これを三本と、それに合うナットを六個用意します。タイヤ、チューブ、ホイールを所定の位置にスタンバイできたら全ネジを三ヵ所、両側ホイールのネジ穴に通し(103ページ写真4-21参照)、それぞれナットを締めていきます。こうすると車軸のセンターも出て簡単にタイヤが収まります。ホイールとタイヤのふちに油を塗っておくと、より入りやすいです。ネジを締め込み、ホイールが付いたら正規のネジで取り付け直し、空気を入れれば完成です。

自分がホイールの上に乗ったりして苦労しなくても、これなら簡単にタイヤ交換ができます(図6-7)。

9 楽ちん! 確実、耕耘爪交換用工具

トラクタ、耕耘機の爪交換をスパナやモンキーレンチでやっつけてしまっている人はいませんか。

しかも、交換時に左手で爪を押さえて右手で締めてというやり方だと、思いのほか力が入らず、最後のひと締めが甘くなりがちです。おかげで耕耘作業中にロータリから「カチャカチャ」とイヤな音が……と思ったら、爪が外れて、畑の肥やしということになってしまいます。また、爪を差し込むホルダーを大きくしてしまったり……、ちゃんと爪を締めないと、いいことはありません。そして、爪の締めが甘くなる原因は工具にあります(3章4トラクタ「ロータリの爪はキッチリ締める」参照)。

もちろん、プロに任せれば専用工具で確実に締め、確認の増し締めもやってくれていいわけですが、お金はかかります。といって、自分で爪交換をちゃんとやろうと思っても、専用工具は高くて手が出ない。では、どうするか? そんなあなたにいい工具があり

ます。

　用意するのは長さ五〇cmくらいの丈夫な鉄パイプと、長さ五cm、幅三～五cmほどのL型鉄鋼、これを組み合わせるだけです。

写真6-3 交換用工具先端。ここで耕耘爪軸をがっちり固定する

まず、L型の鉄鋼二つを「コ」の字型に組み、溶接。このとき少し内側に向けて溶接するのがポイントです。これをさらに鉄パイプに溶接。先端がコの字のへんてこな工具のでき上がりです（写真6－3）。

　使い方は、爪ボルトをゆるめる反対側の爪ホルダーをこれで挟み込むことで、メガネレンチ、ソケットレンチでゆるめたり締めたりする際に力が入れやすくなります（図6－8、45ページ写真3－15参照）。それだけですが、これがあるとないとではネジ締めのハンドリングが全然違ってきます。実感してみて下さい。

　なお、溶接といえばトラクタに付属のメガネレンチなども柄の部分が短いので、パイプを溶接してやると、力が入りやすくなります。溶接ができない人は農機具屋や鉄工屋に頼んでつくってもらえばいいでしょう。

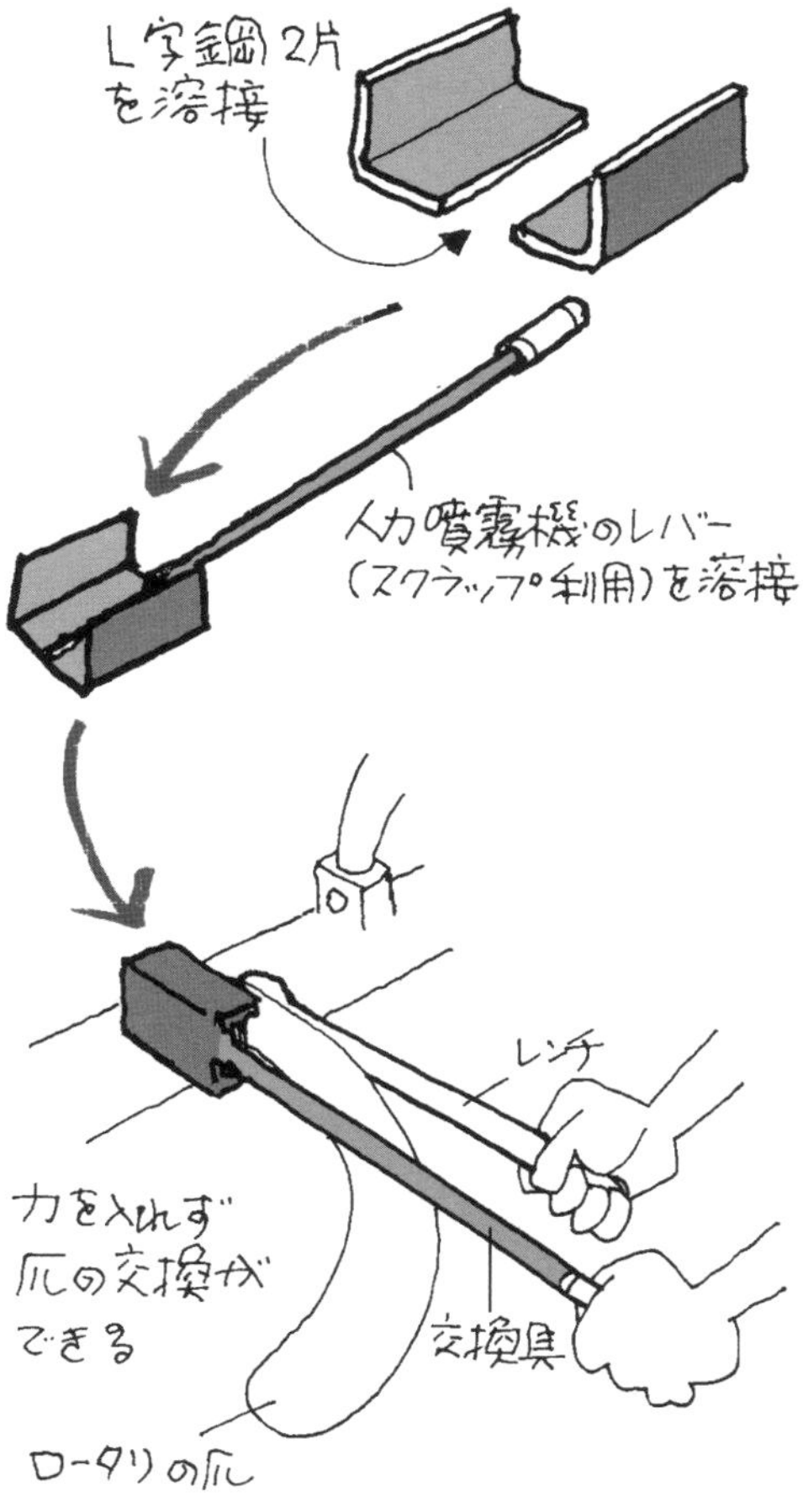

図6-8　L型アングルを使った爪交換用工具

◆ 著者プロフィール ◆

松澤　努（まつざわ　つとむ）

1971年、長野県生まれ。
高校卒業後、地元の農協（現JAみなみ信州）に就職。配属された部署が当時の工機課（自動車と農機具の課）で、最初は自動車の担当だったが、農繁期の修理の手伝いから1年後に農機具担当に異動になった。以来30数年、農機具の修理と整備を通しての農家とのやりとりに生きがいを感じてきた。しかし現場の仕事から管理職となり、スパナからボールペンを持つ日々に……。そこで退職を決意し、自ら農機具屋とライスセンターを開業。現在は農家との会話と農機具修理を楽しむ日々を過ごす。実家は小さいながらイナ作の農家。

農機具屋が教える
機械修理・メンテ術

2024年2月25日　第1刷発行
2024年5月20日　第2刷発行

著　者　松澤　努

発行所　一般社団法人　農山漁村文化協会
〒335-0022　埼玉県戸田市上戸田2丁目2－2
電話　048（233）9351（営業）　048（233）9355（編集）
FAX　048（299）2812　　振替　00120-3-144478
URL　https://www.ruralnet.or.jp/

ISBN978-4-540-23189-6　DTP制作／㈱農文協プロダクション
〈検印廃止〉　印刷・製本／㈱シナノパブリッシングプレス